浙江省普通高校“十三五”新形态教材

# 园林植物课程群实验与实践

主　编　王国夫

副主编　潘一峰　许　骅　孙小红

关　群　章凯雯

ZHEJIANG UNIVERSITY PRESS

浙江大学出版社

·杭州·

**图书在版编目(CIP)数据**

园林植物课程群实验与实践 / 王国夫主编. —杭州：浙江大学出版社,2023.8

ISBN 978-7-308-24053-6

Ⅰ.①园… Ⅱ.①王… Ⅲ.①园林植物—实验—高等学校—教材 Ⅳ.①S68-33

中国国家版本馆 CIP 数据核字(2023)第 145931 号

**园林植物课程群实验与实践**

**主　编**　王国夫

**副主编**　潘一峰　许　骅　孙小红　关　群　章凯雯

---

**责任编辑**　王元新
**责任校对**　秦　瑕
**封面设计**　周　灵
**出版发行**　浙江大学出版社
(杭州市天目山路 148 号　邮政编码 310007)
(网址：http://www.zjupress.com)
**排　　版**　杭州星云光电图文制作有限公司
**印　　刷**　杭州宏雅印刷有限公司
**开　　本**　787mm×1092mm　1/16
**印　　张**　17
**字　　数**　403 千
**版 印 次**　2023 年 8 月第 1 版　2023 年 8 月第 1 次印刷
**书　　号**　ISBN 978-7-308-24053-6
**定　　价**　49.00 元

---

# 前言

与理论教材的多样性相比，当前图书市场上实验实践类教材就显得少一些，特别是园林、园艺类专业的核心课程都缺少相关的实验实践指导书，这跟当前加强实验实践教学、重视学生实践动手能力培养的高等教育发展大趋势是不协调的。产生的原因，一方面是实验实践课时数、教学内容相对较少，各高校开出的实验实践项目也有限，客观上给教材出版带来一定的困难，另一方面也是与我们长期以来重视理论、轻视实验实践有一定的关系。目前各高校为了满足课程实验实践教学需要，多由教师自编实验实践讲义用于指导学生实验实践，缺少课程间的衔接、统筹，系统性不够，教学内容、教学设计仍较传统，创新性、应用性不够，时代性不强，已经影响了高校应用型人才的培养。我国正处在高等教育快速发展的时期，教育的很多理念、思想都要体现在教材的编写上，落实在实际的教学工作中，从这个层面看，新形态教材的编写出版就是紧跟信息化时代高等教育发展的大趋势，能满足当代大学生移动式学习的需求，具有很好的发展前景。因此，园林类专业课程新形态实验实践类教材的规划出版已是当务之急。

受课程群建设启发，园林植物课程群统筹了5门植物类课程的实验实践教学内容，既避免了教学内容的重复，又充实了教材的容量。本教材共分5篇15章，第一篇“植物生物学”实验，第二篇“植物生理学”实验，第三篇“园林树木学”实验，第四篇“园林花卉学”实验，第五篇“植物造景”实践。

本教材的内容编写充分考虑了成果导向教育（OBE）理念，尽可能体现“以学生为中心”的思想，每一篇都由三个层次（章）内容组成，分别是演示验证性实验/实践、综合探究性实验/实践、开放开发性实验/实践，突出实验实践教学在能力培养上的作用。前4篇，每章编写了5个左右实验项目，第五篇突出了综合探究性内容。教材编写具体分工如下：第一篇由孙小红、王国夫编写，孙小红负责统稿；第二篇、第三篇、第四篇由王国夫、潘一峰、关群、章凯雯编写，王国夫负责统稿；第五篇由许骅、范颖佳编写，许骅负责统稿；全书由王国夫完成最终审稿，沈淑瑜负责校对工作，胡旭斌参与了视频编辑工作。另外，徐嘉齐、汪弘嘉、滕瑶、汪丽、蒋优静、徐丽娜、谢俊雅、许琳雅、杨可儿、周淑芸、丁盈妙、赵月玲、吴纯依、陈燕鸿、朱佰灵、徐佳慧、陆心怡、陈鹏、陆文蔚、陶碧垭、黄雪岚等参与了本书的编写工作。

按照新形态教材编写的要求，园林植物课程群实验教材的每个实验项目以二维码形式嵌入了相关原理、方法和步骤，增加了课后测试等内容，方便读者自学测验，教材中附上了近期发表的有关园林植物研究的相关文献，在此向文献作者表示感谢。

# 目　录

## 第一篇　“植物生物学”实验



## 第二篇　“植物生理学”实验

## 第三篇 “园林树木学”实验

# 第一篇

# “植物生物学”实验

通过本篇实验的训练，学生应掌握观察、分析和研究植物细胞、形态、器官、组织的方法，掌握植物特征及植物分类鉴定的主要实验手段；学会利用植物生物学知识进行植物名录编制、植物叶脉作品制作、压花以及植物生长基本形态测定与生长分析，为今后的学习、工作、研究以及创新创业打下良好的基础。

通过实验教学，达到以下课程教学目标：

（1）掌握植物细胞以及各类器官、组织特点、种子生活力的测定方法，掌握腊叶标本制作等植物生物学基本实验操作技能。

（2）通过植物营养器官形态解剖观察和调查，学会掌握观察分辨植物的一般方法，掌握植物与环境的关系，总结影响规律，寻找问题关键，积累分析问题的能力。

（3）通过学生小组设计创作由“植物生物学”课堂引申出去的创新性实验，养成学生主动学习和探索解决问题的习惯，激发学生的学习兴趣，提高学生学习的积极性和主动性，在完成实验的过程中，培养学生的学习能力、思考能力、实验能力、创新能力和团队协作精神，使得学生的综合素质得到有效提高。

“植物生物学”实验篇由 3 章 15 个实验组成，演示验证性实验部分主要包括掌握和熟悉显微镜使用以及细胞组织的基本知识和基本理论；综合探究性实验部分主要学习植物体各器官特征，为植物的分类鉴定提供基础；开放开发性实验部分主要开展创新性实验以及创业能力的培养和锻炼，鼓励个性化发展与团队协作，综合利用植物生物学知识，在总体实验要求和目标框架内，由同学自行设计实验方案，最后完成作品或者小论文，通过完成整个实验，培养学生的专业应用能力、科研素养和综合素质，使植物生物学与生活紧密结合，真正做到学以致用。

# 第一章

# “植物生物学”演示验证性实验

## 实验1 显微镜的使用和植物细胞观察

### 一、实验类别

本实验属于演示验证性实验，通过预习、讨论学习、老师讲解、学习相关教学素材，了解本实验的内容，掌握相关技能。为了保证实验的顺利进行，要求学生按照所列的实验方法和实验步骤认真操作。建议：可以预先学习本实验的教学PPT，熟悉实验材料的习性，了解显微镜使用以及临时载玻片标本制作的基本过程，开展小组预实验，仔细观察、记录预实验过程中出现的一些新情况，并进行小组讨论，分析问题所在。

### 二、建议学时：3学时

### 三、实验目的

了解显微镜的基本构造以及显微镜使用的基本操作流程，掌握临时载玻片标本制作技能，能正确使用显微镜，熟悉光学显微镜下植物细胞的基本结构组成和特征，掌握实验报告撰写规范。另外，通过本实验培养学生正确使用仪器设备并进行测试、调整、分析的能力，培养学生求真务实、独立学习的习惯和团队合作精神。

### 四、实验原理

显微镜镜筒的两端各有一组透镜，每组透镜的作用都相当于一个凸透镜，靠近眼睛的凸透镜叫作目镜，靠近被观察物体的凸透镜叫作物镜。来自被观察物体的光经过物镜后成一个放大的实像，目镜的作用像一个普通的放大镜，将像再放大一次。经过两次放大，就可看到肉眼看不见的小物体。

## 五、实验内容

### (一)显微镜的构造及使用

(1)显微镜的概念。
(2)显微镜的种类。
(3)光学显微镜的构造。
(4)显微镜的使用。

### (二)临时玻片标本的制作及方法

(1)临时玻片标本制作方法介绍。
(2)临时玻片标本制作步骤(撕片法)。

## 六、实验材料

临时载玻片标本制作材料:洋葱鳞茎、白菜叶、蒸馏水,也可以自主选取校园边各种植物的叶片、花瓣。

## 七、实验用具

光学显微镜、镊子、解剖针、刀片、纱布、吸水纸、擦镜纸、载玻片、盖玻片、滴瓶等。

## 八、实验方法和步骤

### (一)显微镜的使用

1.取镜和安放

(1)右手握住镜臂,左手托住镜座。

(2)把显微镜放在实验台上,略偏左(显微镜放在距实验台边缘7cm左右处)。安装好目镜和物镜。

2.对光

(1)转动转换器,使低倍物镜对准通光孔(物镜的前端与载物台要保持2厘米的距离)。

(2)把一个较大的光圈对准通光孔。左眼注视目镜内(右眼睁开,便于以后同时画图)。转动反光镜,使光线通过通光孔反射到镜筒内。通过目镜,可以看到白亮的视野。

3.观察

(1)把所要观察的玻片标本(也可以用印有“6”字的薄纸片制成)放在载物台上,用压片夹压住,标本要正对通光孔的中心。

(2)转动粗准焦螺旋,使镜筒缓缓下降,直到物镜接近玻片标本为止(眼睛看着物镜,以免物镜碰到玻片标本)。

(3)左眼向目镜内看,同时反方向转动粗准焦螺旋,使镜筒缓缓上升,直到看清物像为止。再略微转动细准焦螺旋,使看到的物像更加清晰。

(4)高倍物镜的使用:使用高倍物镜之前,必须先用低倍物镜找到要观察的物象,并调到视野的正中央,然后转动转换器再换高倍镜。换用高倍镜后,视野内亮度变暗,因此一般选用较大的光圈并使用反光镜的凹面,然后调节细准焦螺旋,使观看的物体数目变少,但是体积变大。

4. 整理

实验完毕,把显微镜的外表擦拭干净。转动转换器,把两个物镜偏到两旁,并将镜筒缓缓下降到最低处,反光镜竖直放置。最后把显微镜放进镜箱里,送回原处。

### (二)临时载玻片标本制作、观察(撕片法)

1. 洋葱鳞片叶表皮细胞标本制作、观察

(1)用解剖刀在洋葱鳞茎下凹的一面划若干小方格,从一角用镊子轻轻刺入表皮层,然后捏紧镊子夹住表皮,并朝一个方向撕下。将撕下的表皮迅速放在滴有水滴的载玻片上观察。注意:①不要把表皮撕得过大,表皮面积应小于盖玻片;②撕开的一面朝上放在载玻片上,以利于染色和观察;③加盖玻片时避免出现气泡。

(2)$I_2$ – KI 溶液染色观察

在盖玻片的一侧滴上一滴染料(滴在盖玻片边缘的载玻片上),然后用吸水纸自另一端将盖玻片下的水分吸去,把染料引入盖玻片与载玻片之间,对新鲜材料进行染色,并进行观察。

2. 白菜叶的表皮细胞标准制作、观察

撕取白菜叶片下表皮一小块放在准备好的载玻片上的水中,并加盖片,置显微镜下观察:白菜叶表皮细胞形状不规则,细胞排列紧密,侧壁呈波纹状,彼此互相嵌合,没有细胞间隙,在叶片的表皮上有许多气孔,它与植物的生活关系密切。气孔是由两个肾脏形保卫细胞组成,保卫细胞里有叶绿体。两个保卫细胞壁凹入的一面是相对的,其中细胞中层溶解成为孔,即气孔。在菠菜叶表皮细胞中,除保卫细胞中含叶绿体外,一般表皮细胞中也有。

## 九、实验注意事项

(1)必须对实验材料有充分的了解。

(2)取样注意均匀性。

(3)不同物镜转换时用手转动物镜转换器而不是抓着物镜转动。

(4)显微镜一般使用步骤由低中倍镜观察到高倍镜观察。

(5)高倍镜观察时,只能动细调焦螺旋。

## 十、实验作业

(1)绘制显微镜结构图。

(2)绘制洋葱鳞茎表皮细胞结构图。

## 十一、学习思考题

### (一)客观题

一般层次

较高层次

### (二)主观题

一般层次

较高层次

## 十二、参考文献

显微镜的发展综述

观察洋葱表皮细胞实验的改进

4 种百合科植物叶表皮结构的比较

几种用于光学显微镜观测的桑叶表皮整体制片方法比较

延安城区 10 种阔叶园林植物叶片结构及其抗旱性评价

# 实验 2 植物细胞质体观察及花卉颜色的秘密

## 一、实验类别

本实验属于演示验证性实验,通过预习、讨论、老师讲解、学习相关教学素材,了解本实验的内容,掌握相关实验技能。为了保证实验的顺利进行,要求学生按照所列的实验方法和实验步骤认真操作。建议:可以预先学习本实验的教学 PPT,熟悉实验材料的习性,了解质体类型与识别方法、液泡结构及花青素变色原理,以及与园林植物颜色的关系,开展小组预实验,仔细观察、记录预实验过程中出现的一些新情况,并进行小组讨论,分析问题所在。

## 二、建议学时:3 学时

## 三、实验目的

练习显微镜使用的技能和临时载玻片标本制作的规范操作,掌握光学显微镜下植物质体的基本结构组成、液泡结构以及花青素变色原理,了解园林植物颜色的形成机制,通过实际实践掌握质体类型与识别方法,以及与园林植物颜色的关系,学会实验报告撰写规范。另外,通过本实验培养学生正确使用仪器设备,并进行测试、调整、分析的能力,培养学生求真务实、独立学习的习惯和团队合作精神。

## 四、实验原理

植物体颜色虽绚丽多姿,但万变不离其宗,它们的一切变化都是由植物体内质体和液泡中的花青素类物质而引起的。植物的质体分成叶绿体、有色体和白色体,每种质体贮存的色素不同。液泡中存在的花青素是一种黄酮类化学成分,颜色因外界条件如酸碱、光照等变化而变化。

叶绿体含有呈绿色的叶绿素、呈黄色的叶黄素和呈橙色的胡萝卜素。植物叶片的颜色与细胞内叶绿体中这 3 种色素的比例有关。

只含有胡萝卜素和叶黄素而缺乏叶绿素的称为有色体,由于两者比例不同,所以分别呈黄色、橙色和橙黄色。它们常存在于成熟果实、花瓣或植物体的其他部位。光学镜下有色体的形状各种各样。例如,花瓣中的有色体呈星针状;红辣椒果皮中的有色体呈颗粒状。有色体在花和果中有吸引昆虫和其他动物传粉及传播种子的作用。

花青素(Anthocyanidin),又称花色素,是自然界一类广泛存在于植物中的水溶性天然色素,属黄酮类化合物。也是植物花瓣中的主要呈色物质,水果、蔬菜、花卉等五彩缤纷的颜色大部分与之有关。

花青素存在于植物细胞的液泡中,可由叶绿素转化而来。在植物细胞液泡不同的 pH 值条件下,花青素使花瓣呈现五彩缤纷的颜色。秋天可溶糖增多,细胞为酸性,在酸性条件下呈红色或紫色,可见花瓣呈红、紫色是花青素的作用,而颜色的深浅与花青素的含量呈正相关性,可用分光光度计快速测定,在碱性条件下呈蓝色。花青素的颜色受许多因子的影响,低温、缺氧和缺磷等不良环境也会促进花青素的形成和积累。

## 五、实验内容

### (一)植物细胞不同质体的观察

(1)叶绿体观察。
(2)有色体观察。

### (二)植物液泡结构及花青素变色观察

(1)液泡结构的观察。
(2)颜色深浅与花青素含量关系的观察。

## 六、实验材料

(1)植物材料:菠菜、红辣椒、胡萝卜、番茄、洋葱、波斯菊等。也可以自主选取校园内外有颜色的树木花卉。

(2)试剂:氨水、醋酸、蒸馏水等。

## 七、实验用具

光学显微镜、镊子、解剖针、刀片、纱布、吸水纸、擦镜纸、载玻片、盖玻片、滴瓶。

## 八、实验方法和步骤

### (一)植物细胞质体观察

1. 叶绿体(菠菜叶或其他表皮易撕下的绿叶)

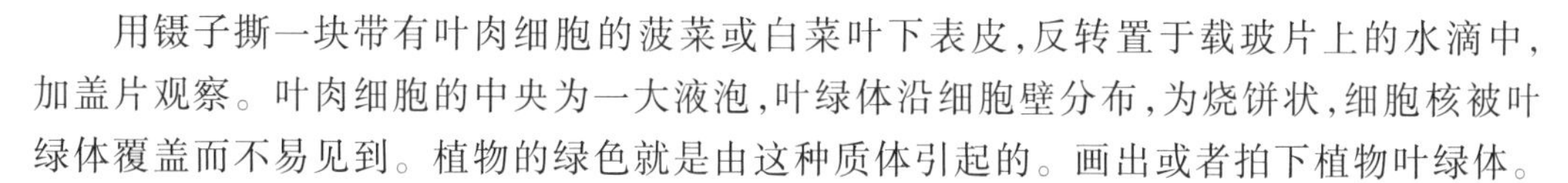

用镊子撕一块带有叶肉细胞的菠菜或白菜叶下表皮,反转置于载玻片上的水滴中,加盖片观察。叶肉细胞的中央为一大液泡,叶绿体沿细胞壁分布,为烧饼状,细胞核被叶绿体覆盖而不易见到。植物的绿色就是由这种质体引起的。画出或者拍下植物叶绿体。

2. 有色体

取红辣椒(胡萝卜)果皮或果肉一块,制成临时玻片,在显微镜下观察可见橙红色棒状或球状的颗粒,即为有色体。用镊子取番茄果肉少许,置载玻片上,加水使材料分散并加盖玻片,在显微镜下观察。有色体围绕细胞核分布或充满整个细胞。它们多为颗粒状或杆状。注意番茄的果肉细胞分离开后,细胞形状的变化。画出或者拍下植物有色体。

### (二)植物细胞液泡及花青素的观察

取波斯菊花瓣或洋葱紫色部分的表皮一小片置于载玻片上加水,加盖玻片,观察。

花青素均匀地分布在细胞液中,致使液泡成为紫红色(注意液泡与细胞膜的边界),这时液泡与细胞质的界线十分清楚,特别是幼细胞中。从盖玻片的一端加入少许肥皂水(或氨水)观察细胞液颜色的变化,然后再加入少许45%醋酸(或1N盐酸)观察细胞液颜色的变化并说明原因。

## 九、实验作业

(1)图示叶绿体和有色体的形状以及它们在细胞内的分布。

(2)说明花青素变色机理。

(3)创新实验:不同颜色的花瓣和果实等组成探索。

## 十、实验注意事项

(1)必须对实验材料有充分的了解。

(2)取样注意均匀性。

(3)严格按规程操作显微镜;切不可随便拆卸显微镜各零部件,注意及时保养,防潮湿、防腐蚀。

(4)注意细胞不同种类质体的特征,注意观察记录花青素颜色的变化过程。

(5)认真记录,做好标记,便于统计。

(6)注意实验后的卫生工作。

(7)失败或成功都要进行分析、总结,写入实验报告。

## 十一、学习思考题

### (一)客观题

一般层次

较高层次

### (二)主观题

一般层次

较高层次

## 十二、参考文献

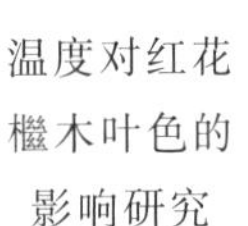

温度对红花檵木叶色的影响研究

二乔玉兰开花过程中花色变化的生理生化机制

不同时期观赏海棠叶色和花色变化规律研究

“红叶”杜仲叶色转变过程中叶片生理指标变化

彩叶植物叶片转色期叶色表达与色素含量关系研究

# 实验3 植物组织形态观察

## 一、实验类别

本实验属于演示验证性实验,通过预习、讨论、老师讲解、学习相关教学素材,熟悉植物的分生组织、保护组织、基本组织、机械组织、输导组织等的类型与特征,通过实际实践掌握识别方法。为了保证实验的顺利进行,要求学生按照所列的实验方法和实验步骤认真操作。建议:可以预先学习本实验的教学 PPT,熟悉实验材料的习性,开展小组预实验,仔细观察、记录预实验过程中出现的一些新情况,并进行小组讨论,分析问题所在。

## 二、建议学时:3 学时

## 三、实验目的

掌握植物各种组织的基本结构组成及其特征,包括植物的分生组织、保护组织、基本组织、机械组织、输导组织等的类型与特征;了解分泌组织的类型与特征;进一步理解植物组织的结构、功能和环境的相互统一性,学会实验报告撰写规范。另外,通过本实验培养学生正确使用仪器设备并进行测试、调整、分析的能力,培养学生求真务实、独立学习的习惯和团队合作精神。

## 四、实验原理

在植物个体发育中,具有相同来源的细胞分裂、生长与分化形成的细胞群叫组织。植物的组织一般分为分生组织、基本组织、保护组织、分泌组织、机械组织和输导组织六类,后五类都是由分生组织分生分化而来的,所以又统称为成熟组织或永久组织。不同的组织虽然有着各自的功能,但在一个植物体中,它们互相之间有着结构和功能上的联系,共同为完成植物体的生命活动而起作用。

植物组织的出现是植物进化层次更高的标记。植物的进化程度愈高,其体内细胞(群)间的分工愈细,植物体的结构愈复杂,适应性愈强。被子植物是现存植物中高度发达和适应性的植物类群,具有最完善的组织分工,在形态结构和生理功能上表现出高度的统一,适应环境的能力也更强。

## 五、实验内容

(1)分生组织观察。

(2)保护组织观察。

(3)机械组织观察。

(4)输导组织观察。

(5)基本组织观察。

(6)分泌组织观察。

## 六、实验材料

植物材料:洋葱根尖纵切片、南瓜茎纵切片、棉老根横切片、三年生椴树茎横切片、芹菜叶柄横切片、甘薯根切片(贮藏组织)、芹菜、梨、黄豆芽、橘子皮、女贞叶等,可根据实际情况调整。

## 七、实验用具

生物显微镜、载玻片、盖玻片、镊子、刀片、解剖针、吸水纸、擦镜纸、滴瓶、蒸馏水。

## 八、实验方法和步骤

### (一)分生组织

分生组织常位于植物体茎尖和根尖的生长部位,依据在植物体内的分布位置而分为顶端分生组织、居间分生组织、侧生分生组织。

1. 顶端分生组织——位于根、茎顶端,活动的结果使根茎伸长

取洋葱根尖纵切片,观察根尖顶端生长锥。在10倍物镜下观察,可见根尖顶端为一帽状结构,这便是根冠;根冠以内可见有一部分细胞纵向、横向细胞壁长度相近(中央部分呈不透明的黄色),此区域称分生区,也称生长点;分生区向后细胞逐渐伸长,细胞纵向壁长度大于横向壁,此区域即为伸长区;伸长区再向后,可看到表皮细胞外壁向外突出形成根毛,根的中央部分可观察到螺纹、环纹导管及筛管分子,此即为根毛区。

2. 侧生分生组织

观察棉老根横切片,边缘的几层排列整齐的死细胞为木栓层,其内侧有一层细胞质含浓的活细胞,即为木栓形成层;观察棉老茎横切片,由外向内,在次生韧皮部与次生木质部之间具有几层排列较紧密的扁平细胞,长轴方向与体表平行,其细胞质不浓,有较大的液泡,细胞核常位于一侧,即为维管形成层。

### (二)保护组织

1. 表皮

取女贞叶,撕取下表面,置于载玻片中央,加一滴水合氯醛,盖上盖玻片,防止产生气泡,用吸水纸吸去多余的水。将标本片置于显微镜下观察,观察到其表皮细胞呈不规则的波浪形相互嵌合,细胞间无胞间隙,在表皮细胞之间有许多气孔器(由2个新月形的保卫细胞成对组成,相邻细胞壁的胞间层溶解,形成开口,即为气孔)。观察气孔是张开的还是关闭的。注意观察保卫细胞和表皮颜色有何区别,保卫细胞里面有没有叶绿体。

2. 周皮

取椴树老茎横切片观察,可见最外侧有多层扁平、紧密叠生的细胞带,细胞中空、高度木栓化。这就是木栓层。

### (三)机械组织

1. 厚角组织

取芹菜茎切片观察,在纵切面上,可以看到表皮内侧几个相邻的近似长柱形的细胞角隅处有加厚现象;横切面上也有上述加厚现象,此区域即为厚角组织。

注:也可采用徒手切片方法对芹菜茎进行横切,制成临时装片。

2. 厚壁组织

(1)纤维:观察南瓜茎纵切片,可见有许多红色(番红染红了木质化的细胞壁)、细胞壁全面次生增厚的梭状细胞,彼此紧密连接。

(2)石细胞

取梨果肉石细胞压片或制片观察,可见其细胞壁较厚和有许多分枝状的纹孔道。

**(四)输导组织**

按运输物质的不同,输导组织可分为导管与筛管。

1. 导管

准备洁净的载玻片和盖玻片各一片,取一段黄豆芽的茎于载玻片中央,另用一载玻片压平茎、用牙签轻轻挑开,加一滴水合氯醛,盖上盖玻片,防止产生气泡,用吸水纸吸去多余的水。将标本片置于显微镜下观察,找出有几种导管。

2. 筛管

取南瓜茎纵切片,在红色导管两侧(外侧),可见到许多绿色(为固绿染色所致)管道,即为筛管,它由许多筛管分子组成。

**(五)分泌组织(观察橘皮的油室)**

准备洁净的载玻片和盖玻片各一片,滴加一滴水于载玻片中央备用。徒手切取薄薄的橘皮的表皮,置于载玻片水中,展平,盖上盖玻片,防止产生气泡,用吸水纸吸去多余的水。

将标本片置于显微镜下观察,可见油室为椭圆形,周围细胞排列整齐,无细胞间隙。室内可见淡黄棕色油滴。

**(六)基本组织**

以贮藏组织为例。

观察甘薯根横切片,大型薄壁细胞内可见许多发亮的颗粒(主要为淀粉),这类细胞因具有贮藏功能,故称之为贮藏组织。

实验结果:拍下洋葱根尖结构、棉老根横切面侧身分生组织结构、女贞叶气孔结构、椴树茎横切面周皮结构、芹菜茎横切面以及纵切面厚角组织结构图、南瓜茎纵切片纤维、梨石细胞、南瓜茎纵切面导管、黄豆芽导管结构、南瓜茎筛管、橘子皮油室结构、甘薯储藏结构等照片或者手绘,并对每一个图片进行说明。

## 九、实验注意事项

(1)必须对实验材料有充分的了解。

(2)取样注意均匀性。

(3)严格按规程操作使用显微镜;切不可随便拆卸显微镜各零部件,注意及时保养,防潮湿、防腐蚀。

(4)注意不同组织的特征。

(5)认真记录,做好标记,便于统计。

(6)注意实验后的卫生工作。

(7)失败或成功都要进行分析、总结,写入实验报告。

## 十、作业

绘制全部实验观察图,完成实验报告。

## 十一、学习思考题

### (一)客观题

一般层次

较高层次

### (二)主观题

一般层次

较高层次

## 十二、参考文献

植物保护组织、输导组织、贮藏组织、机械组织、后含物及纹孔的观察实验改革浅析

夹竹桃科2种引种植物分泌结构的解剖学研究

四种植物分泌结构的观察

伯乐树不同发育阶段叶片表面附属结构特征

植物的芳香性与分泌结构

冰冻切片技术在高等植物中的应用

# 实验4 种子形态观察、解剖及种子生活力测定

## 一、实验说明

本实验属于演示验证性实验,通过预习、讨论、老师讲解、学习相关教学素材,了解本实验的内容,掌握相关技能。为了保证实验的顺利进行,要求学生按照所列的实验方法和实验步骤认真操作。建议:可以预先学习本实验的教学PPT,熟悉实验材料的习性,了

解种子的形态、结构和种子生活力测定实验的基本过程,开展小组预实验,仔细观察、记录预实验过程中出现的一些新情况,并进行小组讨论,分析问题所在。

## 二、建议学时:3学时

## 三、实验目的

熟悉不同种子的形态特征、结构,掌握种子的品质标准,学会种子生活力测定的规范操作,掌握种子生活力测定方法和技能,学会实验报告撰写规范。

种子生活力测定是种子质量基本检测技术,是一项花卉育苗生产前的基本功。按照园林及相近专业本科生毕业指标要求,在园林植物栽培管理以及园林养护技术中,培养专业同学综合能力和创新能力时,需要借助于这些扎实的专业基本功,才能更好地进行园林植物栽培及养护管理。

另外,通过本实验培养学生正确使用仪器设备,并进行测试、调整、分析的能力,培养学生求真务实、独立学习的习惯和团队合作精神。

## 四、实验原理

### (一)种子形态观察、解剖

种子的外部形态包括种子的形状、大小、长度、色泽、表面特征等,都是鉴定种子的主要标志。种子的长度即种子先端至末端的长度,不同属的植物种子的长度差异较大。具芒的种子包括芒的长度。

色泽:种子的颜色,如土黄色、褐色、棕色等。

芒:外稃的中脉延伸而形成的,不是所有种子都是具芒的,具芒的种子长短不同。

种子的结构中包含种皮(包括种孔、种脐)、胚、胚乳。胚是将来一株完整的植物体的雏形,是一个没有完全分化的幼小植物体,而种皮及胚乳只是帮助胚完成生长发育的辅助结构。在胚萌发成幼苗的时候,种皮有胚乳就完成使命而脱落和消失了。

### (二)种子生活力概念

种子生活力是指种子发芽的潜在能力和种胚所具有的生命力,通常是指一批种子中具有生命力的种子数占种子总数的百分率。一般经历休眠的种子必须进行生活力测定。

### (三)种子生活力测定方法及原理

种子生活力测定有氯化三苯基四氮唑(TTC)法和红墨水法(酸性大红G)。本实验选用TTC法。凡有生活力的种子胚部在呼吸作用过程中都有氧化还原反应,而无生活力的种胚则无此反应。当TTC溶液渗入种胚的活细胞内,并作为氢受体被脱氢辅酶(NADH或NADPH)还原时,可产生红色的三苯基甲(TTF),胚便染成红色。当种胚生活力下降时,呼吸作用明显减弱,脱氢酶的活性亦大大下降,胚的颜色变化不明显,故可由染色的程度推知种子的生活力强弱。TTC还原反应如下:

TTC(无色)——→TTF(红色)

## 五、实验内容

(1)种子形态观察。

(2)种子结构解剖。

(3)种子生活力测定。

## 六、实验材料

(1)植物材料:黑麦草、白三叶、黄豆、玉米、鸡冠花、万寿菊、百日草、凤仙花、牵牛花、矮牵牛等种子。

(2)试剂:碘液。

TTC 溶液的配制:取 1g TTC 溶于 1L 蒸馏水或冷开水中,配制成 0.1% 的 TTC 溶液。药液 pH 应在 6.5 ~7.5,以 pH 试纸试之(如不易溶解,可先加少量酒精,使其溶解后再加水)。

## 七、实验用具

恒温箱、解剖镜、解剖刀、解剖针、镊子、瓷盘、种子检验台、直尺、毛刷、胶匙、小尺、培养皿、放大镜、刀片、烧杯、棕色试剂瓶、解剖针、搪瓷盘、pH 试纸。

## 八、实验方法和步骤

### (一)种子形态观察

1. 对各种子的外观形态进行观察与描述

取供检种子若干粒(大小、颜色均匀的种子),放在种子检验板(台、盘)上,用放大镜详细观察其外部形态、构造及种子外皮颜色,并用测尺详细测量种粒(有纵、横之分的要分别测量)大小、形状及特征。

2. 根据种子的外部形态特征识别种子

识别种子形状和大小、种脐形状和颜色、种子表面特点、种子附属物。可记录在表 4.1。

3. 根据种子内部结构识别种子

种子内部结构对确定一个属或科起着决定性的作用。一般以胚的位置、形状、大小等差异来分类。

**表 4.1　种子形态观察记录表**

| 编号 | 种子 | 果实种类 | 种实外部形态 | | | | 备注 |
|---|---|---|---|---|---|---|---|
| | | | 大小/cm | 形状 | 色泽 | 其他 | |
| 1 | | | | | | | |
| 2 | | | | | | | |
| | | | | | | | |

## (二)种子结构解剖

1. 菜豆种子解剖

(1)用镊子取一粒浸软的菜豆种子放在培养皿中,观察外形并用解剖针指出种脐。

(2)用力捏一捏浸泡和未浸泡的菜豆种子,注意感觉上的差别。

(3)剥去种皮,剩下的整体部分是胚。(注:种皮有保护作用)

(4)分开两片子叶,用放大镜观察上面的结构,用解剖针指出各部分名称,并做好记录。

2. 玉米种子解剖

(1)取一粒已浸软的玉米种子,放在种子检验台上,观察外部结构和颜色。

(2)用刀片沿玉米种子中央纵向切开。

(3)用放大镜观察内部结构。区分胚和胚乳可以用碘液染色,胚乳中含有大量淀粉容易被染成蓝色,胚里面没有淀粉,不会染成蓝色。

(4)指出各部分名称,并做好记录(见表 4.2)。

**表 4.2 种子解剖特征记录表**

| 编号 | 种子 | 果皮 | | | 种皮 | | | 胚乳 | | 胚 | | 备注 |
|---|---|---|---|---|---|---|---|---|---|---|---|---|
| | | 颜色 | 质地 | 厚度 | 颜色 | 质地 | 厚度 | 有无 | 颜色 | 颜色 | 子叶数 | |
| 1 | | | | | | | | | | | | |
| 2 | | | | | | | | | | | | |
| … | | | | | | | | | | | | |

## (三)种子生活力测定(TTC 法)

(1)以玉米、黄豆为例,用温水(30℃)浸泡 2~6h,使种子充分吸胀。

(2)随机取种子 2 份,每份 50 粒,沿种胚中央准确切开,取每粒种子的一半备用。

(3)把切好的种子分别放在培养皿中,加 TTC 溶液,以浸没种子为度。

(4)放入 30~35℃的恒温箱内保温 30min,也可在 20℃左右的室温下放置 40~60min。黑暗控温或弱光下进行染色反应。

(5)保温结束,倾出药液,用自来水冲洗 2~3 次,立即观察种胚着色情况,判断种子有无生活力,把判断结果记入表 4.3 内。

(6)一般鉴定原则:

①凡是胚的主要构造及有关活营养组织染成有光泽的鲜红色,且组织状态正常的,为有活力种子。

②凡是胚的主要构造局部不染色或染色成异常的颜色和光泽,并且活营养组织不染成部分已超过二分之一,或超过允许范围且组织软化的,为不正常种子。

③凡完全不染色或染色成无光泽的淡红色或灰白色,且组织已腐化、虫蛀、损伤、腐烂的,为死种子。

各种植物的种子生活力判别标准参照种子检验规程。

种子生活力(%)=(染色数目/种子数目)×100%。

表 4.3 染色法测定种子生活力记载表

| 编号 | 种子名称 | 供试粒数 | 有生活力种子粒数 | 无生活力种子粒数 | 种子生活力/% |
|---|---|---|---|---|---|
| 1 | | | | | |
| 2 | | | | | |
| | | | | | |

## 九、实验注意事项

(1)必须对实验材料有充分的了解。

(2)取样注意均匀性。

(3)TTC 溶液最好现配现用,如需贮藏则应贮于棕色瓶中,放在阴凉黑暗处,如溶液变红则不可再用。

(4)染色温度一般以 25 ~ 35℃ 为宜。

## 十、作业

(1)完成所指定的种子外部形态和内部构造的记载。

(2)简绘各个种子的外形和纵、横剖面图,并标出种子内部各部分的名称和位置。

(3)完成实验报告。

## 十一、学习思考题

### (一)客观题

一般层次

较高层次

### (二)主观题

一般层次

较高层次

## 十二、参考文献

肉桂种子生物学特性及生活力研究

小麦种子活力相关性状研究进展

野生莲瓣兰种子形态特征与生活力测定

浙江红山茶种子的生物学特性

紫藤不同种源种子形态结构与发芽率

鸡眼草种子形态特征观测及生活力的测定

# 实验5 植物腊叶标本制作

## 一、实验说明

植物腊叶标本是辨认植物种类的第一手资料，是永久性的植物档案，是进行科学研究的重要依据。本实验属于演示验证性实验，通过预习、讨论、老师讲解、学习相关教学素材，了解植物腊叶标本制作的基本方法和技术要点，并通过实际实践掌握植物腊叶标本的制作方法。为了保证实验的顺利进行，要求学生按照所列的实验方法和实验步骤认真操作。建议：可以预先学习本实验的教学PPT，熟悉实验材料的习性，了解植物腊叶标本制作的基本过程，开展小组预实验，仔细观察、记录预实验过程中出现的一些新情况，并进行小组讨论，分析问题所在。

## 二、建议学时：3学时

## 三、实验目的

掌握植物腊叶标本的制作方法；加深对不同植物的认知和了解。本实验完成需要同学利用所学知识，通过视频、PPT学习，掌握植物腊叶标本制作的操作流程和技术要领，培养学生规范操作的意识，学会实验报告撰写规范。

另外，通过本实验培养学生正确使用仪器设备，并进行测试、调整、分析的能力，培养学生求真务实、独立学习的习惯和团队合作精神。

## 四、实验原理

腊就是干的意思，腊叶标本又称压制标本，是干制植物标本的一种。采集植物带花或果实的一段枝叶，或者带花或果的整株植物体，在标本夹中压平。新鲜的植物体经过压制，失去水分后变成了干的，且基本保持原来的形态和色泽，不易变质；干燥后，装贴在台纸上，可以长期存放。

## 五、实验内容

（1）植物标本材料的采集。

（2）植物标本的压制与干燥。

（3）植物标本的装订。

## 六、实验材料

校园内外各种植物的根、茎、叶、花、果以及全草等。

## 七、实验用具

吸水纸、标本夹板、枝剪和高枝剪、标本号牌(用白色硬纸做成,长宽各3cm左右,系以白线,挂在各个标本上)、白板纸(国标29cm×42cm)、胶水、白车线、针等。

## 八、实验方法和步骤

### (一)材料采集

要采集完整的标本。一个完整的标本除根、茎、叶外,还要采集花或果实,因为鉴别种类时,花、果是区别科、属的重要依据。

(1)草本植物要采集根、茎、叶、花、果实尽可能齐全的植株。

(2)木本植物应剪一段长25~30cm带叶、花或果的枝。

(3)经济价值的植物,还要采集它的应用部分,如树皮、果实、根茎等。

(4)雌雄异株的植物,要分别采集雄株和雌株。

(5)寄生植物,如菟丝子、列当则应连同寄主一起采下。

(6)具地下根茎、块茎、鳞茎、块根的植物应将其地下部挖出编号保存。

### (二)材料整理

小心清洗污泥,去除枯叶。一是除去枯枝烂叶,除去凋萎的花果,若叶子太密集,还应适当修剪,但要留下一点叶柄,以示叶片着生情况;二是用清水洗去泥沙杂质。此外,对蕨类植物根状茎上的鳞片和毛茸,甘蔗表皮上的蜡质,慈姑等球茎上的鳞叶等,应注意保护。

标本清理后,应尽快进行制作,否则时间太久,有的标本的花、叶容易变形,影响效果。

### (三)采集过程记录(见表5.1)

表5.1 植物标本标签样式

| 标签式样 |
| --- |
| 采集号: |
| 地点: |
| 采集者: |
| 采集时间: |

## (四)标本制作

1. 压制

先在标本夹的一片夹板上放几层吸水纸,然后放上标本,标本上再放几层纸,使腊叶标本与吸水纸相互间隔,层层摞叠,最后再将另一片标本夹板压上,用绳子捆紧。

有些植物如棕榈、芭蕉等,叶和花序都非常大,采集这样的植物标本,可用以下方法进行:

(1)如果标本的叶片大小超过了台纸,但仅超过一倍长度时,可以不剪掉那部分,只需将全叶反复折叠,并在折叠处垫好吸水纸放入标本夹内进行压制。

(2)如果是比上述叶更大的单叶,则可将 1 片叶剪成 2 ~ 3 段,分别压制,分别制成腊叶标本,但在每段上要拴一个注有 A、B、C 字样的同一号码的号牌。

(3)如果叶的宽度太大,则可沿中脉剪去叶的一半,但不可剪去叶尖。如果是羽状裂片或羽状复叶,在将叶轴一侧的裂片或小叶剪去时,要留下裂片和小叶的基部,以便表明它们着生的位置。还有,顶端裂片或小叶不能剪掉。

(4)如果是两回以上的巨大羽裂或复叶,则可内取其中 1 个裂片或小叶进行压制,但同时要压制顶端裂片和小叶。

对于巨大的花序,可取其中一小段作为标本。

大型植物的花序,由于只选取了叶和花序的一部分,野外记录就显得更为重要,而且必须详细记录,如叶片形状、长宽度、裂片或小叶数目、叶柄长度、花序着生位置、花序大小等,均应加以记载。

2. 换纸

开始时最好一天换纸 2 ~ 3 次,几天后再逐步减少次数,7 ~ 10 天就可压干。

3. 消毒

消毒是为了杀灭植物体上的虫子或虫卵,防止虫蛀

(1)气熏法:将压干的标本放在有敞开挥发的消毒剂的消毒箱内熏 3 天后取出

(2)浸泡法:将标本放入 0.2% ~0.5% 的升汞酒精溶液(95% 酒精)中浸泡 5 分钟,然后将标本夹起,放在干吸水纸上吸干。

(3)低温法:在 -40℃ 低温冰箱中进行低温杀虫

4. 固定标本——装贴在台纸上

装帧用洁白的台纸,长约 50cm,宽 30 ~ 32cm,标本放在纸上,摆好位置,呈现自然状态。在台纸正面选好几个固定点,用扁形锥子紧贴枝条、叶柄、花序、叶片中脉等两边锥数对纵缝,将纸条两端插入缝中,或者用针线固定,穿到台纸反面,将纸条收紧后用胶水在台纸背面贴牢,整体标本每张台纸只能放一种植物标本。关键部位用小纸条、针线或胶带固定住。可用胶水或双面胶粘贴固定叶片。

5. 贴标本签,并加盖衬纸或封膜

填好科名、学名、中名、采集地点、采集人、鉴定人、日期、编号等项,将填好的标本签贴在台纸的右下角,并加盖衬纸或封膜。

### (五)标本制作基本步骤示意图(见图5.1)

1. 草本植物,应采集根、叶、茎、花或果实尽可能齐全的植株

2. 木本植物,应采集长有叶、花或果实的枝条

3. 给采集到的标本挂上号牌

4. 把采集到的标本轻轻地放进采集箱(或塑料袋)内

5. 尽快把整理过的标本放在几层容易吸水的纸上,使叶、花的正面向上展平(要使少数叶、花的背面向上展平),然后盖上几层纸

6. 把标本层层摞起来,用标本夹夹好并缚紧,放到背阴通风处

7. 每隔一定时间,用干纸更换标本夹里的潮纸,同时对标本进行整形,力求标本尽快干燥

图5.1　植物腊叶标本制作基本步骤

## 九、实验注意事项

(1)整理压制时尽可能展现自然状态。

(2)太密的枝叶可适当疏剪一些,但必须保留叶柄。

(3)植株太长可弯折成V形、Z形或N形。

(4)翻转部分叶片使叶背朝上。

(5)勤换纸。头3天要每天换纸2~3次,3天后每天换1次,直到完全干燥为止;易脱落的果实、花朵用纸袋装好后,和原标本放在一起

(6)有些种类压制成标本以后仍能萌芽,可开水煮几分钟或50%酒精浸1~2天以后再压。

## 十、学习思考题

### (一)客观题

一般层次

较高层次

### (二)主观题

一般层次

较高层次

## 十一、参考文献

药用植物标本采集、鉴定、制作和保存

蒙古栎腊叶标本制作及保存方法

绿色植物腊叶标本几种保绿法的比较与探索

植物腊叶标本的保存方法探讨

植物浸制标本制作技术的研究进展

# 第二章

# “植物生物学”综合探究性实验

## 实验6　植物根形态解剖及校园植物根的调查

### 一、实验说明

本实验属于综合探究性实验，通过老师讲解、观看相关资料、熟悉根形态解剖的基本方法和技术要点，通过实际实践，掌握根形态观察及解剖结构的方法，调查校园内不同生境、不同植物根的形态。为了保证实验的顺利进行，要求学生按照所列的实验方法和实验步骤认真操作。建议：可以预先学习本实验的教学 PPT，熟悉实验材料的习性，了解根形态解剖实验的基本过程，开展小组预实验，仔细观察、记录预实验过程中出现的一些新问题，并进行小组讨论、综合分析，形成较全面的解决方案。

### 二、建议学时：3 学时

### 三、实验目的

1. 熟悉校园植物根的外观特征。
2. 了解根尖的外形、分区和内部构造。
3. 了解根的初生结构、次生结构及其基本特点。
4. 了解根维管形成层的发生、特点和在次生结构产生中的作用。

本实验完成需要同学利用所学知识，通过综合实践，掌握根形态解剖的操作流程和技术要领，培养学生严谨的逻辑思维能力和综合协调能力。

### 四、实验原理

根是植物的营养器官，通常位于地表下面，负责吸收土壤中的水分及溶解其中的无机盐,并且具有支持、繁殖、贮存合成有机物质的作用。当种子萌发时,胚根发育成幼根突破种皮,与地面垂直向下生长为主根。当主根生长到一定程度时,从其内部生出许多支根,称侧根。除了主根和侧根外,在茎、叶或老根上生出的根,称不定根。反复多次分支,形成整个植物的根系。植物根还可以分为定根和不定根。

## 五、实验内容

(1)观察波斯菊(带根植株)、沿阶草(带根植株)、百合(带根植株)、吊兰、落地生根、狗牙根、凌霄、爬山虎、椴树小苗、栾树小苗、桂花小苗等校园常见植物的根系外观形态,判别根系类型。

(2)根尖结构:洋葱根尖纵切片观察。

(3)双子叶植物根的初生结构:豆芽根及横切片观察。

(4)单子叶植物根的结构:玉米根横切片观察。

5. 根的次生结构:棉花老根横切片观察。

## 六、实验材料

波斯菊(带根植株)、沿阶草(带根植株)、百合(带根植株)、吊兰、落地生根、狗牙根、凌霄、爬山虎、椴树小苗、栾树小苗、桂花小苗、洋葱根尖纵切成片、小麦或玉米的幼根、蚕豆、大豆、棉花或毛茛的幼根、棉花老根横切片(也可以根据本地特点选择相应植物)。

## 七、实验用具

显微镜、放大镜、载玻片、盖玻片、刀片、镊子、培养皿、吸水纸、纱布。

## 八、实验方法和步骤

### (一)观察外部特征

观察波斯菊(带根植株)、沿阶草(带根植株)、百合(带根植株)、吊兰、落地生根、狗牙根、凌霄、爬山虎、椴树小苗、栾树小苗、桂花小苗等校园常见植物的根系外观形态,选取草本 10 种,木本 10 种,考虑多样化,选择生长环境不同的植物。

(1)观察主根、侧根、不定根的形态特征,并列表说明。

主根:由胚根细胞分裂伸长形成。

侧根:主根生长到一定时候,在一定部位侧向从内部生长的根。

不定根:主根、侧根以外的茎叶、胚轴上长出的根。

(2)比较直根系和须根系,并列表说明。

直根系:主根明显,主根上生出侧根。

须根系:无明显主根和侧根区别,呈须状。

(3)比较不同根的颜色。

(4)分析不同根的生长环境与特征。

### (二)根尖的内部结构

取洋葱根尖纵切固定装片,在显微镜下观察各区的细胞结构特点(观察时先在低倍镜下观察,然后再转到高倍镜下观察)。

(1)根冠:在根尖的最前端,略呈三角形,套在生长点的外面,是一群排列不整齐的薄壁细胞。

(2)生长点:位于根冠之内,长约 1~2mm,由排列紧密的小型多面体细胞组成。在高倍镜下观察可见到许多正处于分裂状态的细胞。

(3)伸长区:位于分生区的上方,长约 2~5mm,细胞在长轴方向上显著增加,在高倍镜下观察可见内部细胞开始出现分化。

(4)根毛区(成熟区):在伸长区的上方,此区的细胞在大小上与伸长区相比没有太多变化,根的中央部分出现成熟组织。在高倍镜下观察可见不同增厚形式的导管分子。根毛由于切片的原因大部分被破坏,在高倍镜下观察可见表皮细胞上的残迹。

### (三)双子叶植物根的初生结构

通过大豆、棉花或毛茛等幼根的根毛区做徒手切片,制成临时装片,或取其固定装片,观察根的初生结构。由外到内可依次区分为:表皮、皮层、维管柱(中柱)三部分。

1. 表皮

表皮是根的最外一层细胞,排列紧密整齐,有的细胞可观察到有根毛残体。

2. 皮层

皮层在表皮之内,占幼根的大部分,由多层薄壁细胞组成,可进一步分为外皮层、中皮层和内皮层三部分。

(1)外皮层:靠近表皮之下的几层细胞(1~3 层),细胞较小,细胞壁常木栓化代替表皮起暂时保护作用。

(2)中皮层:细胞体积较大,排列疏松,有较大的细胞间隙,细胞具有储藏作用。在水生植物中,此部分组织细胞常特化成通气组织。

(3)内皮层:是皮层的最内层细胞,包绕着内部的维管柱。细胞小,排列紧密,细胞横壁和径向壁上具有木栓化的带状加厚——凯氏带,在根的横切面上可见常被染成红色的凯氏点(或凯氏带)。

3. 维管柱

内皮层以内就是维管柱,细胞较小,排列紧密。维管柱可分成中柱鞘、初生韧皮部、初生木质部、薄壁细胞及髓儿部分。

(1)中柱鞘:是维管束的最外 1~2 层细胞,排列紧密、整齐,保持着分生组织的特点和功能,侧根、木栓形成层(首次)和维管束形成层的一部分发生于此。

(2)初生韧皮部:与木质部相间排列,由深色的韧皮纤维和浅色的筛管、伴胞等构成,是疏导同化产物的组织。

(3)初生木质部:在切片中初生木质部的导管常被染成红色,其细胞壁厚腔大,是疏导水分和无机盐的组织，常排列成4~6束的星芒状，根据木质部有几束常将根称为几原型的根。

(4)薄壁细胞：木质部和韧皮部之间有薄壁细胞存在，这部分细胞可以恢复分生能力，形成维管形成层的一部分。

(5)髓：有些植物的维管柱中心的薄壁细胞不分化出木质部，这部分细胞称为髓。绝大多数双子叶植物根都没有髓。如棉花、向日葵等。

### (四)单子叶植物根的初生结构

单子叶植物根没有形成层，所以只有初生结构。取单子叶植物玉米、鸢尾等根的根毛区上方部位横切制成临时装片，或取其固定装片观察，区分出表皮、皮层、维管柱三部分。

(1)表皮：是根的最外一层细胞，排列紧密整齐，可观察到有根毛残体。

(2)皮层：在表皮之内。靠近表皮之下的几层细胞(1~2层)，细胞较小，称为外皮层。在较老的材料中可见2~3层细胞壁常木栓化代替表皮起保护作用，被染成红色。

(3)维管柱：由中柱鞘、初生韧皮部(包括原生韧皮部和后生韧皮部)、初生木质部(包括原生木质部和后生木质部)、木质部和韧皮部之间的薄壁细胞及髓几部分组成。中柱鞘是维管柱最外边排列紧密的小细胞，其内部是相间排列成一轮的初生韧皮部和初生木质部，两者之间是薄壁细胞。原生木质部细胞口径较小，在外部。后生木质部口径较大，染色较浅，在内侧。

### (五)双子叶植物根的次生结构

大多数的双子叶植物和裸子植物的根，由于具有形成层可以产生根的次生结构，使继续生长，因此可以使根不断加粗。

取棉花或木槿等植物的老根横切永久装片进行观察。其特点是原最外层的表皮和皮层已经脱落被木栓形成层产生的周皮取代，维管形成层向外产生了少量的次生韧皮部，向内产生了大量的次生木质部。在显微镜下观察，由外向内可区分出周皮、次生韧皮部、形成层、次生木质部、初生木质部及射线。

1. 周皮

周皮可区分为木栓层、木栓形成层和栓内层三部分。木栓层是老根最外排列整齐的几层死细胞。横切面成扁方形，细胞壁栓质化，常被染成暗红色。

在木栓层之内，有一层扁方形的薄壁的生活细胞，细胞质浓厚，可被固绿染成黄色。木栓形成层是由中柱鞘细胞恢复分生能力而形成的，主要进行平周分裂，向外分裂产生木栓层细胞，向内分裂产生栓内层细胞。木栓形成层之内有2~3层较大的薄壁细胞是栓内层，被固绿染成蓝绿色。

随着根的增粗，老的周皮会被破坏、脱落，但可以在内部再产生新的木栓形成层，形成新的周皮。这样，周皮的发生就逐渐由外向内推进到了次生韧皮部。

2. 次生韧皮部

次生韧皮部位于周皮之内，形成层之外，由筛管、伴胞、韧皮纤维和韧皮薄壁细胞组成。除韧皮纤维被染成红色外,大部分细胞被染成深浅不同的蓝绿色。

3. 形成层

形成层位于次生韧皮部和次生木质部之间,有几层被染成浅绿色的扁长形细胞,称为“形成层带”。实际上形成层只有一层细胞,由于它向内向外的分裂常很迅速,而且刚产生的细胞尚未分化成熟,与形成层的细胞很难区分,因此,在横切面上看到的是多层细胞组成的形成层带。

4. 次生木质部

次生木质部是位于形成层内部的被染成红色的细胞区,占据了根的大部分,包括导管、管胞、木纤维和木薄壁细胞,其中细胞口径明显大于周围细胞的是导管,导管之间的一些细胞壁木质化的小细胞是管胞和木纤维,两者都属死细胞,在横断面上很难区分。它们之间夹杂着少量木薄壁细胞,是活细胞,被染成绿色,大部分木薄壁细胞排列整齐呈径向放射状,称木射线。

5. 维管射线

维管射线由木射线和韧皮射线组成,两者是相通的。在根的次生结构中还有一些有定数的次生射线的存在。它是由正对着初生木质部束的维管形成层不断分裂产生的薄壁细胞,并沿着根的半径方向延长,呈辐射状排列,比其他木射线稍宽。

6. 初生木质部

初生木质部位于根的中心,呈星芒状。其最中心为一两个口径稍大的后生导管,周围是与它一起组成初生木质部的一些小导管、木纤维和管胞。初生木质部的每一个棱角对着一条较宽的射线。

## 九、实验注意事项

(1)必须对实验材料有充分的了解。

(2)正确使用显微镜,按照步骤操作,轻拿轻放。

## 十、学习思考题

### (一)客观题

一般层次

较高层次

### (二)主观题

一般层次

较高层次

## 十一、参考文献

植物细根适应环境策略研究进展

干旱胁迫对不同抗旱性苜蓿品种根系形态及解剖结构的影响

干旱胁迫对耧斗菜根解剖结构及生理特性的影响

水培红豆杉根的形态解剖

植物根系解剖结构对逆境胁迫响应的研究进展


# 实验 7　植物茎形态解剖及校园植物茎的调查

## 一、实验说明

本实验属于综合探究性实验，通过老师讲解、观看相关 PPT、熟悉植物茎形态结构及解剖的基本方法和技术要点，结合校园植物茎的相关调查，掌握植物茎的形态结构。为了保证实验的顺利进行，要求学生按照所列的实验方法和实验步骤认真操作。建议：可以预先学习本实验的教学 PPT，熟悉实验材料的习性，了解植物茎形态结构及解剖的基本过程，开展小组预实验，仔细观察、记录预实验过程中出现的一些新问题，并进行小组讨论、综合分析，形成较全面的解决方案。

## 二、建议学时：3 学时

## 三、实验目的

（1）了解植物茎和芽的外部形态与类型。

（2）了解单、双子叶植物茎的初生结构。

（3）了解双子叶植物茎的次生结构。

（4）对校园植物茎进行相关调查，观察茎和芽的外部形态，识别皮孔、芽鳞痕等，掌握茎的生长习性、分枝类型、变态结构等。

本实验完成需要同学利用所学知识，通过综合实践，掌握茎形态解剖的操作流程和技术要领，培养严谨的逻辑思维能力和综合协调能力。

## 四、实验原理

茎是植物体中轴部分，呈直立或匍匐状态。茎上生有分枝，分枝顶端具有分生细胞，进行顶端生长。茎一般分化成短的节和长的节间两部分。茎具有输导营养物质、水分以及支持叶、花和果实在一定空间分布的作用。不同植物类型的茎具有不同的形态和结构,以适应植物生存的需要。

## 五、实验内容

(1)茎和芽的外部形态特征观察。

(2)单、双子叶植物茎初生结构观察。

(3)双子叶植物茎次生结构观察。

(4)校园植物茎和芽的外部形态特征调查。

## 六、实验材料

1. 永久玻片

(1)茎的初生生长:向日葵、薄荷茎横切片(观察双子叶植物茎初生构造),甘蔗、玉米茎横切片(观察单子叶植物茎初生构造)。

(2)茎的次生生长:椴树 3 年生横切片。

2. 校园植物

白玉兰、莎草、薄荷、栾树苗、桂花苗、芦苇、卷耳草、无花果小苗、接骨木、何首乌、乌蔹莓、络石、爬山虎、橘子树、百合、山药、竹子等。

## 七、实验用具

光学显微镜、刀片、镊子、解剖针、载玻片、盖玻片、滴管、培养皿及吸水纸等。

## 八、实验方法和步骤

### (一)观察白玉兰枝条

识别节、节间、顶芽、腋芽、叶痕、芽鳞痕、皮孔等的特征。

### (二)观察向日葵或薄荷初生茎横切片

取向日葵初生茎横切片放在低倍镜下观察,分辨出表皮、皮层、维管柱三部分。然后换用高倍镜,仔细观察下列结构:

1. 表皮

表皮是幼茎最外一层细胞,外壁角质化,并有角质层,有的切片上可见到表皮毛和腺毛。

2. 皮层

皮层位于表皮和维管柱之间,靠近表皮处有厚角组织。皮层大部分是薄壁细胞。在坡层还可观察到分泌腔,腔内的分泌物质被染成紫色。幼茎的内皮层无特殊增厚部分,但富含淀粉粒,故称淀粉鞘。

3. 维管柱

维管柱由维管束、髓射线和髓三部分组成，一般无中柱鞘。

(1)维管束：是初生木质部和初生韧皮部所组成的束状结构，其细胞较小而密集。初生木质部在内，初生韧皮部在外，两者间保留的一层分生组织细胞，为束中形成层。它与其衍生的几层细胞组成形成层，茎的次生生长由此开始。形成层区的细胞横切面形状扁平，排列整齐。

(2)髓和髓射线：是维管束内的薄壁组织。位于茎中央的部分称为髓。位于两个维管束之间的部分，称为髓射线。两个束中形成层之间，有具分生能力的髓射线细胞，称为束间形成层。棉花的束间形成层不很明显。

### (三)观察玉米茎及水稻茎的横切片

1. 表皮

表皮为一层排列紧密的表皮细胞，外被角质层。

2. 机械组织

机械组织在表皮层内方，为数层厚壁细胞组成。

3. 基本组织

基本组织为大型薄壁细胞，占茎的绝大部分。

4. 维管束

维管束包括韧皮部和木质部，无形成层。韧皮部位于外侧，由横切面较大呈多角形的筛管与紧贴筛管横切面较小的细胞组成。木质部位于内侧，由 2 个大型的孔纹导管(后生木质部)和 2 个小型的环纹导管螺纹导管(原生木质部)及木薄壁细胞组成。有些原生木质部的薄壁细胞已破裂，形成了原生木质腔。在维管束周围有 1 ~ 2 层细胞组成的维管束鞘。

玉米茎维管束散布在基本组织中。水稻各维管束排列为内外两环，茎中央部分为髓腔。

### (四)观察三年生椴树茎横切片

自表皮向内，依次有以下几部分，注意辨出哪些为初生构造，哪些为次生构造(见图 7-1)。

1. 表皮

扁平、外壁具角质层。

2. 周皮

周皮由皮层细胞恢复分裂能力而形成。由几层木栓层细胞、一层木栓形成层细胞和一层栓内层细胞组成。

3. 初生皮层

初生皮层由厚角组织和薄壁组织组成，薄壁细胞常含有草酸钙结晶。

4. 维管柱

维管柱是皮层的淀粉鞘以内的部分。

(1)韧皮部：主要为次生韧皮部，是由形成层向外分裂出的细胞衍生而来，呈圆锥状。

其中韧皮纤维束、韧皮薄壁细胞、筛管、伴胞及韧皮射线有规则地呈层状间隔。韧皮部尖端的纤维束属于中柱鞘纤维。

(2)形成层:由2~3列扁平的薄壁细胞组成形成层区,位于韧皮部与木质部之间,形成层的细胞,向外分生出次生韧皮部,向内分生出次生木质部。

(3)木质部:主要为次生木质部,由导管、纤维、木薄壁细胞及木射线组成。在木质部中可看到年轮,年轮由春材和秋材构成。春材部分细胞横径较大、壁薄、排列疏松;秋材细胞横径小、壁较厚、排列紧密。数一数切片上有几个年轮。

(4)维管射线:由1~2列径向排列的薄壁细胞组成,在韧皮部之间为多列薄壁细胞排成喇叭状。

(5)髓:位于茎的中央部分,由大型薄壁细胞组成。在髓的外围区域有明显的环髓带。

### (五)观察记录

观察白玉兰、莎草、薄荷、栾树苗、桂花苗、芦苇、卷耳草、无花果小苗、接骨木、何首乌、乌蔹莓、络石、爬山虎、橘子树、百合、山药、竹子等植物茎和芽的形态特征,自由选择,建议选择10种草本、10种木本植物进行观察比较,制成表格记录。

(1)外形:大多为圆形,其他有三角形、四棱形、扁平形。

(2)区别茎上皮孔等特点及分布。

(3)区别茎的分枝类型:单轴分枝、合轴分枝、假二叉分枝。

(4)区别茎的生长习性:直立、缠绕、攀缘(以何种方式攀缘)、匍匐。

(5)茎的变态类型。

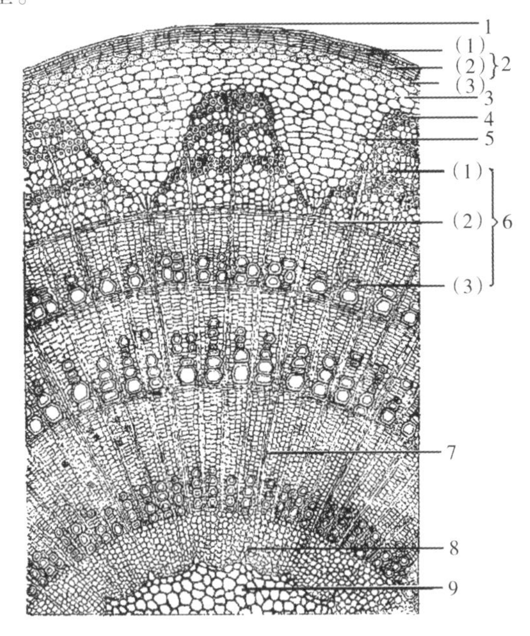


**图7.1 椴树茎横切**

1.表皮 2.周皮 (1)木栓层 (2)木栓形成层 (3)栓内层 3.皮层
4.韧皮纤维 5.韧皮射线 6.维管束 (1)韧皮部 (2)形成层 (3)木质部
7.木射线 8.髓射线 9.髓

### (六)作业

(1)绘一枝条外形简图。
(2)绘茎初生构造部分图,并注明各部分名称。
(3)绘茎次生构造部分图,并注明各部分名称。
(4)比较校园植物茎的外部形态。

## 九、实验注意事项

(1)必须对实验内容、实验目的有充分的了解。
(2)熟悉显微镜的正确使用。

## 十、学习思考题

### (一)客观题

一般层次

较高层次

### (二)主观题

一般层次

较高层次

## 十一、参考文献

不同生长类型藓类植物茎的形态解剖研究

柽柳属植物抱茎叶形态结构的比较观察

盾叶薯蓣茎叶的形态解剖及组织化学研究

抗、感玉米茎腐病的形态解剖研究初报

黄瓜茎卷须的形态与解剖结构研究

乙烯利处理对甘蔗茎形态解剖结构的影响

# 实验8 植物叶形态解剖及校园植物叶的调查

## 一、实验说明

本实验属于综合探究性实验，通过老师讲解、观看相关PPT、熟悉植物叶形态解剖的基本方法和技术要点，通过实际实践结合校园植物叶的调查掌握植物叶的形态特征。为了保证实验的顺利进行，要求学生按照所列的实验方法和实验步骤认真操作。建议：可以预先学习本实验的教学PPT，熟悉实验材料的习性，了解植物叶形态特征以及解剖结构的基本过程，开展小组预实验，仔细观察、记录预实验过程中出现的一些新问题，并进行小组讨论、综合分析，形成较全面的解决方案。

## 二、建议学时：3学时

## 三、实验目的

（1）了解叶的组成及形态学类型。

（2）了解双子叶植物叶、单子叶植物叶（禾本科）的解剖结构。

（3）了解不同生境植物叶的组织结构与适应特点。

（4）对校园植物叶进行相关调查，熟悉不同植物叶片的形态、叶脉的类型、单叶/复叶、叶序以及异形叶等情况。

本实验完成需要同学利用所学知识，通过综合实践，掌握叶形态解剖的操作流程和技术要领，培养严谨的逻辑思维能力和综合协调能力。

## 四、实验原理

（1）叶是植物的重要光合器官。叶片是叶的主体，由叶片、叶柄和托叶组成。叶片结构一般分为表皮、叶肉和叶脉三部分。表皮是叶的保护组织，具气孔和表皮毛的分化。叶肉细胞中含有叶绿体，是光合作用的主要场所。

（2）叶的形态和结构对不同生态环境的适应性变化最为明显，如旱生植物和水生植物的叶、阳地和阴地植物的叶，在形态结构上各自表现出完全不同的适应特征。

## 五、实验内容

（1）观察植物叶片的解剖结构：双子叶植物叶片——棉花叶片、禾本科植物叶片——玉米、小麦叶片。

（2）比较不同生境下叶的形态以及解剖结构的区别。

（3）对校园植物叶进行相关调查，观察不同植物叶片形态、叶脉类型、单叶/复叶、叶序以及异形叶等情况。

## 六、实验材料

(1)植物永久制片:棉花叶横切片、小麦和玉米叶横切片、夹竹桃叶横切片和眼子菜叶横切片。

(2)校园植物:桂花、无患子、栾树、橘子树、麦冬、狗牙根、仙人球、鸡爪槭、合欢、竹子、银杏等。

## 七、实验用具

光学显微镜、刀片、镊子、解剖针、载玻片、盖玻片、滴管、培养皿及吸水纸等。

## 八、实验方法和步骤

### (一)双子叶植物叶片的解剖结构

观察棉花叶横切片,分清上下表皮、叶肉和叶脉等几个部分的基本构造,然后转换高倍镜观察。

(1)表皮:结构同一般气生表皮。注意上表皮有单细胞簇生的表皮毛和多细胞的腺毛。

(2)叶肉:明显分为栅栏组织和海绵组织两部分。注意两种组织细胞特点及排列方式的区别。

(3)叶脉:主脉(中脉)具有较大的维管束,木质部在近轴面,韧皮部在远轴面。维管束与上下表皮之间具有厚角组织和机械组织,其中维管束下方的薄壁组织和机械组织较发达,这是棉叶中脉下面向外突出的原因。

### (二)单子叶植物叶片的解剖结构

以禾本科植物小麦或者玉米叶片的横切片为例。

(1)表皮:上表皮具泡状细胞。

(2)叶肉:无栅栏组织与海绵组织之分。

(3)叶脉:维管束是有限维管束,没有形成层。维管束外有维管束鞘。维管束上方位于表皮里面,通常可见到成束的厚壁细胞,在中脉,这一特点尤其突出。

### (三)比较不同生境下植物叶片的结构特点

观察夹竹桃叶横切片、眼子菜叶横切片。

1. 旱生植物夹竹桃叶横切片

(1)表皮:细胞壁厚,靠外的表皮细胞外壁有发达的角质层。下表皮上有下陷的气孔窝,气孔位于气孔窝里。在气孔窝里的表皮细胞常特化成表皮毛。

(2)叶肉:靠近上表皮的叶肉由多层栅栏组织细胞构成,细胞排列非常紧密,有时靠近下表皮,也有栅栏组织。海绵组织位于上下栅栏组织之间,层数也较多,细胞间隙不发达。叶肉细胞中常含有晶簇。

(3)叶脉:主脉具有双韧维管束。

2. 水生植物眼子菜叶横切片

(1)表皮:细胞壁薄,外壁没有角质化,表皮细胞含有叶绿体,没有气孔和表皮毛。

(2)叶肉:组织不发达,没有栅栏组织和海绵组织的分化。叶肉细胞都是薄壁组织细胞,细胞间隙很大,特别是在主脉附近形成很大的气腔通道。眼子菜是沉水植物,叶子很薄,只有几层细胞。

(3)叶脉:很不发达。主脉的木质部较退化,韧皮部细胞外有一层较为厚壁的细胞。其他小叶脉更为退化。

### (四)校园植物

观察桂花、无患子、栾树、橘子树、麦冬、狗牙根、仙人球、鸡爪槭、合欢、竹子、银杏等植物的叶片,10 种木本,10 种草本,制成表格记录:①植物叶片形态;②叶脉类型;③单叶复叶情况;④叶序;⑤异形叶情况。

## 九、实验注意事项

(1)必须对实验材料有充分的了解,特别是校园植物观察,取材要有区分。

(2)熟悉显微镜的正确使用。

## 十、学习思考题

### (一)客观题

一般层次

较高层次

### (二)主观题

一般层次

较高层次

## 十一、参考文献

5 个园林树种滞尘能力与叶表形态及颗粒物粒径的关系

风毛菊属 3 种植物叶的解剖结构比较

乐昌含笑不同家系的叶形态与生长差异分析

植物生长物质对大豆叶片形态解剖结构及光合特性的影响

植物叶片形态的生态功能、地理分布与成因

# 实验9 植物花形态解剖及校园植物花的调查

## 一、实验说明

本实验属于综合探究性实验，通过老师讲解、观看相关PPT、熟悉植物花形态解剖的基本方法和技术要点，通过结合校园植物花的调查实践，掌握植物花的形态结构。为了保证实验的顺利进行，要求学生按照所列的实验方法和实验步骤认真操作。建议：可以预先学习本实验的教学PPT，熟悉实验材料的习性，掌握植物花形态结构及解剖的基本过程，开展小组预实验，仔细观察、记录预实验过程中出现的一些新问题，并进行小组讨论、综合分析，形成较全面的解决方案。

## 二、建议学时：3学时

## 三、实验目的

（1）观察认识被子植物花的外部形态和组成以及常见花序的类型和特点。

（2）掌握解剖花的正确方法。

（3）了解不同植物花粉的形态结构。

（4）对校园植物花进行相关调查，观察花的外部形态、花的基本组成、花萼着生情况、花冠类型、雄蕊数目及排列、雌蕊数目及类型、花序类型等。

（5）深刻理解花器官形态特征是被子植物科属最重要的分类特征的含义。

本实验完成需要同学利用所学知识，通过综合实践，掌握花形态解剖的操作流程和技术要领，培养严谨的逻辑思维能力和综合协调能力。

## 四、实验原理

被子植物营养生长到一定阶段，一部分或全部茎的顶端分生组织不再形成叶原基和芽原基，转而形成花原基或花序原基。因此，花是一种特化的节间很短的变态枝。花由花柄、花托、花被、雄蕊群和雌蕊群组成。

花粉粒是种子植物的微小孢子堆，成熟的花粉粒实为其小配子体，能产生雄性配子。花粉粒通常十分微小，大约由数微米到百数微米。花粉由种子植物的雄蕊中的花药产生，经由各种方法到达雌蕊，最后使胚珠受精。

## 五、实验内容

（1）观察与解剖百合花、油菜花等，要求能够描述出各种植物花的基本组成特点。

（2）制作不同植物花粉临时装片，认识不同花粉形态结构。

（3）对校园植物花进行相关调查，观察花的外部形态、花的基本组成、花萼着生情况、花冠类型、雄蕊数目及排列、雌蕊数目及类型、花序类型等。

## 六、实验材料

（1）百合花、油菜花等。

（2）校园植物：蔷薇花、石竹花、非洲菊、野豌豆、杜鹃花、油菜花、木兰花、八角金盘等校园内正在开放的花；可根据季节选择木兰科、毛茛科、桑科、石竹科、蔷薇科、十字花科、豆科、唇形科、锦葵科、伞形科、菊科、百合科、禾本科等。

## 七、实验用具

光学显微镜、刀片、镊子、解剖针、载玻片、盖玻片、滴管、培养皿及吸水纸等。

## 八、实验方法和步骤

### （一）观察与解剖各种植物的花材料

以百合花、油菜花、杜鹃花为例，指出花的组成与基本结构。花按不同分类方法，又可分为完全花、不完全花；两性花、单性花；雌雄同株、雌雄异株等。绘制百合花或油菜花等结构图，并标注。

花解剖方法如下：

（1）先观察植物的花序或单花，如果是花序，观察一下是何种花序，再取下一朵单花进行解剖。

（2）较大的花可直接徒手解剖，小花置解剖镜下解剖，要针与镊子配合进行。

（3）分清楚各层结构单元名称。

（4）由外到内，逐层剥离进行各轮解剖；也可以作花的纵切，观察各轮数目。

（5）大的子房内部观察需横切与纵切结合进行，小的子房用解剖针直接解剖。

### （二）制作花粉粒临时装片

取载玻片，滴一滴水，用镊子或者解剖针取花药，置于载玻片上并捣碎。用显微镜观察百合花、油菜花等花粉粒，注意观察不同植物花粉粒的形状、大小、外壁表面特点、孔、沟槽等，认识不同植物花粉粒的特点。绘制不同花粉的结构图，并标注。

### （三）调查校园植物花

蔷薇花、石竹花、非洲菊、野豌豆、杜鹃花、油菜花、木兰花、八角金盘、柳树、构树等校园内正在开放的花；可根据季节选择木兰科、毛茛科、桑科、石竹科、蔷薇科、十字花科、豆科、唇形科、锦葵科、伞形科、菊科、百合科、杨柳科、禾本科等制成表格记录：

（1）将花按照完全花、不完全花；两性花、单性花；雌雄同株、雌雄异株等进行区分。

(2)花萼着生情况。

(3)花冠类型。

(4)雄蕊数目及排列。

(5)雌蕊数目及类型。

一个心皮就是一个雌蕊:①有几个花柱就有几个心皮,如木兰科离生心皮。②有几个柱头或柱头有几个裂就有几个心皮;如果柱头裂不明显则作子房横切来判断。

(6)花序类型:总状、头状、穗状、柔荑、伞形、伞房、肉穗、隐头花序等。

## 九、实验注意事项

(1)花的解剖过程从外到里,一层层解剖,分清花序还是单花,苞片和萼片、花萼和花瓣是否合生,以及是否分轮;雄蕊是否合生,以及是否分轮。

(2)一般雌蕊柱头有几个就有几个心皮。

(3)校园植物材料选取时注意科的分布,面要广。

## 十、学习思考题

### (一)客观题

一般层次

较高层次

### (二)主观题

一般层次

较高层次

## 十一、参考文献

不同榨菜品种花器官及花粉形态特性比较

12种柳属植物花粉显微鉴定研究

茶树种质资源花器官微形态特征观察

蔷薇属月季组植物的花粉形态学研究

紫花地丁花形态的季节转化对繁育系统及结实的影响

# 实验10 植物果实形态解剖及校园植物果实的调查

## 一、实验说明

本实验属于综合探究性实验，通过老师讲解、观看相关PPT，了解、熟悉果实形态解剖的基本方法，通过实际实践掌握各类果实的构造和分类依据，结合校园植物果实调查，对校园植物果实进行分类。为了保证实验的顺利进行，要求学生按照所列的实验方法和实验步骤认真操作。建议：可以预先学习本实验的教学PPT，熟悉实验材料的习性，了解果实形态解剖的基本过程，开展小组预实验，仔细观察、记录预实验过程中出现的一些新问题，并进行小组讨论、综合分析，形成较全面的解决方案。

## 二、建议学时：3学时

## 三、实验目的

通过实验，了解主要植物果实的形态、解剖构造，认识果实可食用部分与花器各部分发育的关系，掌握各类果实的主要特点，为园林植物识别奠定基础。

本实验完成需要同学利用所学知识，通过综合实践，掌握植物果实形态解剖的操作流程和技术要领，培养严谨的逻辑思维能力和综合协调能力。

## 四、实验原理

果实是由果皮和种子构成的。根据果实的来源不同，可分为真果和假果。按照雌蕊数目可分为单果和聚合果。由整个花序发育而来的称为复果。果实根据果皮是否肉质化，将其分为两大类：肉果和干果。肉果成熟时果皮肉质化，果肉肥厚多汁，主要的食用部位是果皮。按果肉构造又可以进一步分为核果、浆果、柑果、梨果、瓠果等。干果即果实成熟时果皮干燥，果皮裂开或不裂开，食用部位是种子，包括坚果、荚果、颖果、角果、蒴果、蓇葖果、翅果、瘦果等类型。

## 五、实验内容

（1）植物果实形态观察与解剖。
（2）校园植物果实类型的调查。

## 六、实验材料

从下列植物中，选择有代表性的果实，收集其新鲜的果实：葡萄、番茄、茄子、柑橘、黄瓜、西瓜、苹果、梨、桃、李、龙眼、梧桐、黄豆、花生、荠菜、油菜、蓖麻、向日葵、玉米、板栗、榆树、鸡爪槭、窃衣、草莓、八角茴香、桑椹、菠萝等。选择不同校园植物，木本和草本都要有样本，调查统计其果实类型。

## 七、实验用具

水果刀，镊子，放大镜，绘图用具（铅笔、橡皮、绘图纸）等。

## 八、实验方法和步骤

### （一）收集果实

在所收集的果实中，选择典型的种类，以梨果类的苹果、梨，核果类的桃、李，聚合果类的草莓，柑果类的柑橘、甜橙，坚果类的核桃、板栗为代表开展实验。

（1）观察果实的外部形态，尤其注意果柄的有无、萼片是否宿存，并将果实分类。

（2）按类将果实从中部纵切或横切，详细观察其内部构造，指出各部分名称。

（3）指明每种果实的可食部分是由何种器官发育而来的。

### （二）校园植物果实的调查，并进行果实形态、解剖观察

（1）按照选择不同科属植物的果实要求，确定调查果实种类。

（2）进行采集，并进行果实形态、解剖观察。

（3）对校园植物果实进行分类，并绘制相应表格记录。

①肉果

a. 浆果：观察葡萄、番茄、茄子的果实，其外果皮膜质，中果皮、内果皮均肉质化，充满汁液，内含多枚种子。

b. 柑果：柑橘类植物果实称为柑果。观察柑橘果实横切面，它是由多心皮子房发育而成的。外果皮革质，并具油囊（分泌腔）；中果皮比较疏松，分布有维管束；内果皮成薄膜状，围合成囊状，分隔成若干个瓣，囊内生有无数肉质多浆的腺毛，是食用的主要部分。

c. 瓠果：葫芦科植物的果实称为瓠果。观察黄瓜、西瓜果实的横切面或纵切面。子房由三心皮组成，子房和花托一并发育成果实，称为假果。肉质部分包括果皮和胎座。

d. 梨果：属假果。观察苹果、梨、枇杷的果实，食用的主要部分是花托发育而成的果肉，中部才是子房发育而来的，外果皮与花托没有明显的界线，内果皮革质化明显。

e. 核果：观察桃、李、枣、龙眼的果实，它们均为核果。其特征是内果皮全由石细胞组成，特别坚硬，包在种子之外，形成果核。食用部分为发达的肉质化中果皮和较薄的外果皮。

②干果

a. 蓇葖果：由一心皮发育而成的果实，成熟时沿一条缝线开裂，如梧桐。

b. 荚果：由一心皮发育而成的果实，成熟时沿背缝线和腹缝线同时开裂，如黄豆、蚕豆、花生。

c. 角果：由二心皮发育而成的果实，子房一室，具有假隔膜，侧膜胎座。成熟时果皮沿两条腹缝线开裂成两片脱落，留在中间的为假隔膜，如十字花科荠菜、油菜的果实。

d. 蒴果：由两个以上心皮发育而成的果实，成熟时果实开裂方式各种各样，如蓖麻。

e. 瘦果：由 1~3 个心皮组成，内含一粒种子。成熟时果皮、种皮分离。如向日葵。

f. 颖果：内含一粒种子，成熟时果皮、种皮不分开，如玉米。

g. 坚果：果皮坚硬，内含一粒种子，如板栗。

h. 翅果：果皮延展成翅状，如榆树、臭椿。

i. 双悬果：由两个心皮组成，每室各含一粒种子。成熟时各心皮沿中轴分开，悬于中轴上端，小果本身不开裂，如窃衣、胡萝卜等伞形科植物。

j. 聚合果：一朵花中具有多个聚生在花托上的离生雌蕊，成熟时每一个雌蕊形成一个小果，许多小果聚生在花托上，如草莓为聚合瘦果、八角茴香为聚合蓇葖果。

k. 聚花果（复果）：由一个花序发育而成的果实，如桑椹、菠萝。

## 九、实验注意事项

（1）必须对实验材料有充分的了解。

（2）解剖注意用具安全。

## 十、学习思考题

### （一）客观题

一般层次

较高层次

### （二）主观题

一般层次

较高层次

## 十一、参考文献

枇杷不同品种果实形态结构的比较及其与耐贮藏性的关系

23 种伞形科植物果实形态及其分类学意义

变豆菜属 15 种植物的果实微形态特征及其分类学意义

北柴胡果实形态与解剖学特征的研究

中国算盘子属（叶下珠科）果实形态特征及其分类学意义

# 第三章

# “植物生物学”开放开发性实验

## 实验 11　叶脉标本制作

### 一、实验说明

本实验属于开放开发性实验，只设定实验目的和实验要求，实验的材料、方法和步骤等细化方案以及实验条件都由同学自行设计完成。

建议学生听取老师讲解，观看相关资料，熟悉植物叶脉标本制作的基本流程和技术要点，也可以预先实验以掌握叶脉标本的基本制作方法，在此基础上进行技术创新，自主设计实验。

为了确保实验设计的针对性、实验方案的合理性、实验实施的有效性，小组方案要经过所有成员积极研讨并不断完善，学生自行设计的最终方案应在实验前充分论证，获得通过后才能实施。

### 二、建议学时：3 学时

### 三、实验目的

学会叶脉标本制作的方法，加深对植物叶脉（叶片）表面维管束（疏导组织）分布的了解，并设计创作以叶脉标本为材料的艺术作品。

本实验完成需要同学以基础生物学科知识、标本制作技能及美术素养做支撑，通过实验培养学生搜集、处理、消化学习素材，创新素材应用的能力和团队合作精神，提升个人综合素质，将理论学习成果运用到生活中去，回归生活，美化生活，装点空间，体验创造和成功的快乐，提高课程学习兴趣与课余生活质量。

## 四、实验原理

利用叶片的叶脉和叶肉对化学物质腐蚀的差异性，使用酸性或碱性物质将叶肉腐蚀后，设法除去叶肉，留下尚未被腐蚀的叶脉。叶脉标本可以用来观察叶片的疏导组织，制作后又常用颜料染色作为书签，因此又称作叶脉书签标本。它是在除去叶肉漂洗后再经漂白、染色、压干而成。可以发挥创意，用叶脉做成各种作品。除去叶肉有以下两种方法。

1. 腐蚀法

配制 5% ~ 10% 的氢氧化钠或氢氧化钾溶液，放入烧杯中，加入叶片，在酒精灯或电炉上煮沸后，再文火煮制（加热时间一般 10 ~ 15min），煮时要用筷子或玻璃棒等不断搅动，使之受热均匀。当溶液的颜色由无色变为深褐色（或叶肉有脱落），叶片由硬变软时，用筷子把叶片从烧杯中取出，在清水中洗净碱液后，放到盛有清水的培养皿中，使叶片在培养皿底部展平，再用旧牙刷垂直由上而下轻轻拍打叶片或用毛刷轻轻地刷，大部分的叶肉会除去。把含叶肉的浑水倒掉，换上清水，并在培养皿底部铺一张白纸，可清晰地看到未除去的叶肉，再用牙刷将其刷掉。若无牙刷，可从清水中取出一片煮好的叶子，平铺于一手掌上，再用另一只手的食指轻轻摩擦叶片，并不时用清水冲洗被擦掉的叶肉，最后成为完整的叶脉标本。然后可再进行漂白、染色、压干。

2. 腐烂（水沤）法

将新鲜叶片放入水中浸泡，利用各种菌类对各种叶肉蛋白的腐蚀作用使叶肉腐败，叶表皮与叶肉部分分离，并出现隆起。这时，先用镊子将表皮撕掉，轻震或轻拍，部分叶肉会落于水中。没脱离的部分采用上述牙刷刷或手擦的方法除去，从而制成完整的叶脉标本。多数落叶不适合用腐烂法制作叶脉标本，只有橡皮树等肉质厚、叶脉细软的落叶才适合用腐烂法制作。一般需要半个月左右，浸泡的时间与气温、叶片质地均有密切关系。气温高，叶片薄，一般一周左右；气温低、叶片厚，时间长些，浸渍时注意换水。

## 五、实验内容

（1）采用腐蚀法制作叶脉标本。

（2）叶脉作品制作。

## 六、推荐材料与用具

（1）植物材料：悬铃木、桂花树、广玉兰树、含笑等叶脉粗壮的叶。

（2）实验试剂：NaOH 或 KOH、$Na_2CO_3$、各色普通布料染色剂。

（3）实验用具：烧杯、电炉、石棉网、大号镊子、培养皿、毛刷、玻璃棒、小塑料桶、吸水纸（或草纸）、烘箱、书。

## 七、实验设计要求

（1）实验前必须学习掌握本实验设计所涉及的基本理论和基本知识。

(2)详细查阅文献和资料,了解类似实验技术应用的水平、技术重点和难点以及发展趋势。

(3)实验设计应该借鉴相关文献和网络学习资料中先进的技术手段与科学思想,在此基础上大胆设计,要突出实验的创新性、科学性、应用性,不允许把实验设计演变成验证性实验或简单的拼装式实验。

(4)实验设计必须结合季节、时令,体现地域特色和学校专业特色,尽可能运用校园植物和乡土植物,设计方案要经济实用,具有可操作性。

## 八、实验参考方法和步骤

(1)采集叶片:选取叶脉坚韧,叶质较厚较硬、大小适中、叶面完整、叶脉丰富、形态美观的树叶(悬铃木、桂花树、广玉兰树、含笑等叶脉粗壮的叶)。

(2)碱液煮沸:将叶片置于沸腾的 NaOH 溶液中煮约 10~15min(视叶片状况而定)。溶液配制:称取 35g NaOH(具强腐蚀性,使用时应特别小心)和 25g $Na_2CO_3$ 放入烧杯中,加入 1L 水混溶,使之溶解,制成溶液。

(3)叶片清洗:停止加热,用筷子或镊子将叶片取出,放入盛有清水的小塑料桶中或用流水漂洗干净(一般在两次以上),除去叶片上残留的 NaOH 溶液。

(4)刷去叶肉:将叶片置于培养皿背部,加少量的水,把毛刷打斜(与水平面大约成45°角),顺叶脉轻轻地刷净叶肉(敲打时不时用水洗掉打下的叶肉)。刷时注意:只向一个方向刷(绝对不能来回刷),以免将叶脉刷坏。刷时先从背面开始,刷净背面再刷正面,主叶脉边沿处可用垂直敲打法。

(5)叶脉漂白:将刷洗干净的叶脉放入 20% 的双氧水(或漂白粉 10g 溶于 1L 水中制成漂白液备用)溶液中片刻,待叶脉标本基本变白后取出用清水漂洗干净。

(6)叶脉染色:将普通染布用的染料用温水调和加热制成染色液,然后将已漂白的叶脉标本放入浸泡 3~4min 或用玻璃棒滴管等蘸取染色液涂抹到叶脉标本上,制成单色或彩色的叶脉标本。

(7)叶脉干燥:将染色后的叶脉标本平铺于报纸上,上面用重物压紧,压干后即成色彩绚丽的叶脉标本。

(8)粘贴、过胶:晾干后,可用纸粘住,过胶保存。

(9)设计创作叶脉画:采用不同形式,可以贴画或者在叶脉上画画的模式。

## 九、实验注意事项

(1)必须选择叶脉坚韧、清晰、完整的叶片。

(2)在碱液煮制过程中,要根据植物的种类、叶片厚薄、碱液浓度大小、碱性强弱等条件决定煮制时间。叶片较薄、碱液浓度大(用 NaOH 或 KOH 等强碱),煮制时间要短一些。相反,叶片较厚、碱液浓度小(用 $Na_2CO_3$),煮制时间要长一些。

(3)为保证在实验中既能较容易拍打掉叶肉,又不至于煮得太烂,实验时要根据叶片厚度进行观察。当煮至叶肉较易去掉时,要及时移开火焰或熄火,再借助于烧杯中的余热保持几分钟,就会达到容易去掉叶肉的程度。如移开火焰或熄火时,叶肉已经很容易去掉了,要及时将叶片从烧杯中取出,洗净后备用。用碱液煮过已经清洗的叶片,如叶肉不易去掉,要放入碱液中再煮一会,直到叶肉容易去掉为止。但要防止过火。若煮的时间较长,主脉易裂开,就难以制成完整的叶脉标本了。

## 十、学习思考题

### (一)客观题

一般层次

较高层次

### (二)主观题

一般层次

较高层次

## 十一、参考文献

叶脉标本的制作

探究制作叶脉标本的简便方法的实验

艺术叶脉标本制作两则

关于叶脉标本制作方法中存在的几个问题

干花和叶脉标本的制作

# 实验12　植物压花制作

## 一、实验说明

本实验属于开放开发性实验,只设定实验目的和实验要求,实验的材料、方法和步骤等细化方案以及实验条件都由同学自行设计完成。

建议学生听取老师讲解,观看相关资料,熟悉植物压花制作基本流程和技术要点,也可以预先实验以掌握植物压花制作的基本制作方法,在此基础上进行技术创新,自主设计实验。

为了确保实验设计的针对性、实验方案的合理性、实验实施的有效性,小组方案要经过所有成员积极研讨并不断完善，学生自行设计的最终方案应在实验前充分论证，获得通过后才能实施。

## 二、建议学时：3 学时（可以根据实验内容适当增加学时）

## 三、实验目的

植物压花是把植物学和艺术学两者相结合的产物。本实验完成需要同学以基础生物学科知识、标本制作技能及美术素养做支撑，通过实验培养学生搜集、处理、消化学习素材，活动组织和语言表达、交往沟通的能力，以及艺术整合创作的素养。通过合作交流，对自己取得的劳动成果产生喜悦感、成就感，感受与他人协作交流的乐趣。

## 四、实验原理

植物压花又叫植物压花艺术，是利用物理和化学方法，将植物材料包括根、茎、叶、花、果、树皮等经脱水、保色、压制和干燥处理而成平面花材，经过巧妙构思，制作成一幅幅精美的装饰画、卡片和生活日用品等植物制品的一门艺术。运用压制好的花材作为创作艺术的基本材料，是植物学和艺术学两者相结合的产物。

## 五、实验内容

（1）植物压花材料制作。

（2）植物压花制作（每个小组完成两幅压花画）。

## 六、推荐材料与用具

1. 植物材料

各类植物的花、叶、枝、果实等。

2. 实验用具

黏合剂：胶水、胶带、固体胶、双面胶（黏度好，便于使用）。

剪刀：使用时要注意安全，不要拿剪刀对着别人。

衬纸：A4、A5 均可，也可选择彩色硬卡纸。

干燥工具：标本夹、恒温干燥箱、吸水纸、硅胶等。

其他：塑封膜、画框等。

## 七、实验设计要求

（1）实验前必须学习掌握本实验设计所涉及的基本理论和基本知识。

（2）详细查阅文献和资料，了解类似实验技术应用的水平、技术重点和难点以及发展趋势。

（3）实验设计应该借鉴相关文献和网络学习资料中先进的技术手段与科学思想，在此基础上大胆设计，要突出实验的创新性、科学性、应用性，不允许把实验设计演变成验证性实验或简单的拼装式实验。

（4）实验设计必须结合季节、时令，体现地域特色和学校专业特色，尽可能运用校园植物和乡土植物，设计方案要经济实用，具有可操作性。

## 八、实验参考方法和步骤

### （一）植物材料采集

采集植物各种形状、颜色各异的花瓣、叶片、茎和树皮等，关注同一植物在不同季节中不同时段的颜色形态变化，并及时采集。

注意：选择一般遵循三条原则：①较好的观赏性；②便于压制干燥；③压制干燥后能保持相应的美感。适宜压花的材料，首先是平整的叶片和花瓣，其次是柔软的小枝与轻盈的花序、种序，最后是花盘开展的花朵与树皮，以及具有一定厚度与硬度的枝条与茎段。

### （二）植物材料的压制和干燥

采集的植物材料，应趁其新鲜、舒展时尽快进行压制干燥，以保持其完美的造型和色泽。通常用于植物材料压制的方法基本与标本压干方法相同，不同的是压制前需将材料进行分解，不同材料、不同制作目的有不同的分解方法。花瓣可分为整朵压、半朵压、分瓣压和整串压；花蕾及茎可整个压，对较大的花蕾及较粗的茎可将其剖成两半再压；叶片可根据不同作品需要采取不同视角的压制。压干后标记，分门别类存放。

1.植物材料的压制

（1）花的压制：对花枝多角度审视，取其最佳效果的观赏面为压制正面，疏除多余的叶、花，将较厚硬的花枝纵向剖削，使修整后的花枝花叶舒爽，造型美观。将整理好的花材根据其形状、大小，以及造型需要进行合理摆放。通常将带有花叶的花枝背面朝下、正面朝上安置于吸水纸上，调整叶片和花朵的方向，将分解下来的叶片和花朵填充在吸水纸的剩余空间。摆放时根据同质相近原则，叶与叶靠近，花与花靠近，彼此间保留一定的空隙。花材摆放好后，将吸水纸依次逐层叠加于叶材上，另取一块压花板平压在吸水纸上，用标本夹等工具将两块压花板夹紧固定。

（2）枝条的压制：先对枝材进行修剪和分解，将剪下的叶片和卷须等单独压制。对于如杏花、海棠、桃花、樱花等硬枝花材，根据枝条上花朵开放的不同程度，压制出不同姿态的花朵。先将完全开放的剪下，正面朝下压制成花朵开放姿态，再将半开的侧面压制成花朵初开姿态，花蕾保留在枝条上，与枝条一同压制。最后用刀将整枝的枝材纵向切分，摆放在吸水纸上进行压制。

（3）果材的压制：用解剖刀将果材纵向切分，将内部的籽实、较厚的果肉等杂物清理干净，保留能体现果材造型、色泽和质感的必要的表皮和相应的支撑组织即可。大多数植物的果实水分含量均很高，在压制中因根据所选材料的具体特点进行特殊处理。如压制草莓：将草莓的果实从中间切开，用小刀将内部果肉去除，保留果肉壁约0.3cm厚，在其中填满干燥清洁的吸水纸，使果皮面向上进行压制，在压制干燥期间更换吸水纸4~5次。

2. 植物材料的干燥

(1)标本夹:利用标本夹和吸水纸,对经压制处理过的植物材料进行脱水的干燥方法。该方法简单易行,但干燥速度慢,易掉色。

(2)恒温箱干燥法:是将标本夹放入具鼓风功能的恒温干燥箱,利用温度自行调节、对经压制处理过的植物材料进行快速脱水的干燥方法。该方法简单易行,干燥速度较快,一般1~2天即可。注意温度不可超过60℃。

(3)熨压干燥法:是利用电熨斗对植物材料进行压制熨烫,实现快速脱水的干燥方法。熨衣板上放置一块压花板(可以用硬纸板替代),压花板上叠加2~3层吸水纸,将植物材料依次摆放在吸水纸上,再取2~3层吸水纸覆盖在植物材料上,盖以白布或纱布,最后用电熨斗进行熨烫,直至完成干燥即可。该方法操作简便,不受条件限制,且速度快,一般30~60s即可除去植物材料中约90%的水分,仅适用于单瓣花和单片叶子。缺点是对于厚的叶子效果差。

(4)硅胶干燥法:是利用硅胶干燥剂的性能,对植物材料周围的环境进行吸湿处理,从而实现植物材料快速脱水的干燥方法。准备一个带盖的干燥盒作为埋花的容器,盒底铺上一层约1~2cm厚的硅胶。将夹有植物材料的压花板装入硅胶上,再在压花板四周及上方填充硅胶,上方硅胶约2cm厚,盖上盒盖,待植物材料干燥后取出即可。该方法在常温下进行,不但能较好保持植物材料的自然色泽,而且能保持植物材料的良好柔韧性,压花成品自然逼真,效果理想,几乎所有植物材料都适宜采用该方法进行干燥。但其干燥的时间相对较长,通常需5~6天才能完成干燥。同时,样品容易有皱纹,要注意样品展平。

注意:花瓣数量少可直接进行整体花型的压制干燥,如美女樱、八仙花和飞燕草等;重瓣性较强的花可将花朵拆分后再进行压制,如月季、香石竹和山茶等;花瓣薄厚适中、柔韧性好,含水量少的花材宜于压制干燥,如天竺葵、满天星和波斯菊等;花瓣过薄或过厚、质地过软或过硬,含水量过多的花材不宜压制干燥,如昙花、牵牛花、君子兰等。压制花朵时通常保留花萼和花蕊,必要时可将花萼和花蕊摘下,另行压制。压制干燥时尽量保持其原来形态,以便在艺术创作中加以利用。

### (三)选材与构图设计

选择大小合适的背景纸,构思图案,用植物材料拼贴,力求表现一定的主题,如花鸟鱼虫,人和动物,自然风景等。这个过程是双向的,即压花创作可以因画索材,也可因材成画,意思就是说可以先构图案,然后“按图索骥”找需要的材料拼贴,也可以依据植物材料的形态特点再去构思成画。每种植物材料本身都具有各自的形态、质感、肌理、纹脉、颜色等特点,如何巧妙利用这些特性,也体现了我们创作植物压花的灵感与创意。可以一边构思一边摆放,观察效果,不断调整直到满意为止。创作过程要保持植物原生态特性,充分利用植物花、枝、叶本身的某些细微特征和潜在的艺术感染力,使之保持植物压花艺术应有的魅力和风格。这个过程也是一个熟能生巧、厚积薄发的过程,需要练习、需要创意,也需要灵感。

### (四)固定

把摆放好的画稍加固定,一般可用双面胶粘贴,胶要特别少,不能露出,以免破坏画面形象。这个过程比较难,需要细心和耐心,因为压干的植物材料特别脆硬,容易破碎,稍不小心就破坏了原貌。而粘贴又很不容易到位,一处破碎就有可能全部报废,因为你很难找到完全相同的材料,这也是植物压花的独特性和创意所在。

### (五)塑封

拼贴好的画用塑封膜塑封。可保持植物材料色彩,保护画面不受破坏,使作品坚韧耐久具有保存性,便于存放和进一步进行艺术加工,还可增加作品光泽,使其更具艺术感染力。

### (六)装框

根据喜好或画面内容选择不同风格档次的画框。装框使作品更具艺术魅力。

## 九、实验注意事项

(1)必须对实验材料有充分的了解。
(2)使用恒温箱时温度不能过高。
(3)剪刀使用时要注意安全,不要拿剪刀对着别人。
(4)注意实验后的卫生工作。
(5)植物干燥过程中易褪色,所以如何护色值得进一步研究。

## 十、学习思考题

### (一)客观题

一般层次

较高层次

### (二)主观题

一般层次

较高层次

## 十一、参考文献

植物贴画的制作

植物种粘贴画制作技术

植物贴画的制作和保存

花卉植物资源利用的新途径——植物贴画的探索

# 实验 13 校园园林植物识别与挂牌制作

## 一、实验说明

本实验属于开放开发性实验，只设定实验目的和实验要求，实验的材料、方法和步骤等细化方案以及实验条件都由同学自行设计完成。

建议学生听取老师讲解，观看相关资料，熟悉校园植物识别的基本方法和识别点，通过给校园植物制作植物牌，进一步加深对校园植物的认识。为了保证实验的顺利进行，可以预先进行植物挂牌制作，在此基础上进行技术创新，自主设计实验。

为了确保实验设计的针对性、实验方案的合理性、实验实施的有效性，小组方案要经过所有成员积极研讨并不断完善，学生自行设计的最终方案应在实验前充分论证，获得通过后才能实施。

## 二、建议学时:3 学时(可以适当增加学时)

## 三、实验目的

(1)通过对校园植物的识别，使学生了解校园植物种和科的识别特征，掌握植物分类和鉴定方法。

(2)通过设计校园植物挂牌，锻炼学生的实践动手能力。

(3)通过制作植物挂牌，使学生对校园植物的种类、分布有了整体了解，对校园绿化树种的配置与分布格局有一个基本的认识。

本实验完成需要同学以植物学、艺术学等做支撑，通过实验培养严谨的科学态度、自主学习的能力和团队合作精神，把理论学习和实践工作相结合，增加实际工作经验，提升个人综合素质。

## 四、实验原理

对植物的形态特征进行科学的描述是进行物种识别与分类的基础。植物种类的识别、鉴定必须在严谨、细致地观察研究后进行。在对植物进行观察研究时，首先要观察清楚每一种植物的生长环境，然后再观察植物具体的形态结构特征。

## 五、实验内容

(1)调查校园植物，识别与鉴定校园植物种类，编印一本内部资料——校园植物名录。

(2)校园植物挂牌设计。

## 六、推荐材料与用具

(1)植物材料:校园植物。

(2)实验用具:放大镜、枝剪、相机、手机、笔记本及相关工具书。

## 七、实验设计要求

(1)实验前必须学习掌握植物分类的基本理论和基本知识。

(2)详细查阅文献和资料,了解植物识别的方法、特点,熟悉相近植物的区分点。

(3)实验设计应该借鉴相关文献和网络学习资料中先进的识别手段与科学思想,在此基础上大胆设计,要突出实验的创新性、科学性、应用性,不允许把实验设计演变成验证性实验或简单的拼装式实验。

(4)实验设计必须结合区域、季节、时令,挂牌要体现地域特色和学校特色,设计方案要经济实用,具有可操作性。

## 八、实验参考方法和步骤

### (一)校园植物的识别与鉴定

在对植物进行观察研究时,首先要观察清楚每一种植物的生长环境,然后再观察植物具体的形态结构特征。植物形态特征的观察应始于根(或茎的基部),终于花、果实或种子。先用眼睛进行整体观察,细微、重要部分须借助放大镜观察,并按以下特征进行观察和科学描述。

(1)植物的整体性状观察:乔木;灌木亚灌木;花卉(包括一、二年生或多年生),茎的形状、颜色、被毛或滑;直立、平卧、匍匐、攀缘、缠绕或其他。

(2)叶的观察:单叶或复叶;叶形,有无叶柄? 对生或互生,或轮生。叶面及叶背颜色如何? 被毛或其他,网状脉或平行脉有托叶或无托叶?

(3)花的观察:

①花序观察:总状类花序(如穗状、总状、圆锥、伞形等花序)或聚伞类花序(如轮伞、聚伞花序)或花单生等。

②花的其他部分观察:从花柄开始,通过花萼、花冠、雄蕊,最后到雌蕊。

### (二)校园植物名录整理

对于校园植物名录的整理,主要包括形态特征、生态习性、园林用途等几方面内容。以小组为单位,观察校园内所有植物,并拍摄照片,通过采集实物标本、咨询专业老师、上网查询、专业书籍查询等方法对校园植物相关知识点进行详细了解和整理。

### (三)制作植物挂牌

植物名录格式包括以下几点(以“八角金盘”为例):

植物名:八角金盘

科名:五加科

别称:八金盘、八手、手树、金刚纂

拉丁学名:*Fatsia japonica*

园林用途:耐荫树种,在园林中常种植于假山边上或大树旁边。

具体植物挂牌样式由小组自行设计,选择挂牌材质,并将每种植物制成挂牌,并在报告中写出每种植物所需挂牌数目,以及挂牌的具体校园位置,编制预算。

## 九、实验注意事项

(1)植物命名要正确,学名书写要规范。

(2)挂牌设计应本着“一美、二巧、三环保”的基本概念,以及“合理、经济”的规划理念。

## 十、学习思考题

### (一)客观题

一般层次

较高层次

### (二)主观题

一般层次

较高层次

## 十一、参考文献

探讨植物的标牌挂制方式

校园植物调查与分析——以周口师范学院为例

郑州市紫荆山公园园林植物资源调查分析

中共四川省委党校(东区)园林植物现状调查

国内8款常用植物识别软件的识别能力评价

# 实验14　种子萌发及幼苗形成过程的形态观察

## 一、实验说明

本实验属于开放开发性实验，只设定实验目的和实验要求，实验的材料、方法和步骤等细化方案以及实验条件都由同学自行设计完成。

建议学生听取老师讲解，观看相关资料，熟悉种子萌发及幼苗形成的基本过程及观察方法，为保证实验顺利进行，也可以预先实验，了解幼苗萌发生长的动态变化过程，在此基础上进行创新，自主设计实验。

为了确保实验设计的针对性、实验方案的合理性、实验实施的有效性，小组方案要经过所有成员积极研讨并不断完善，设定好相关观察阶段、观察方法和观察指标，学生自行设计的最终方案应在实验前充分论证，获得通过后才能实施。

## 二、建议学时：4 学时

## 三、实验目的

(1)熟悉种子萌发、幼苗形成整个进程中根、茎、叶形成与演变的一般规律。

(2)通过制作、比较植物浸制标本，了解不同种子从萌发到幼苗形成整个过程的不同变化，熟悉不同幼苗类型，增加对种子植物生长的了解。

(3)明确种子结构与幼苗组成的对应关系，深刻理解幼苗类型对生产的指导意义。

本实验完成需要满足种子萌发的条件。为提高种子发芽率，需要查询具体某一种子的播种特性，掌握种子萌发及幼苗生长过程的观察方法、具体比较指标等。通过实验培养学生的实验设计能力、观察分析能力和团队合作精神，提升个人的综合素质。

## 四、实验原理

在温度适宜、水分充足、氧气足够的情况下，种子开始萌发。种子内各种酶开始活跃起来，分解子叶或者胚乳中的贮藏物质，为胚的成长提供能量。种子的胚根首先突破种皮，向下生长，形成主根，可使早期幼苗固定在土壤中，及时吸取水分和养料。与此同时，胚轴的细胞也相应生长和伸长，子叶着生点到第1片真叶之间的胚轴是上胚轴，子叶着生点到胚根之间的胚轴是下胚轴。种子萌发过程中，如果下胚轴生长速度快，将胚芽和子叶推出土面，则形成子叶出土的幼苗；如果上胚轴生长速度快，将胚芽推出土面，而子叶留在土壤中，则形成子叶留土的幼苗，子叶能否出土就取决于上胚轴和下胚轴在种子萌发时的生长速度。子叶出土型种子不宜深播；子叶留土型种子适度深播，有利于幼苗生长。不同种子或者同一种子的不同阶段在生长过程中会有形态上的变化，比如根、茎、叶的生长变化。

## 五、实验内容

(1)种子萌发及幼苗培育。

(2)种子萌发及幼苗形成不同阶段浸制标本的制作。

(3)同一种子从萌发到幼苗形成不同阶段的形态观察、比较(含浸制标本)。

(4)不同种子从萌发到幼苗形成每一阶段的形态观察、比较(含浸制标本),以及种子类型比较。

## 六、推荐材料与用具

(1)植物材料:不同出土类型的植物种子。

①子叶出土型种子:双子叶种子,如大豆、油菜、瓜类、蓖麻。

②子叶留土型种子,如双子叶种子:蚕豆、豌豆;单子叶种子,如小麦、玉米、水稻。

(2)实验试剂:酒精、硫酸铜、醋酸铜、亚硫酸、冰醋酸、福尔马林。

(3)实验用具:标本瓶、量筒、烧杯、电炉、培养皿、纸巾、种植基质、花盆、直尺、放大镜等。

## 七、实验设计要求

(1)实验前必须学习掌握本实验设计所涉及的基本理论和基本知识。

(2)详细查阅文献和资料,了解类似实验技术应用的水平、技术重点和难点以及发展趋势。

(3)实验设计应该借鉴相关文献和网络学习资料中先进的技术手段和科学思想,在此基础上大胆设计,要突出实验的创新性、科学性、应用性,不允许把实验设计演变成验证性实验或简单的拼装式实验。

(4)实验设计必须结合季节、时令、地域特色选择实验材料,并做好实验材料的前期准备工作。尽可能运用乡土植物,设计方案要经济实用,具有可操作性。

## 八、实验参考方法和步骤

### (一)种子播种

(1)预处理:将植物种子浸泡在40℃左右的温水中,浸泡时间为15～20min,使种子充分吸收水分。(注:包衣种子不能进行浸泡处理)

(2)建议培养皿催芽。

(3)种子待露白后,停止催芽,立即种植。

(4)备土:

①用土准备:采用混合土,配合比例如下:

细小种子腐叶土5、河沙3、园土2;

中粒种子腐叶土4、河沙2、园土4;

大粒种子腐叶土5、河沙1、园土5;

在使用前将培养土消毒(物理或化学方法)并过筛，细粒种子用网眼 2～3mm 细筛筛土，中、大粒种子用 4～5mm 网眼筛筛土。土壤含水量应适当。

②填打底土：用碎盆片把盆底排水孔盖上，填入 1/3 碎盆或粗砂粒，其上填入筛出的粗粒混合土，厚约 1/3，最上层为播种用土，厚约 1/3。

③压实底土：盆土填入后，用木条将土面压实刮平，使土面距盆沿约 2～3cm。

(5)定植：将催芽后的种子放在盆的中央，根朝下，轻轻地覆盖上种植土，厚 3～5cm，最终土高度低于盆口 1～2cm。

(6)浇定植水：用"浸盆法"将盆下部浸入盆浸盆中，待土壤表面湿润后，将盆拿出，将过多的水分倒掉。用水勺(壶)从上面浇水，要注意动作轻，一次浇水量要少，少量多次。

(7)覆盖：播种后在盆面上盖玻璃或薄膜等，以减少水分蒸发，并置于室内阴处。

(8)播后管理：应注意维持盆土湿润，干燥时仍然用喷雾器补充水分，幼苗出土后逐渐移于光照充足处。

### (二)植物幼苗浸制标本制作(推荐方法)

**方法 1**：将采集的新鲜植物洗净泥沙，用 70% 乙醇消毒，5min 后用水冲洗干净，再重新放入蒸馏水中浸泡 15min，然后再冲洗 2～3 次。需要保存较长时间的植物标本可以浸到 5% 的福尔马林液中保存。

福尔马林液配制：用市售甲醛(40% 浓度)加水配成 4%～5% 的福尔马林液。

**方法 2**：以绿色植物标本的浸制为例。

用 50mL 冰醋酸和 50mL 水配成 50% 醋酸溶液，在溶液中慢慢加入醋酸铜粉末，不断搅拌，直到饱和为止，配成醋酸铜溶液。

取醋酸铜原液 1 份，加水 4 份稀释，将溶液倒入大烧杯内加热至 70～85℃，然后将新鲜绿色植物放入烧杯内，不久材料变成黄绿色，继续加热直至材料又变成跟原来的色泽相似时停止加热，取出绿色标本，在清水里漂洗干净，浸入 5% 的福尔马林溶液瓶中保存。

### (三)种子萌发及幼苗形成过程的观察

(1)观察种子萌发过程中种子的形态变化。

(2)找出上胚轴(子叶—胚芽)，观察不同种子、不同阶段的伸长状态。

(3)找出下胚轴(子叶—胚根)，观察不同种子、不同阶段的伸长状态。

(4)观察子叶留土种子胚芽鞘、地中茎(子叶—胚芽鞘节)生长情况。

(5)观察出土种子子叶、胚芽生长情况。

(6)观察植物不定根、须根系分布情况。

(7)观察种子植物幼苗叶片、叶脉生长情况。

## 九、实验注意事项

(1)设计方案之前，必须对现有实验条件有充分的了解。

(2)建议以小组形式来完成，方案经过充分讨论。

(3)充分考虑实验完成的周期。

(4)注意安全使用实验试剂(甲醛等)。

## 十、学习思考题

### (一)客观题

一般层次

较高层次

### (二)主观题

一般层次

较高层次

## 十一、参考文献

火炬松幼苗子叶数与早期生长相关性研究

辽东栎幼苗生长对种子大小和子叶去除处理的响应

马唐种子萌发及幼苗建成对不同环境因子的响应

子叶损伤对苦豆子幼苗早期生长的影响

不同培养条件下小麦幼苗与根系发育质量比较

# 实验15 植物生长形态类指标测定

## 一、实验说明

本实验属于设计性实验,植物生长类指标依植物种类而异,也因植物不同生长阶段而不同,为此本实验只设定实验的范围和总体要求,实验的材料、方法和步骤等细化方案由同学自行设计完成。建议:由多个学生组成小组来完成,为了确保实验设计的针对性,实验实施的有效性,小组方案要经过所有成员积极研讨,不断修订完善。学生自行设计的最终方案应在课堂上充分论证,获得通过后才能实施。

## 二、建议学时:4 学时

## 三、实验目的

(1)熟悉植物的生长习性以及形态特征,并掌握植物相关形态指标测定的常用方法,学会植物生长类指标测定的操作规范和技术要领。

(2)通过测定植物株高、茎粗、根长、生物量等生长类指标,了解植株生长的一般规律,掌握植物生长的内在相关性。

(3)通过植物生长类指标的测定,培养学生求真务实的工作作风、科学严谨的逻辑思维和紧密合作的团队精神。

## 四、实验原理

植物是一个有机组合体,其在整个生命活动过程中,不断从环境中吸取物质进行新陈代谢,使体内积累了生活所需的物质和能量。在这个基础上,植物的个体得到了发展,主要是营养器官根、茎、叶、花等的形态、体积和重量的增加,这种现象叫作生长。通过测定植物生长类指标可反映植物生长状况,揭示植物的形态性状变化规律。

## 五、实验内容

(1)植物生长类指标及测定方法:冠幅、株高、分蘖数、茎粗、节间距、分枝角度、根长、根数、根冠比、鲜重、干物质量、生长速率(绝对速率、相对速率)、新叶数、叶片长度、宽度、叶面积、叶片颜色(色泽指数)、叶片厚度、比叶面积、叶片含水量、初花时间、开花数、花期等指标。

(2)各生长指标间的相关性分析。

## 六、推荐材料与用具

1. 植物材料

吊兰、锦叶雪苋、蜀葵等一、二年生草本植物,多年生草本植物。

2. 实验用具

卷尺、游标卡尺、电子天平、烘箱、铝盒、吸水纸、干燥器、称量瓶、烧杯、剪刀、叶面积仪、叶片厚度仪、精密色差仪等。

## 七、实验设计要求

(1)实验前必须学习掌握本实验设计所涉及的基本理论和基本知识。

(2)详细查阅文献和资料,了解类似实验技术应用的水平、技术重点和难点以及发展趋势。

(3)实验设计应该借鉴相关文献和网络学习资料中先进的技术手段和科学思想,在此基础上大胆设计,要突出实验的创新性、科学性、应用性,不允许把实验设计演变成验证性实验或简单的拼装式实验。

(4)实验设计必须结合植物种类、生长特点、季节、时令,尽可能选用正在生长的植物以及实验时容易测量的形态指标,设计方案要经济实用,具有可操作性。

## 八、实验参考方法和步骤

植物生长类指标较多且因植物种类而异,因此本实验方法仅列举几个较为常见的植物生长类指标,数据可记录表15-1。

(1)株高测定:从土表到顶芽的高度,用卷尺(精度0.1mm)测量。

(2)茎粗测定:从土表高15cm处用游标卡尺(精度0.01mm)测量茎粗。

(3)新叶数测定。

(4)根长测定:包括最长根长的测定和总根长的测定。

(5)根冠比测定。

(6)观察叶片颜色。

(7)鲜重测定:选用整株的植株,用蒸馏水冲洗,用吸水纸把其表面水分吸干,分别称取地上、地下鲜重。

(8)干物质量测定:采用烘干法,新鲜植株于105℃烘箱中干燥4~6h至恒重,称重。按照公式计算干物质量:干物质量=烘干重/鲜重×100%。

(9)叶面积:取处理好的植株,选择第二节段的叶片,测叶片最宽处长度作为叶的长,测叶片最窄处长度作为叶的宽,叶片长和宽的乘积即为叶表面积。

**表15-1 植物生长类指标测定记录表**

| 指标/植株编号 | 1 | 2 | 3 | 4 | 5 | … |
|---|---|---|---|---|---|---|
| 株高/cm | | | | | | |
| 新叶数/片 | | | | | | |
| 茎粗/mm | | | | | | |
| 根长/cm | | | | | | |
| 根冠比/g | | | | | | |
| 鲜重/g | | | | | | |
| 干物质量/g | | | | | | |
| 叶面积 | | | | | | |
| 叶片颜色 | | | | | | |
| …… | | | | | | |

## 九、实验注意事项

(1)必须对实验材料有充分的了解。

(2)取样注意代表性。

(3)认真记录,做好标记,便于统计。

(4)注意实验后的卫生工作。

(5)失败或成功都要进行分析、总结,写入实验报告。

## 十、学习思考题

### (一)客观题

一般层次

较高层次

### (二)主观题

一般层次

较高层次

## 十一、参考文献

不同种源樟树叶片形态特征及生长差异分析

不同基质对小巨人白掌地上部几个生长指标的影响

不同郁闭度和海拔高度对海南风吹楠叶片及生长指标的影响

不同地理种源麻疯树植物学形态变异研究

植物生长调节剂对寒地春玉米形态指标和产量的影响

# “植物生理学”实验

通过本篇实验训练，学生应掌握植物基本生理指标的测定方法和技术，通过生理指标测定和分析判断环境变化对植物的影响程度及其影响规律，并能通过有效的条件控制和外加辅助减少环境胁迫对植物生长带来的影响，为植物健康生长提供技术支持。

通过实验教学，达到以下课程教学目标：

(1)掌握植物生理基本指标(包括水分生理指标、矿质营养指标、光合作用指标、呼吸作用指标、活性酶指标等)的测定方法和测定技术。

(2)通过测定相关生理指标，分析环境变化对植物生理指标以及最终对植物造成的影响，总结影响规律，寻找问题关键，培养分析问题的能力。

(3)针对植物常见的环境胁迫问题，能充分利用所学知识和技术，通过调控环境或者外加人为辅助措施，制定针对性的缓解办法，培养具备解决环境胁迫复杂问题的能力。

“植物生理学”实验篇由3章15个实验组成，演示验证性实验部分主要学习、验证和熟悉植物体一般生理指标测定的技术；综合探究性实验部分主要学习植物体综合性生理指标的测定方法和技巧，包含有多个相关、相连的指标；开放开发性实验部分主要开展创新性能力的培养和锻炼，鼓励个性化学习，在总体实验要求和目标框架内，由同学自行设计环境胁迫及其缓解处理实验，通过完成具体实验，培养学生的专业能力、科研精神和综合素质。

# 第四章

# “植物生理学”演示验证性实验

## 实验16　根系活力测定(TTC法)

### 一、实验说明

植物根系是活跃的吸收器官和合成器官,根的生长情况和活力水平直接影响地上部的生长和营养状况及产量水平,测定根系活力可以为植物营养研究提供依据。根活力测定方法有α-萘胺氧化法、甲烯蓝法和TTC法。

α-萘胺氧化法:植物根系能氧化α-萘胺,生成红色的α-羟基-1-萘胺,并沉淀于有氧化能力的根表面,使这部分根染成红色。根对α-萘胺的氧化能力与其呼吸强度有密切关系。有研究认为,α-萘胺氧化的本质就是过氧化物酶的作用,该酶的活力越强,对α-萘胺的氧化力也越强,染色也越深。所以既可以根据根系表面着色深浅,定性观察并判断根系活力大小,也可通过测定溶液中未被氧化的α-萘胺的量,以定量测定根系活力。

甲烯蓝法:根据沙比宁等的理论,植物对溶质的吸收具有吸附的特征,并假定这时在根系表面均匀地吸附了一层单分子层,然后在根系表面产生吸附饱和,接着根系的活跃部分能将原来吸附着的物质解吸到细胞中去,继续产生吸附作用。利用甲烯蓝作为吸附物质,它的被吸附量可以根据吸附前后的甲烯蓝浓度的改变算出,甲烯蓝浓度可用比色法测定。已知1mg甲烯蓝成单分子层时占有的面积为1.1$m^2$。据此可算出根系的总吸收面积,从解吸后继续吸附的甲烯蓝的量,即可算出根系的活跃吸收表面积,可作为根系活力的指标。

氯化三苯基四氮唑(TTC)法的实验原理见第四大点。

本实验属于演示验证性实验,通过预习、讨论、老师讲解、学习相关资料、熟悉TTC法测定根活力的实验原理和技术要点。

为了保证实验的顺利进行,要求学生按照所列的实验方法和实验步骤认真操作。建议:可以预先学习本实验的教学PDF,熟悉实验材料的习性,了解TTC法测定根活力实验的基本过程，开展小组预实验，仔细观察、记录预实验过程中出现的一些新情况，并进行小组讨论，分析问题所在。

## 二、建议学时：3 学时

## 三、实验目的

掌握植物根系活力测定方法，加深对植物根系作用重要性的认识。本实验以 TTC 法为例学习植物根系活力测定的方法。TTC 法被认为是一种快速、可行的检验植物根系活力的方法，应用最为广泛。

本实验要求学生熟悉 TTC 法测定植物根系活力的基本思路，学会 TTC 标准曲线的制作，掌握 TTC 法测定植物根系活力具体的操作流程和技术要领，培养学生规范操作的意识，学会实验报告撰写规范。

另外，通过本实验培养学生正确使用仪器设备，并进行测试、调整、分析的能力，培养学生求真务实、独立学习的习惯和团队合作精神。

## 四、实验原理

TTC 是标准氧化电位为 80mV 的氧化还原色素，溶于水中成为无色溶液，但还原后即生成红色不溶于水的三苯基甲腙，生成的三苯基甲腙比较稳定，不会被空气中的氧自动氧化，所以 TTC 被广泛地用作酶试验的氢受体，植物根系中脱氢酶所引起的 TTC 还原，可因加入琥珀酸、延胡索酸、苹果酸得到增强，被丙二酸、碘乙酸所抑制。所以 TTC 还原量能表示脱氢酶活性并作为根系活力的指标。根系的活力越高，产生的 $NAD(P)H + H^+$ 等还原物质越多，则生成红色的三苯甲（TTF）越多。TTF 溶于乙酸乙酯，并在波长 485nm 处有最高吸收峰，因此可用分光光度法定量测定。

## 五、实验内容

（1）绘制 TTC 标准曲线。

（2）TTC 还原强度的测定。

## 六、实验材料

（1）植物材料：水培或沙培小麦、玉米等植物根系。

（2）实验试剂：乙酸乙酯、石英砂、连二亚硫酸钠（$Na_2S_2O_4$）、1% TTC、1/15mol/L pH 7.0 磷酸缓冲液、1mol/L 硫酸、琥珀酸。

## 七、实验用具

分光光度计、分析天平（0.1mg）、温箱、研钵、三角瓶 50mL、漏斗、量筒 100mL、吸量管 10mL、刻度试管 10mL、试管架、容量瓶 10mL、药勺、烧杯（10mL、1000mL）。

## 八、实验方法和步骤

### (一)制定 TTC 标准曲线

在测定 TTC 的还原强度之前,需要先制作好 TTC 标准曲线。

(1)配制好各为 0、0.4、0.3、0.2、0.1、0.05g/L 的 TTC 不同浓度的溶液,先各取 5mL 上述不同浓度 TTC 溶液放入已清洗干净的各 10mL 刻度试管中,注意给各个试管编号并标明其浓度大小。

(2)量取 5mL 的乙酸乙酯于各个试管中。加入少许的连二亚硫酸钠 $Na_2S_2O_4$,在涡旋振荡器上将混合溶液充分振荡混匀后,可以观察到混合溶液产生了红色的甲膜。

(3)随后在各刻度试管中补充 5mL 的乙酸乙酯溶液,充分摇动后将其放于试管架上使之进行慢慢分层。

(4)缓慢吸取上层部分的液体于各个清洗干净的比色皿中。再以空白组作为对照,打开分光光度计,调置于 485nm 后测定各个比色皿中不同浓度 TTC 溶液的吸光值,记录各值。横坐标为不同 TTC 溶液的浓度,纵坐标为其吸光值绘制出的 TTC 标准曲线。(注:制作标准曲线时,为了减小该实验误差,一般制作三组标准曲线以选取最佳标准曲线来计算最终结果,此时计算的结果较为准确。测量各个吸光值时还可以多测量几次取平均值)

### (二)TTC 还原强度的测定

1. 定性测定

(1)将 10g/L 的 TTC 溶液、1/15mol/L 的磷酸缓冲液及 0.4mol/L 的琥珀酸溶液以 1:4:5比例混合。

(2)将待测根系仔细清洗好后,用滤纸小心将根系吸干,注意不要破坏根系。然后将其浸没于盛有上述混合反应溶液的三角烧瓶中。放置于 37℃的温度下进行暗处理,2~3h 后观察待测根系的着色情况,新根尖端几毫米以及细侧根都明显地变成红色,表明该处有脱氢酶存在。

2. 定量测定

(1)称取根系样品 0.500g,将 4g/L TTC 溶液和 pH=7.066mmol/L 的磷酸缓冲液等量混合为 6mL 盛于 10mL 的小烧杯中。根系清洗干净后完全浸没于上述 TTC 和磷酸缓冲液的混合溶液中。在 37℃下进行 40min 的暗处理,随后加入 2mL 1mol/L 的硫酸来结束该反应。

同时做一组空白试验,先在烧杯中加入 2mL 的 1mol/L 硫酸,再加入植物根系,其他操作步骤与上述相同。

(2)把根取出,吸干水分后与乙酸乙酯 3~4mL 和少量石英砂一起磨碎,以提出 TTF。红色提出液移入试管,用少量乙酸乙酯把残渣洗涤 2~3 次,皆移入试管,最后加乙酸乙酯使总量为 10mL,用分光光度计在 485nm 下比色,以空白作参比读出光密度,查标准曲线,求出四氮唑还原量。

3. 结果与计算

$$\text{TTC 还原强度}=\frac{\text{TTC 还原量(mg)}}{\text{根重(g)}\times\text{时间(h)}}[\text{mg TTF/(g}\cdot\text{h)}]$$

## 九、实验注意事项

(1)测定根系活力最好选择植物根部的根毛区,根毛区是整个根部活动最为强烈的部位,根系吸收水和营养物质基本在根毛区完成,所以测定植物根系活力时要选择根毛区作为最主要的位置。

(2)实验时注意对根的伤害,以免影响实验结果。吸干植物根系水分时,用力要轻,以免压坏根尖,从而减少实验误差。

(3)TTC 容易氧化,需要现配现用。

(4)反应结束后,必须吸干水分才能研磨,否则溶液易浑浊。

(5)要少量多次,用乙酸乙酯把红色三苯基甲腙完全提取干净。

## 十、学习思考题

### (一)客观题

一般层次

较高层次

### (二)主观题

一般层次

较高层次

## 十一、参考文献

根系活力的测定(TTC 法)实验综述报告

TTC 法测定樟子松苗木根系活力的探讨

种植密度和种植方式对超高产大豆根系形态和活力的影响

不同建植期人工草地优势种植物根系活力、群落特征及其土壤环境的关系

不同年代大豆品种根系活力的变化及其与植株生物量的关系

# 实验17 植物组织含水量的测定

## 一、实验说明

本实验属于演示验证性实验,通过预习、讨论、老师讲解、学习相关资料,熟悉植物组织含水量测定的基本方法和技术要点。为了保证实验的顺利进行,要求学生按照所列的实验方法和实验步骤认真操作。建议:可以预先学习本实验的教学PDF,熟悉实验材料的生长状况,了解植物组织含水量测定实验的基本过程,进行小组预实验,仔细观察、记录预实验过程中出现的一些新情况,并进行小组讨论,分析问题所在。

## 二、建议学时:3学时

## 三、实验目的

了解植物组织含水量测定的操作规范,掌握植物组织鲜重、干重的测定,熟悉组织含水量和相对含水量的差异与计算方法,能据此判断植物的生长状况和农产品(种子)质量。学会实验报告撰写规范。

另外,通过本实验培养学生正确使用仪器设备,并进行测试、调整、分析的能力,培养学生求真务实、独立学习的习惯和团队合作精神。

## 四、实验原理

植物组织的含水量是反映植物组织水分生理状况的重要指标,其直接影响植物的生长、气孔状况,光合功能及作物产量。在环境胁迫情况下,植物组织的含水量也是反映植物受胁迫程度的重要指标之一。另外,水分含量测定也是农作物产品的品质鉴定、判断其是否适于贮藏的重要标准。

植物组织含水量常以鲜重含水量、干重含水量、相对含水量(或称饱和含水量)来表示。由于组织的鲜重、干重不太稳定(鲜重常随时间及处理条件而有变化,生长旺盛的幼嫩叶子,常随时间会显著增加),而相对含水量较为稳定,可作为比较植物保水能力及推算需水程度的指标。

测量时,植物组织的鲜重记为$W_f$、干重$W_d$、饱和鲜重$W_t$,依据计算公式可以分别算出植物组织的鲜重含水量、干重含水量和相对含水量。

## 五、实验内容

(1)植物组织鲜重含水量、干重含水量测定。

(2)植物组织相对含水量测定。

## 六、实验材料

桃树叶片、月季叶片、蜀葵花瓣等植物鲜组织。

## 七、实验用具

分析天平、烘箱、铝盒、吸水纸、干燥器、称量瓶、烧杯、剪刀等。

## 八、实验方法和步骤

植物组织含水量测定（烘干法测定）如下。

### （一）铝盒的恒重称取

将洗净的6个铝盒编号，置入105℃恒温烘箱中烘2h。用坩埚钳取出放入干燥器中冷却至室温后，在分析天平上称重，再于烘箱中烘2h，同样于干燥器中冷却称重，如此重复2次(2次称重的误差不得超过0.002g)，求得平均值 $W_1$，将铝盒放入干燥器中待用。

### （二）植物组织鲜重（$W_f$）、干重（$W_d$）测定

将待测植物材料（如叶子等）从植株上取下后在分析天平上准确称取3份，每份0.5g左右，迅速剪成小块后装入已知重量的铝盒中盖好，再在分析天平上准确称取重量，得铝盒与样品鲜重为 $W_2$，于105℃烘箱中干燥4～6h（注意要打开铝盒盖子）。取出铝盒，待其温度降至60～70℃后用坩埚钳将铝盒盖子盖上，放入干燥器中冷却至室温，再用分析天平称重，再放到烘箱中烘2h，在干燥器中冷却至室温，再称重，重复多次，直至恒重为止。称得重量是铝盒与样品干重 $W_3$。烘时注意防止植物材料焦化。

如系幼嫩组织，可先用100～105℃杀死组织后，20分钟后再在80℃下烘至恒重。

### （三）植物组织饱和鲜重（$W_t$）测定

将待测植物材料（如叶子等）从植株上取下后在分析天平上准确称取3份，每份0.5g左右，将样品浸入蒸馏水中浸泡70min，使组织吸水达饱和状态（浸水时间因材料而定）。取出用吸水纸吸去表面的水分，立即放于已知重量的铝盒中称重，再浸入蒸馏水中一段时间后取出吸干外面水分，再称重，直至与上次重量相等为止，此即为植物组织在吸水饱和时的重量，称饱和鲜重 $W_t$。再如步骤2将样品烘干，求得样品干重 $W_d$。

### （四）计算

$$鲜重含水量 = \frac{W_f - W_d}{W_f} \times 100\%$$

$$干重含水量 = \frac{W_f - W_d}{W_d} \times 100\%$$

$$相对含水量 = \frac{W_f - W_d}{W_t - W_d} \times 100\%$$

### (五)植物组织含水量记录表(见表17.1)

**表17.1　植物组织含水量记录表**

| 重量($W_t$)/份数 | 1 | 2 | 3 | 4 | 5 | 6 |
|---|---|---|---|---|---|---|
| 铝盒重量($W_1$) | | | | | | |
| 鲜重($W_f$) | | | | | | |
| 铝盒+鲜重($W_2$) | | | | | | |
| 铝盒+干重($W_3$) | | | | | | |
| 干重($W_d$) | | | | | | |
| 饱和鲜重($W_t$) | | | | | | |

## 九、实验注意事项

(1)必须对实验材料有充分的了解,包括不同的材料、不同的烘干温度、不同的吸水浸泡时间。

(2)取样注意均匀性。

(3)烘时注意防止过度。

(4)认真记录,做好标记,便于计算。

(5)注意实验后的卫生工作。

(6)失败或成功都要进行分析、总结,写入实验报告。

## 十、学习思考题

### (一)客观题

一般层次

较高层次

### (二)主观题

一般层次

较高层次

## 十一、参考文献

影响牧草含水量测定以及牧草干鲜比的主要因素

水分胁迫对柽柳组织含水量和膜透性的影响

植物叶片电容与含水量间关系研究

葡萄品种间含水量测定分析

草地牧草含水量测定暨干鲜比估测方法研究

# 实验18 植物组织水势测定(小液流法)

## 一、实验说明

植物组织水势能够大致反映植物组织的水分状况,测定植物组织水势常用方法有小液流法、压力势法、热电偶法和木质部压力探针法,应根据不同的情况选用不同的水势测定方法,小液流法原理清晰、不需复杂的仪器设备、简便易行,是一种常用的测定植物组织水势的方法。

本实验属于演示验证性实验,通过预习、讨论、老师讲解、学习相关教学素材,了解本实验的内容,掌握相关技能。为了保证实验的顺利进行,要求学生按照所列的实验方法和实验步骤认真操作。建议:可以预先学习本实验的教学 PDF,了解植物组织水势测定实验的基本过程,开展小组预实验,仔细观察、记录预实验过程中出现的一些新情况,并进行小组讨论,分析问题所在。

## 二、建议学时:3 学时

## 三、实验目的

掌握小液流法测定植物组织水势的原理、基本方法和技术要点,了解各类植物体内的水分状况,感受不同植物组织水势差异。培养学生规范操作的意识,学会实验报告撰写规范。

另外,通过本实验培养学生正确使用仪器设备,并进行测试、调整、分析的能力,培养学生求真务实、独立学习的习惯和团队合作精神。

## 四、实验原理

水势是指在等温等压下,体系(如细胞)中的水与纯水之间每偏摩尔体积的水的化学势差。像电流由高电位处流向低电位处一样,水从水势高处流向低处。植物体细胞之间、组织之间以及植物体和环境之间的水体移动方向都由水势差决定的。

小液流法原理:当植物细胞或组织放在不同的外界溶液中时,由于组织与外界溶液存在水势差,因而植物组织与溶液之间便产生水分交换,如果植物组织(或细胞)的水势低于溶液的水势,组织(或细胞)则吸水,使外溶液浓度增大,比重也增大;若植物组织(或细胞)的水势高于溶液的水势时,组织(或细胞)则失水,使溶液的浓度变小,比重也变小;如果植物组织(或细胞)的水势与溶液的水势相等时,外溶液的浓度不变,其比重也不变。若将浸过组织的溶液慢慢滴回同一浓度而未浸过组织或细胞的溶液中,两者便会发生水分交换,比重小的溶液便往上浮,比重大的则往下沉。如果小液流停止不动,则说明溶液的浓度没有发生改变。此溶液的渗透势(水势)即等于所测组织(或细胞)的水势。

## 五、实验内容

(1)植物组织水势和渗透势测定的常用方法。

(2)小液流法测定植物组织水势的原理。

(3)小液流法测定植物组织水势计算方法。

## 六、实验材料

菠菜、大叶黄杨、女贞叶片、马褂木、马铃薯等。

## 七、实验用具

实验用具:试管架;试管;打孔器;移液枪;毛细滴管;镊子;青霉素瓶;接种针。

实验试剂:1mol/L 蔗糖溶液;甲烯蓝/亚甲基蓝。

## 八、实验方法和步骤

### (一)小液流法测定植物组织水势

(1)用移液枪吸 1mol/L 蔗糖溶液取 0.5mL、1mL、2mL、3mL、4mL 分别放入 10mL 刻度试管中,加蒸馏水至 10mL,配制一系列浓度递增的蔗糖溶液(0.05mol/L,0.10mol/L,0.20mol/L,0.30mol/L,0.40mol/L)各 10mL,编号,贴上标签。

(2)用打孔器避开叶片主脉钻取同大小的叶片。每个青霉素瓶中放入 20 片。用移液枪从各浓度的试管中吸出 2mL 注入青霉素瓶内,加塞,并贴上标签,放置 20~30min(期间摇动 2~3 次)。

(3)用接种针蘸微量甲烯蓝粉末加入青霉素瓶中,摇匀,溶液变蓝。(干燥针头先用蒸馏水湿润,加入的甲烯蓝量一定要少,使各瓶中颜色基本一致)

(4)用毛细滴管从青霉素瓶中依次吸取着色的液体少许,然后伸入相同编号(原相同浓度)试管的中部,缓慢从毛细滴管尖端横向放出一滴蓝色试验溶液,在无色透明背景上观察小液滴移动的方向。

(5)如果有色液滴向上移动,说明细胞液中水分外流,试验液比重比原来小;如果有色液向下移动,则说明细胞从溶液中吸收了水分,溶液变浓,比重变大;如果液滴不动,不向外扩散则说明两者的浓度相等或接近,即植物组织的水势等于溶液的渗透势。分别测定不同浓度中有色液滴的升降,找出与组织水分势相当的浓度,根据原理公式计算出组织的水势。

### (二)计算

根据下列公式计算叶片组织的水势:

$$\psi_{w} = \psi_{\pi} = -CRTi\,(\mathrm{MPa})$$

式中：$\psi_w$ 为植物组织的水势（MPa）；$\psi_\pi$ 为溶液的渗透势（MPa）；$R$ 为气体常数，0.008314L·Pa/（mol·K）；$T$ 为绝对温度（273 + $t$℃）K；$C$ 为溶液的摩尔浓度（mol/L）；$i$ 为解离系数（蔗糖 = 1）；

记录液滴不动的试管中蔗糖溶液的浓度，若找不到该浓度，取在下降上升转变时量浓度的均值。

### （三）实验数据记录（见表 19.1）

表 19.1 不同浓度下小液流的移动方向

| 溶液浓度/(mol/L) | 0.05 | 0.10 | 0.20 | 0.30 | 0.40 |
|---|---|---|---|---|---|
| 小液流的方向 | | | | | |
| 解释原因 | | | | | |

## 九、实验注意事项

（1）所取材料在植株上的部位要一致，打取叶圆片要避开主脉和伤口。

（2）试管、移液管和毛细管等要洗净烘干，移液管与毛细管应从低浓度到高浓度依次吸取溶液。

（3）蔗糖溶液用前一定要摇匀，时间放久了的蔗糖溶液会分层，影响结果。

（4）甲烯蓝不宜加得过多（溶液呈稍深的蓝色即可），否则将使实验组各管中溶液的比重均加大。

（5）吸取着色溶液放入原相应的蔗糖溶液中时要缓缓加入，以避免由于施加的外界压力导致小液滴的上升下降受到干扰，使实验结果产生误差。

（6）叶片打孔及投入青霉素瓶中要快，防止水分蒸发影响实验结果。

（7）小液流法测定植物水势由于被测量植物组织切口处受伤，细胞内的可溶性内含物进入外界溶液，改变了样品测量管中溶液的浓度，影响测量的准确性，如果测量要求较高，不建议用小液流法。

## 十、学习思考题

### （一）客观题

一般层次

较高层次

### （二）主观题

一般层次

较高层次

## 十一、参考文献

植物水势研究
与应用综述

植物水势测定
经验谈

植物 4 种水势测定方法
的比较及可靠性分析

“小液流法”测定植物组织
水势实验教学的改进

小液流法测定植物
水势实验综述报告

小液流法测定植物
组织水势的优化

植物组织水势测定
实验教学的改进

# 实验 19 电导法测定植物细胞膜透性

## 一、实验说明

植物细胞质膜是细胞与外界环境的一道分界面，对维持细胞的微环境和正常的代谢起着重要作用。但植物常受到外界不良因子的影响，而不同植物种类其抗逆性则不同。测定植物质膜透性的变化，可作为植物抗逆性的生理指标之一。

本实验属于演示验证性实验，通过老师讲解、观看相关视频，了解、熟悉电导法测定植物细胞膜透性的基本方法和技术要点，通过实践掌握植物细胞膜透性测定方法。为了保证实验的顺利进行，要求学生按照所列的实验方法和实验步骤认真操作。建议：可以预先学习本实验的教学 PDF，熟悉实验材料的习性，了解电导法植物细胞膜透性测定实验的基本过程，开展小组预实验，仔细观察、记录预实验过程中出现的一些新情况，并进行小组讨论，分析问题所在。

## 二、建议学时：3 学时

## 三、实验目的

（1）熟悉电导法测定植物细胞质膜透性的原理。

（2）掌握电导法测定植物细胞质膜透性的基本方法技术要点和计算方法。

（3）了解逆境下（本实验以低温作为逆境）细胞质膜透性变化的规律。

另外,通过本实验培养学生正确使用仪器设备,并进行测试、调整、分析的能力,培养学生求真务实、独立学习的习惯和团队合作精神。

## 四、实验原理

在正常情况下,细胞膜对物质具有选择透性能力。当植物受到逆境影响时,细胞膜遭到不同程度伤害,表现为膜透性增大,细胞内的电解质外渗,导致外液的电导率增大。该过程可以用电导率仪测定出来,溶液电导率的变化反映细胞膜伤害的程度。

膜透性增大的程度与逆境胁迫强度有关,也与植物抗逆性的强弱有关。因此,电导法目前已成为作物抗性栽培、育种上鉴定植物抗逆性强弱的一个精确而实用的方法。

## 五、实验内容

(1)电导法测定植物细胞膜透性的原理。

(2)电导法测定植物细胞膜透性的方法。

(3)电导率计算。

## 六、实验材料

云南黄素馨、小麦、女贞等植物叶片。

## 七、实验用具

电导仪、电子天平、恒温水浴锅、冰箱、烘箱、打孔器、真空干燥器、抽气机、烧杯、玻棒、剪刀、滤纸。

## 八、实验方法和步骤

### (一)清洗用具

所用玻璃用具均需先清洗干净,然后用自来水、蒸馏水洗 3 次,干燥后备用。

### (二)实验材料的准备及处理

(1)选取叶龄相似的植物叶片,剪下后用湿布包住。实验时用自来水将供试叶片冲洗,除去表面污物,用干净纱布轻轻吸干叶片表面水分,然后剪成约 1cm 的小叶片(或用直径为 1cm 的打孔器钻取小圆片),注意除掉大叶脉。将剪下的小叶片混合均匀,快速称取鲜样两份,每份 1g,分别放入编号为 A、B 的两个烧杯中。

(2)2 个烧杯叶片作如下处理:

①A 杯常温处理,加入蒸馏水 50mL 作为对照组。

②B 杯放入冰箱(0℃以下)作低温处理,处理 15～30min 后取出(供试叶片也可以在实验前低温处理好待用,处理温度及时间依不同植物叶片耐寒性而定),加入蒸馏水 50mL 作为处理组。

(3)将2个烧杯放入真空干燥器内,用抽气机抽气7~8min,以抽出细胞间隙中的空气;然后重新缓缓放入空气,水即被压入组织中而使叶下沉。

### (三)电导率测定

(1)将抽过气的3个烧杯取出,放置在20~25℃恒温下,静置20min,其间用玻璃棒轻轻搅动叶片,到时间后用电导仪测定溶液电导率。

(2)测过电导率后,再放入100℃沸水浴10min,以杀死植物组织,取出放入自来水冷却,测其煮沸后电导率,所测得的结果记入表19.2。

**表19.2 电导率**

| 植物 | 组织量 | 水温/℃ | 浸渍时间/min | 电导率/(μs/cm) | | | | 相对电导率/% | | 伤害率/% |
|---|---|---|---|---|---|---|---|---|---|---|
| | | | | 对照 | | 处理 | | | | |
| | | | | 煮前 | 煮后 | 煮前 | 煮后 | 对照 | 处理 | |
| | | | | | | | | | | |
| | | | | | | | | | | |

(四)结果计算

按下式计算相对电导率:

$$相对电导率(\%)=\frac{S_1-空白电导率}{S_2-空白电导率}$$

式中:$S_1$为煮前的电导率;$S_2$为煮后的电导率;空白电导率为蒸馏水的电导率。由于室温对照也有少量电解质外渗,故可按下式计算由于低温或高温胁迫而产生的外渗,称为伤害度(或伤害性外渗)。

$$伤害度(\%)=\frac{L_t-L_{ck}}{1-L_{ck}}\times 100$$

式中:$L_t$为处理叶片的相对电导度;$L_{ck}$为对照叶片的相对电导度。

## 九、实验注意事项

(1)电导率变化非常灵敏,稍有杂质即产生很大变化。因此,仪器清洗是否彻底对结果影响较大。

(2)每测定完一个样液后,用蒸馏水漂洗电极,再用滤纸将电极擦干,然后进行下一个样液测定。

(3)各处理蒸馏水加的量要一致。

(4)实验过程要尽量避免溶液的损失。煮沸后缺少的水分要及时补回。

(5)测电导率时一定要冷却到室温时才能进行。

(6)应选用规格一致的烧杯,保证受热均匀。

## 十、学习思考题

### (一)客观题

一般层次

较高层次

### (二)主观题

一般层次

较高层次

## 十一、参考文献

低温胁迫下冬小麦叶片细胞膜透性与抗寒性的相关研究

以电导法配合Logistic方程确定5种景天属植物耐旱性

电导法测定杏叶片细胞质膜相对透性的研究

电导率法测定甜椒叶片细胞质膜相对透性的研究

逆境下植物组织伤害程度测定方法——电导法的改进

# 实验20 植物光合与呼吸速率的测定

## 一、实验说明

植物光合速率、呼吸速率测定是植物生理学的基本研究方法之一,在作物生理生态、新品种选育、光合作用基本理论研究方面都有着广泛用途。常用的方法有改良半叶法、氧电极法、红外线 $CO_2$ 分析仪法;测定呼吸速率常用的方法有小篮子法、氧电极法等。本实验属于演示验证性实验,通过老师讲解、观看相关视频,了解、熟悉植物光合与呼吸速率测定的基本方法和技术要点,通过实践掌握植物光合与呼吸速率的测定方法。

学生按照所列的实验方法和实验步骤认真操作。可以预先学习本实验的教学 PDF,熟悉实验材料的习性,了解植物光合与呼吸速率测定实验的基本过程,进行小组预实验,仔细观察、记录预实验过程中出现的一些新情况,并进行小组讨论,分析问题所在。

## 二、建议学时:4 学时

## 三、实验目的

(1)了解并掌握改良半叶法测定植物叶片光合速率的原理和方法。

(2)了解并掌握用小篮子法测定植物呼吸速率的原理和方法。

(3)了解植物光合与呼吸速率的测定在植物培育管理、品种选育中的应用。

另外,通过本实验培养学生正确使用仪器设备,并进行测试、调整、分析的能力,培养学生求真务实、独立学习的习惯和团队合作精神。

## 四、实验原理

### (一)光合作用测定——改良半叶法

叶片中脉两侧的对称部位,其生长发育基本一致,功能接近。如果让一侧的叶片照光,另一侧不照光,一定时间后,照光的半叶与未照光的半叶在相对部位的单位面积干重之差值,就是该时间内照光半叶光合作用所生成的干物质量。再通过一定计算,即可求出光合强度。

在进行光合作用时,同时会有部分光合产物输出,所以有必要阻止光合产物的运出。由于光合产物是靠韧皮部运输,而水分等是靠木质部运输,因此可以仅破坏韧皮部来阻止光合产物输出,而仍使叶片有足够的水分供应,从而较准确地用干重法测定叶片的光合速率。

### (二)呼吸作用测定——小篮子法

植物进行呼吸作用放出 $CO_2$。测定一定的植物材料在单位时间内放出 $CO_2$ 的数量,即能算出植物材料的呼吸速率。呼吸放出的 $CO_2$ 可用氢氧化钡溶液吸收,用标准草酸溶液滴定剩余的氢氧化钡。同时做一个空白实验,同样用标准草酸滴定。根据空白滴定值减去呼吸滴定值草酸用量之差值,便可计算出植物的呼吸速率。反应式如下:

$$Ba(OH)_2 + CO_2 \longrightarrow BaCO_3\downarrow + H_2O$$

$$Ba(OH)_2 + H_2C_2O_4 \longrightarrow BaC_2O_4\downarrow + 2H_2O$$

## 五、实验内容

(1)光合速率测定(改良半叶法)。

(2)呼吸速率测定(小篮子法)。

## 六、实验材料与试剂

(1)实验材料:新鲜的植物叶片;发芽的种子。

(2)试剂:

①5% 三氯乙酸:称取三氯乙酸 5g 溶于 95g 水中。

②0.05mol/L $Ba(OH)_2$:称取 $Ba(OH)_2$ 8.6g 溶于 1000mL 蒸馏水中。

③ 1/44mol·$L^{-1}$草酸溶液:准确称取重结晶的 $H_2C_2O_4 \cdot 2H_2O$ 2.8651g 溶于蒸馏水中定容至 1000mL,每 mL 相当于 1mg $CO_2$。

④ 酚酞指示剂:1g 酚酞溶于 100mL 95% 乙醇中,贮于滴瓶中。

## 七、实验用具

电子分析天平,打孔器,称量皿,烘箱,脱脂棉,锡纸,毛巾,恒温培养箱,呼吸测定装置,酸式及碱式滴定管,温度计,尖头镊子,小纸牌。

## 八、实验方法和步骤

### (一)光合速率的测定(改良半叶法)

1. 选择测定样品

在田间选定有代表性的叶片若干,用小纸牌编号。选择时应注意叶片着生的部位,受光条件、叶片发育是否对称等。

2. 叶子基部处理

(1)化学抑制法:用棉花球蘸取 5% 或 0.3mol/L 的丙二酸涂抹叶柄一周(本实验用 5% 三氯乙酸),注意勿使抑制液流到植株上。

(2)环割法:用刀片将叶柄的外层(韧皮部)环割 0.5cm 左右。

(3)烫伤法:小麦、水稻等单子叶植物,可用在 90℃以上的开水浸过的棉花夹烫叶片下部的一大段叶鞘 20 s,出现明显的水浸状就表示烫伤完全,若无水浸状出现可重复做一次。对于韧皮部较厚的果树叶柄,可用熔融的热蜡烫伤一圈。为使烫伤后的叶片不致下垂,可用锡纸或塑料包围,使叶片保持原来着生的角度。

选用何种方法处理叶柄,视植物材料而定。一般双子叶植物韧皮部和木质部容易分开宜采用环割法;单子叶植物如小麦和水稻韧皮部和木质部难以分开,宜使用烫伤法;而叶柄木质化程度低,易被折断叶片,故采用抑制法可得到较好的效果。

3. 剪取样品

叶子基部处理完毕后,即可剪取样品,一般按编号次序分别剪下叶片的一半(主脉不剪下),包在湿润毛巾里,贮于暗处,也可用黑纸包住半边叶片,待测定前再剪下。以上工作一般在上午 8 ~ 9 时进行。经过 4 ~ 5h 后,再按原来次序依次剪下照光的半边叶,也按编号包在湿润的毛巾中。

4. 称重比较

用打孔器在两组半叶的对称部位打若干圆片并求出叶面积(有叶面积仪的,也可直接测出两半叶的叶面积),分别放入两个称量瓶中,在 110℃下杀青 15min,再置于 80℃烘箱至恒重(4 ~ 5h),放入干燥器冷却恒重后用分析天平称重。

5. 结果计算

两组叶圆片干重之差值,除以叶面积及照光时间,得到光合速率,即:

$$光合速率[mg \cdot dm^{-2} \cdot h^{-1}] = \frac{W_2 - W_1}{S \times T}$$

式中：$W_1$ 为未照光圆片干重(mg)；$W_2$ 为照光圆片干重(mg)；$S$ 为照光圆片总面积($dm^2$)；$T$ 为照光时间($h$)。

### (二)呼吸速率测定(小篮子法)

1. 呼吸测定装置说明

取500mL广口瓶2个，标记为0号、1号，瓶口用打有3孔的橡皮塞塞紧，一孔插一盛碱石灰的干燥管，使呼吸过程中能进入无$CO_2$的空气，一孔插入温度计，另一孔直径约1cm，供滴定时插滴定管用，平时用一小橡皮塞塞紧，瓶塞下面挂一铁丝小篮，以便装植物样品，整个装置即谓“广口瓶呼吸测定装置”。分别在2个广口瓶中准确加入20mL 0.05mol/L $Ba(OH)_2$溶液。

2. 实验测定

称取萌发中的种子和萌发后经高温(100℃开水)烫死的种子各1份，每份10g，分别放入2个小篮子中，分别挂在编号为0和1的广口瓶中[即0号放经高温(100℃开水)烫死的种子，作对照，1号放萌发中的种子]，盖紧瓶塞，记录时间，在室温下(25℃左右)放置30min，放置期间经常平摇广口瓶，以破坏碱液表面的硬膜。

取出广口瓶中的小篮子，向瓶中加入1~2滴酚酞指示剂，盖紧瓶盖，充分摇动2min，使瓶中$CO_2$完全被吸收。用草酸滴定广口瓶中的碱液至红色刚好消失为止，记录空白及各个温度处理下的草酸用量(记为$V_0$和$V_1$)。

表1 实验数据及结果记录表

| 植物名称 | 样品重量(g) | 测定时间(min) | $V_0$(mL) | $V_1$(mL) | $V_0-V_1$(mL) | 呼吸速率/($mgCO_2 \cdot g^{-1}FW^{-1} \cdot h^{-1}$) |
|---|---|---|---|---|---|---|
| | | | | | | |
| | | | | | | |
| | | | | | | |

3. 结果计算

$$\text{呼吸速率}[mgCO_2 \cdot g^{-1}(\text{鲜重}) \cdot h^{-1}] = \frac{(V_0 - V_n)}{\text{样品质量}(g) \times \text{测定时间}(min)}$$

式中：$V_0$ 为空白滴定用去的草酸量(mL)；$V_n$ 为处理滴定用去的草酸量(mL)。

## 九、实验注意事项

(1)选择外观对称的植物叶片，以免两侧叶生长不一致，导致误差。

(2)选择的叶片应光照充足，防止因太阳高度角的变化而造成叶片遮阴。

(3)涂抹三氯乙酸的量或开水烫叶柄的时间应适度，过轻达不到阻止同化物运转的目的，过重则会导致叶片萎蔫降低光合作用。

(4)应有若干张叶片为一组进行重复实验。

## 十、学习思考题

### （一）客观题

一般层次

较高层次

### （二）主观题

一般层次

较高层次

## 十一、参考文献

改良半叶法测定光合速率结果的影响因素分析

小篮子法测定植物呼吸速率实验中的两点说明

液体悬浮培养条件下发菜细胞的光合速率与呼吸速率

小篮子法测定植物种子呼吸速率的方法改进

液相氧电极法测定甘薯叶片光合速率

呼吸速率研究进展

# 第五章

# “植物生理学”综合探究性实验

## 实验21　植物组织中氮、磷、钾含量的测定

### 一、实验说明

本实验属于综合探究性实验，通过老师讲解，了解不同植物组织无机营养测定方法，熟悉无机营养测定方法的基本方法和技术要点，通过实际实践掌握植物组织无机营养测定方法。为了保证实验的顺利进行，要求学生按照所列的实验方法和实验步骤认真操作。建议：可以预先学习本实验的教学PDF，了解植物组织无机营养测定实验的基本过程，开展小组预实验，仔细观察、记录预实验过程中出现的一些新问题，并进行小组讨论、综合分析，形成较全面的解决方案。

### 二、建议学时：6学时

### 三、实验目的

(1)掌握植物组织消煮液的制备方法。

(2)掌握植物组织中氮、磷、钾含量测定的原理、步骤和计算方法。

(3)了解植物组织中氮、磷、钾含量范围。

(4)植物组织中氮、磷、钾含量能够有效反映植物的营养状况，反映农产品品质，因此掌握无机营养测定，便于在生产上科学指导施肥。

本实验完成需要同学利用所学知识，通过综合实践，掌握植物组织中氮、磷、钾含量测定的操作流程和技术要领，培养学生严谨的逻辑思维能力和综合协调能力。

## 四、实验原理

植物中的氮磷大多数以有机态存在,钾以离子态存在。样品经浓 $H_2SO_4$ 和氧化剂 $H_2O_2$ 消煮,有机物被氧化分解,有机氮和磷转化成铵盐和磷酸盐,钾也全部释出。消煮液经定容后,可用于氮、磷、钾等元素的定量。

### (一)植物全氮的测定——蒸馏法

植物样品经凯氏消煮、定容后,吸取部分消煮液碱化,使铵盐转变成氨,经蒸馏和扩散,用 $H_3BO_3$ 吸收,直接用标准酸滴定,以甲基红—溴甲酚绿混合指示剂指示终点。

蒸馏过程的反应:

$$(NH_4)_2SO_4 + NaOH \longrightarrow Na_2SO + 2NH_3 + 2H_2O$$

$$NH_3 + H_2O \longrightarrow NH_4OH$$

$$NH_4OH + H_3BO_3 \longrightarrow NH_4 \cdot H_2BO_3 + H_2O$$

滴定过程的反应:

$$NH_4 \cdot H_2BO_3 + H_2SO_4 \longrightarrow (NH_4)_2SO_4 + 2H_3BO_3$$

### (二)植物全磷的测定——钒钼黄比色法

植物样品经浓 $H_2SO_4$ 消煮使各种形态的磷转变成磷酸盐。在酸性条件下,待测液中的正磷酸与偏钒酸和钼酸能生成黄色的三元杂多酸,其吸光度与磷浓度成正比,可在波长 400 ~ 490nm 处用吸光光度法测定磷。磷浓度较高时选用较长的波长,较低时选用较短的波长。此法的优点是操作简便,可在室温下显色,黄色稳定。

### (三)火焰光度法

消煮待测液中难溶硅酸盐分解,从而使矿物态钾转化为可溶性钾。待测液中钾主要以钾离子形式存在,用酸溶解稀释后即可用火焰光度计测定。

火焰光度法原理:含钾溶液雾化后与可燃气体(如汽化的汽油等)混合燃烧,其中的钾离子(基态)接受能量后,外层电子发生能级跃迁,呈激发态,由激发态变成基态过程中发射出特定波长的光线(称特征谱线)。单色器或滤光片将其分离出来,由光电池或光电管将特征谱线具有的光能转变为电流。用检流计测出光电流的强度。光电流大小与溶液中钾的浓度成正比,通过与标准溶液光电流强度的比较求出待测液中钾的浓度。

## 五、实验内容

(1)用 $H_2SO_4$—$H_2O_2$ 消煮法得到消煮液。

(2)用蒸馏法测定植物体全氮含量。

(3)用钒钼黄比色法测定植物全磷含量。

(4)用火焰光度法测定植物全钾含量。

## 六、实验材料

(1)植物材料:菠菜、大叶黄杨、女贞叶片、马褂木等常见植物叶片。

2. 实验试剂

(1)浓 $H_2SO_4$、$300g \cdot L^{-1} H_2O_2$。

(2)$10mol \cdot L^{-1}$ NaOH 溶液、甲基红—溴甲酚绿混合指示剂、$20g \cdot L^{-1}$硼酸—指示剂溶液、酸标准溶液[$c$(HCL 或 $1/2H_2SO_4$) = 0.01mol/L]。

(3)钒钼酸铵试剂、$6mol \cdot L^{-1}$ NaOH 溶液、2,6—二硝基酚指示剂、磷标准溶液。

(4)$100mg \cdot L^{-1}$K 标准溶液。

## 七、实验用具

三角瓶、消煮管、电子天平、消煮炉、定氮蒸馏装置、50mL 容量瓶、40 目网筛、分光光度比色计、火焰光度计等。

## 八、实验方法和步骤

### (一)$H_2SO_4$—$H_2O_2$ 消煮法得到消煮液

(1)准确称取植物样品(磨细烘干过 0.5mm,40 目筛)0.1000 ~ 0.2000g 装入 50mL 消煮管的底部(注意消煮管容量的准确性),加蒸馏水 2 ~ 3 滴润湿样品,然后加入浓 $H_2SO_4$ 5mL,轻轻摇匀,静置过夜。

(2)消煮管瓶口盖一弯颈漏斗,打开消化炉,先低温(240℃左右)缓缓加热,待浓 $H_2SO_4$ 分解冒白烟逐渐升高温度(380℃左右),当溶液全部呈棕黑色时,从消化炉上取下消煮管稍冷,提起弯颈漏斗,逐渐滴加 $H_2O_2$ 5 ~ 10 滴,并不断摇动消煮管,使黏附于内壁的黑色固形物冲洗入液层内,以利于反应充分进行。再加热至微沸 10 - 20 分钟,稍冷后再加入 $H_2O_2$ 5 滴左右,根据溶液的颜色适量地增加或减少 $H_2O_2$ 的用量,如此反复 2 ~ 3 次,直到消煮液呈无色或清亮色后,再加热 5 ~ 10min,以除尽过剩的双氧水。

(3)取下消煮管在通风橱内冷却。用水冲洗弯颈漏斗,洗液洗入瓶中。待消煮液冷却至室温后,加蒸馏水至 1/2 ~ 2/3 消煮管处,冷却后定容至 50mL,加橡皮塞充分摇匀。用干燥定性滤纸过滤至洁净塑料瓶,加盖备用,难以过滤的,静止放置。

### (二)半微量蒸馏法测定植物体全氮含量

(1)吸取清液 5 ~ 10mL 置于蒸馏管,蒸馏管置于定氮蒸馏装置相应位置上,在 150mL 三角瓶中加硼酸 5mL,并加指示剂 2 滴,摇匀。

(2)将三角瓶置于定氮蒸馏装置冷凝管末端,管口离硼酸液面以上 3 ~ 4cm 处,向蒸馏管中加入 $10mol \cdot L^{-1}$ NaOH 溶液约 5mL。

(3)通入蒸汽蒸馏,待馏出液体积约 50mL 时,蒸馏完毕,用少量已调节至 pH 4.5 的水冲洗冷凝管末端。

(4)用酸标准溶液滴定馏出液至由蓝绿色突变为紫红色(终点的颜色应和空白测定的滴定终点相同)。与此同时进行空白测定的蒸馏、滴定,以校正试剂和滴定误差。

(5)计算:植株中 $N(\%) = (V_1 - V_0) \times c \times 14 \times t_s \times 10^{-3} \times 100/m$

式中:$V_1$ 为样品测定所消耗标准酸,mL;$V_0$ 为空白试验所消耗标准酸,mL;$c$ 为标准酸的浓度,mol · $L^{-1}$;14 为氮原子的摩尔质量,g · mol;$10^{-3}$ 为 mL 换算为 L;$t_s$ 为分取倍数(消煮液定容体积/吸取测定的体积);$m$ 为干样品质量(g)。

### (三)用钒钼黄比色法测定植物全磷含量

(1)配置钒钼酸铵试剂:0.5g 的钼酸铵容于 200mL 水中,另将 0.625g 的偏钒酸铵溶于 100mL 沸水中,冷却后,加入 125mL 浓硫酸,冷却至室温,将钼酸铵溶液缓慢注入钒钼酸铵溶液中。用水稀释至 500mL。

(2)吸取消煮好的待测液 10mL,分别置于 50mL 容量瓶中,加 2,6—二硝基酚指示剂 2 滴,用 6mol · $L^{-1}$NaOH 调 pH 至刚显黄色,加钒钼酸铵试剂 10mL,用水定容。摇匀,放置 5min,用分光光度计在 450nm 处比色。以空白液调节仪器零点。

(3)绘制标准曲线:

①磷标准贮备液(P,50.0mg/L):分析纯磷酸二氢钾($KH_2PO_4$)试剂事先于 110℃ 干燥 2h,并在干燥器中放冷至室温,称取 0.2197g,用水溶解后定量转移到 1000mL 容量瓶中,加入大约 800mL 水,加 5mL(1 + 1)硫酸,然后用水稀释至标线,混匀。此溶液含磷量 50.0μg/mL。在玻璃瓶中可贮存至少 6 个月。

②分别吸取 50μg · $mL^{-1}$的 P 标准溶液 0、1.0、2.5、5.0、7.5、10.0、15.0mL,于50mL 容量瓶中,同上述 2 操作步骤显色和比色。该标准系列 P 的浓度分别为 0、1.0、2.5、5.0、7.5、10.0、15.0μg · $mL^{-1}$。

(4)计算:植株全 $P$(%) = $\rho \cdot V \times$ 分取倍数 $\times 10^{-4}/m$

式中:$\rho$ 为从标准曲线查得显色液中 P 的质量浓度,μg/mL;$V$ 为显色液体积(钒钼酸铵试剂),mL;$m$ 为干样质量,g。

### (四)用火焰光度法测定植物全钾含量

(1)吸取消煮好的待测液(同全氮测定)5 ~ 10mL,置于 50mL 容量瓶,水定容,摇匀,用火焰光度计测定。若消煮液中含钾量低于标准曲线范围,则可直接用原液测定。

(2)标准曲线制作:

①K 标准溶液:称取 0.1907g KCl(在 110℃ 烘 2h)溶于水中,定容至 1L,即为 100ppm K 标准溶液,存于塑料瓶中。

②分别吸取 100μg · $mL^{-1}$的 K 标准溶液 1、2.5、5、10、20、30mL,分别于 50mL 容量瓶中,加与吸取的待测液等量的空白消煮液,水定容,即得浓度分别为 0、2、5、10、20、40、60μg · $mL^{-1}$的 K 标准系列溶液。

③以浓度最高的标准溶液定火焰光度计检流计的满度(一般只定到 90),然后从稀到浓依次进行测定,记录检流计读数,以检流计读数为纵坐标,钾浓度为横坐标绘制校准曲线或求直线回归方程。

(3)计算:植株全钾(%) = $\rho \cdot V \times$ 分取倍数 $\times 10^{-4}/m$

式中:$\rho$ 为从标准曲线查得显色液 K 的质量浓度,μg · $mL^{-1}$;$V$ 为测定液体积,mL;$m$ 为干样质量,g。

## 九、实验注意事项

（1）消煮开始时火要小。

（2）消煮要彻底。消煮好的标志是:溶液呈无色或清亮色。

（3）消煮液最后要赶尽 $H_2O_2$,否则会影响氮、磷的比色测定。方法是消煮液呈清亮色后再煮 5～10min。也可观察液面的波动,赶尽 $H_2O_2$ 后液面比较平静。

（4）测定全氮含量时,碱液要过量。要求中和完硫酸后再过量 2mL,硼酸要足量。估算方法:按 1mL 浓度为 $10.0g \cdot L^{-1}$ 的硼酸能吸收 0.46mg 的 N 计算。

（5）指示剂和硼酸的 pH 要调到 4.5（变色点）。

（6）测定全磷含量时,比色要在 15min 后 24h 内完成。

## 十、学习思考题

### （一）客观题

一般层次

较高层次

### （二）主观题

一般层次

较高层次

## 十一、参考文献

2 种植株全氮测定方法比较

AA3 型连续流动分析仪与钒钼黄比色法测定玉米植株全磷含量之比较

凯氏定氮法和奈氏比色法测定植株全氮方法的比较

微波消解－火焰光度法测定植物中全钾

植物中全钾含量测定方法改进初探

# 实验22 叶绿体色素的提取、分离和测定

## 一、实验说明

本实验属于综合探究性实验，通过老师讲解、观看相关视频，了解、熟悉叶绿体色素的构成，掌握叶绿体色素提取和分离的原理，掌握纸层析法分离叶绿体色素的方法，并能用分光光度计测定叶绿体色素的含量。为了保证实验的顺利进行，要求学生按照所列的实验方法和实验步骤认真操作。建议：可以预先学习本实验的教学PPT，熟悉实验材料的习性，了解叶绿体色素的提取、分离及含量的测定的基本步骤，开展小组预实验，仔细观察、记录预实验过程中出现的一些新问题，并进行小组讨论、综合分析，形成较全面的解决方案。

## 二、建议学时：4学时

## 三、实验目的

(1)熟悉叶绿体色素提取、分离的原理和方法；

(2)了解叶绿体色素的种类、颜色和特性；

(3)掌握叶绿体色素含量测定、计算的方法。

本实验完成需要同学利用所学知识，通过综合实践，掌握植物组织中叶绿体色素提取、分离及含量测定的操作流程和技术要领，培养学生严谨的逻辑思维能力和综合协调能力。

## 四、实验原理

提取原理：植物叶绿体色素一般由绿色素[叶绿素a(蓝绿色)和叶绿素b(黄绿色)]和黄色素[胡萝卜素(黄色)和叶黄素(橙黄色)]组成，这两类色素都很难溶于水，而易溶于有机溶剂，故可用乙醇、丙酮等有机溶剂提取。

分离原理：提取液可以用色谱分析的原理加以分离，本实验用纸层析法分离。

纸层析法又称纸色谱法，是以纸为载体的色谱法。固定相一般为纸纤维上吸附的水分，流动相为不与水相溶的有机溶剂，也可使纸吸留其他物质作为固定相，如缓冲液、甲酰胺等。根据不同色素在层析液中的溶解度不同造成随层析液扩散速度不同这一原理进行分离。溶解度比较大的物质移动速度较快，移动距离较远；溶解度比较小的物质移动较慢，移动距离较近，这样，试样中各组分就分别聚集在滤纸的不同位置，从而达到分离的目的。

含量测定原理：分光光度法。通过测定被测物质在特定波长处或一定波长范围内光的吸收度，对该物质进行定性和定量分析。分光光度计采用一个可以产生多个波长的光

源，通过系列分光装置，从而产生特定波长的光源，光源透过测试的样品后，部分光源被吸收，计算样品的吸光值，从而转化成样品的浓度，样品的吸光值与样品的浓度成正比。叶绿体色素及胡萝卜素都有一定的光学活性，表现出一定的吸收光谱，其可以用分光光度计精确测定。

乙醇提取液中叶绿素 a 的最大吸收峰在 665nm，叶绿素 b 在 649nm，吸收曲线彼此又有重叠，根据 Lambert-Beer 定律，如果混合液中的两个组分，它们的光谱吸收峰虽有明显的差异，但吸收曲线彼此又有些重叠，在这种情况下要分别测定两个组分，通过代数方法，计算一种组分由于另一种组分存在时对吸光度的影响，最后分别得到两种分组的含量。

如果需要一次性测定叶绿体色素混合提取液中叶绿素 a、b 和类胡萝卜素（470nm）的含量，只需测定该提取液在 3 个特定波长下的吸光度 $D$，并根据叶绿素 a、b 及类胡萝卜素在该波长下的比吸收系数即可求出其浓度。

## 五、实验内容

（1）叶绿体色素的提取。

（2）叶绿体色素的分离。

（3）利用分光光度计测定叶绿体色素各组分的含量。

## 六、实验材料

（1）植物材料：菠菜或青菜叶片或其他绿色植物叶片。

（2）实验试剂：无水乙醇，石英砂，碳酸钙粉，层析液（石油醚：丙酮：苯 =20：2：1，体积比）。

## 七、实验用具

研钵，漏斗，玻璃棒，小烧杯，容量瓶，剪刀，滴管，滤纸，滤纸条，药勺，分光光度计，电子天平，吸水纸，吹风机，尼龙纱布（或者脱脂棉），铁架台，移液管，吸耳球，试管，培养皿（底托和上盖大小一样），康维皿。

## 八、实验方法和步骤

### （一）叶绿体色素的提取

（1）取新鲜菠菜或其他植物叶片 4 ~ 5 片（2 ~ 3g），称重，洗净，擦干，去除中脉。

（2）将叶片剪碎放入研钵中，加少量石英砂及碳酸钙粉及 2 ~ 3mL 无水乙醇，研磨至糊状，再加 5 ~ 10mL 无水乙醇，提取 3 ~ 5min。

（3）上清液用单层尼龙布（或者脱脂棉）过滤到 25mL 容量瓶中，用少量无水乙醇冲洗研钵、研棒及残渣，最后连同残渣一起过滤（直至滤纸和残渣中无绿色为止），最后用乙醇定容至 25mL，摇匀。

### (二)叶绿体色素的分离

(1)取圆形定性滤纸一张(直径11cm),在其中心打一圆形小孔(直径约3mm),另取一张滤纸条(5cm×1.5cm),用毛细滴管吸取光合色素提取液,沿纸条的长边方向涂在纸条的一边,使色素扩散的宽度限制在0.5cm以内,风干后,再重复操作数次,然后沿长边方向卷成纸捻,使浸过叶绿体色素溶液的一侧恰在纸捻的一端。

(2)将纸捻带有色素的一端插入圆形滤纸的小孔中,使其与滤纸刚刚平齐(勿凸出)。

(3)在培养皿内放一康维皿,在康维皿中央小室中加入适量的层析液,把带有纸捻的圆形滤纸平放在康维皿上,使纸捻下端浸入层析液中。迅速盖好培养皿。此时,层析液借毛细管引力顺纸捻扩散至圆形滤纸上,并把叶绿体色素向四周推动,不久即可看到各种色素的同心圆环。

(4)当层析液前沿接近滤纸边缘时,取出滤纸,风干,即可看到分离的各种色素,叶绿素a为蓝绿色,叶绿素b为黄绿色,叶黄素为鲜黄色,胡萝卜素为橙黄色。用铅笔标出各种色素的位置和名称。

### (三)利用分光光度计测定叶绿体各组分的含量

(1)把叶绿体色素提取液倒入光径1cm的比色杯内。以无水乙醇为空白,用分光光度计在波长665nm、649nm、470nm下测定吸光度$A$。

(2)结果计算与分析:将测定得到的吸光值代入下面的式子:

$$C_a = 13.95A_{665} - 6.88A_{649}$$

$$C_b = 24.96A_{649} - 7.32A_{665}$$

$$C_{x+c} = (1000A_{470} - 2.05C_a - 114.8C_b)/245$$

据此即可得到叶绿素a和叶绿素b以及类胡萝卜素的浓度(mg/L)。叶绿素a和叶绿素b之和为总叶绿素的浓度。

叶绿体色素的含量(mg chl/g或mg chl/cm$^2$)=[叶绿体色素的浓度×提取液体积×稀释倍数]/样品鲜重(或干重、叶面积)

## 九、实验注意事项

(1)分离色素用的圆形滤纸,在中心打的小圆孔周围必须整齐,否则分离的色素不是一个同心圆。

(2)光合色素在光下容易分解,操作时应在避光条件下进行,并且研磨时间应尽量短。提取液不能混浊,否则要用离心机离心后才能比色。

(3)光合色素的含量测定对分光光度计的波长精确度要求较高。低档分光光度计(如722型、721型等)分光性能差,测定结果误差较大,因此,要分别测定各种叶绿素。应尽量使用高档分光光度计(如岛津UV-120型、UV-240型分光光度计等)。

(4)注意在用不同的提取液提取光合色素时,要选用不同的吸光度及其计算公式,不能混用,否则计算结果会出现严重偏差。

## 十、学习思考题

### (一)客观题

一般层次

较高层次

### (二)主观题

一般层次

较高层次

## 十一、参考文献

叶绿素的提取和分离实验方法的几点探索

绿叶中色素的提取和分离实验的改进与拓展

测定浮萍叶绿素含量的方法研究

分光光度法测定叶绿素含量及其比值问题的探讨

快速测定植物叶片叶绿素含量方法的探讨

猕猴桃果肉中叶绿素的提取与分离

小麦叶绿素含量测定方法比较

叶绿素 a 与叶绿素 b 含量的测定

# 实验 23 植物组织 SOD、CAT、POD 测定

## 一、实验说明

本实验属于综合探究性实验,通过老师讲解、熟悉超氧物歧化酶(SOD)、过氧化氢酶(CAT)和过氧化物酶(POD)测定的原理,通过实践掌握植物组织 SOD、CAT 和 POD 测定的基本方法。为了保证实验的顺利进行,要求学生按照所列的实验方法和实验步骤认真

操作。建议:可以预先学习本实验的教学PPT,熟悉实验材料的习性,了解植物组织SOD、CAT和POD测定实验的基本过程,开展小组预实验,仔细观察、记录预实验过程中出现的一些新问题,并进行小组讨论、综合分析,形成较全面的解决方案。

## 二、建议学时:6学时

## 三、实验目的

(1)了解植物体内SOD、CAT和POD存在的生理意义。

(2)熟悉SOD、CAT和POD活性测定的工作原理。

(3)掌握SOD、CAT和POD活性测定的方法与步骤。

本实验完成需要同学利用所学知识,通过综合实践,掌握SOD、CAT和POD活性测定相关仪器设备的使用,培养学生严谨的逻辑思维能力和综合协调能力。

## 四、实验原理

### (一)氮蓝四唑法测定SOD酶活性原理

本实验依据超氧物歧化酶抑制氮蓝四唑(NBT)在光下的还原作用来确定酶活性大小。在有氧化物质(如甲硫氨酸)存在的条件下,核黄素可被光还原,被还原的核黄素在有氧条件下极易再氧化而产生$O_2^{-}\cdot$,可将氮蓝四唑还原为蓝色的甲腙,后者在560nm处有最大吸收。而SOD作为$O_2^{-}\cdot$的专一性清除酶可以清除$O_2^{-}\cdot$,从而抑制了甲腙的形成。于是光还原反应后,反应液蓝色愈深,说明酶活性愈低,反之酶活性愈高。且SOD酶量与光化还原抑制百分率在一定范围内呈线性关系,据此可计算出酶活性大小。一般把对NBT的光化还原抑制到对照一半(或50%)时所需的酶量定义为1个酶活力单位。

### (二)紫外吸收法测定CAT酶活性原理

$H_2O_2$在240nm波长下有强烈吸收,过CAT能分解$H_2O_2$,使反应溶液吸光度($A_{240}$)随反应时间而降低,根据测量吸光率的变化速度即可测出过CAT的活性。

### (三)愈创木酚法测定POD酶活性原理

在有$H_2O_2$存在时,POD能催化多酚类芳香族物质氧化形成各种产物,如作用于愈创木酚(邻甲氧基苯酚),生成四邻甲氧基苯酚(棕红色产物,聚合物),该产物在470nm处有特征吸收峰,且在一定范围内其颜色的深浅与产物的浓度成正比,因此可通过分光光度法进行间接测定POD活性。

## 五、实验内容

(1)氮蓝四唑法测定SOD酶活性。

(2)紫外吸收法测定 CAT 酶活性。

(3)愈创木酚法测定 POD 酶活性。

## 六、实验材料

### (一)植物材料

正常生长或经逆境处理的新鲜植物组织

### (二)实验试剂

1. SOD 测定试剂

(1)A 液:0.2mol/L 的 $KH_2PO_4$ 溶液(分析纯 $KH_2PO_4$ 27.216g,用蒸馏水定容至 1000mL)。

(2)B 液:0.2mol/L 的 $K_2HPO_4$ 溶液(分析纯 $K_2HPO_4 3H_2O$ 45.644g,用蒸馏水定容至 1000mL)。

(3)50mmol/L 磷酸缓冲液(简称 PBS 溶液):A 液 21.25mL + B 液 228.25mL 定容至 1000mL,pH 7.8 磷酸缓冲液;

(4)酶提取液:50mmol/L 磷酸缓冲液(pH 7.8),1%~4%(W/V)聚乙烯吡咯烷酮(PVP);

(5)130mmol/L 甲硫氨酸(Met)溶液:称取 1.9389 g Met,用磷酸缓冲液溶解定容至 100mL。4℃冰箱中保存可用 1~2d。

(6)750μmol/L 氮蓝四唑(NBT)溶液:称取 0.06133 g NBT,用磷酸缓冲液溶解定容至 100mL,避光保存。4℃冰箱中保存可用 2~3d。

(7)100μmol/L EDTA-2Na 溶液:称取 0.0372g EDTA-2Na,用蒸馏水溶解定容至 1000mL。

(8)20μmol/L 核黄素溶液:称取 0.0075g 核黄素,用磷酸缓冲液溶解定容至 1000mL,现配现用,避光保存。

(9)SOD 反应液配制:磷酸缓冲液(pH7.8):Met:NBT:EDTA-2Na:核黄素(FD):$H_2O$ = 15:3:3:3:3:2.5(体积比),按上述顺序配制。

2. CAT 测定试剂

(1)0.2moL/L,pH 7.8 磷酸缓冲液(内含 1% 聚乙烯吡咯烷酮)。

(2)0.1moL/L $H_2O_2$,市售 30% $H_2O_2$ 大约等于 17.6moL/L,取 30% $H_2O_2$ 溶液 5.68mL,稀释至 1000mL,用标准 0.1mol/L $KMnO_4$ 溶液(在酸性条件下)进行标定。

(3)0.1mol/L 高锰酸钾标准液:称取 $KMnO_4$(AR)3.1605 g,用新煮沸冷却蒸馏水配制成 1000mL,再用 0.1mol/L 草酸溶液标定。

(4)0.1mol/L 草酸:称取优级纯 $H_2C_2O_4 \cdot 2H_2O$ 12.607 g,用蒸馏水溶解后,定容至 1000mL。

3. POD 测定试剂

(1)0.05mol/L 愈创木酚溶液:0.06207 g 愈创木酚定容到 10mL 容量瓶。

(2)2% $H_2O_2$:30% $H_2O_2$ 670μL,加水定容到 10mL。

(3)20mmol/L $KH_2PO_4$:称取 0.272g,定容至 100mL。

(4)A 液:0.2mol/L 的 $NaH_2PO_4$ 溶液称取分析纯 $NaH_2PO_4 \cdot 2H_2O$ 31.21g,用蒸馏水定容至 1000mL。

(5)B 液:0.2mol/L 的 $Na_2HPO_4$ 溶液称取分析纯 $Na_2HPO_4 \cdot 12H_2O$ 71.64g,用蒸馏水定容至 1000mL。

(6)100mmol/L 磷酸缓冲液(pH6.0):A 液 219.25g + B 液 30.75g,定容至 1000mL。

(7)反应混合液:100mmol/L 磷酸缓冲液(pH 6.0)50mL,加入愈创木酚 28μL,加热搅拌,直至愈创木酚溶解,待溶液冷却后,加入 30% $H_2O_2$ 19μL,混合均匀保存于冰箱中。

## 七、实验用具

分析天平,高速台式离心机,紫外分光光度计,荧光灯(反应试管处照度为 4000Lx),均一试管或指形管数支,黑色布,研钵,容量瓶,恒温水浴锅,移液枪,可见光分光光度计,冰箱,剪刀等。

## 八、实验方法与步骤

### (一)SOD 活性测定

1. 酶液提取

取一定部位的植物根或叶片(视需要而定,叶片需去叶脉)0.5g(W)于预冷的研钵中(新鲜样本剪碎,临时保存需装入样本瓶放入 4℃冷藏备用),加 2mL 预冷的 PBS 液在冰浴上研磨成匀浆,转移至 10mL 量瓶中,用提取介质冲洗研钵 2 ~ 3 次(每次 1 ~ 2mL),合并冲洗液于量瓶中,定容至 10mL。取 5mL 提取液于 4℃、10000 r/min 转速下离心 15min,上清液即为 SOD 粗酶液。

2. 显色反应

取 10mL 指形管或试管 7 支,3 支为测定管,3 支做对照(CK),1 支空白(不加酶液,以缓冲液代替);按表 23.1 加入各溶液,混匀后,空白置暗处,对照(CK)与酶液同置于 25℃、4000 Lx 照光条件下反应,20min 后遮光保存(要求各管受光情况一致,视光下对照管的反应颜色和酶活性的高低适当调整反应时间)。反应结束后用黑布遮住,终止反应(若光照后颜色过深,可适当多取酶液进行测定)。

3. 酶活性测定

以空白(不加酶液、不照光)调零,在 560nm 下测定 1 ~ 6 管反应液的吸光度,记录测定数据。

表 23.1 各试管中试剂加入次序和加量(体积/mL)

| 反应试剂/mL | 样品测定管 | | | 光下对照管 | | | 黑暗对照 |
|---|---|---|---|---|---|---|---|
| | 1 | 2 | 3 | 4 | 5 | 6 | 7 |
| 50mmol · $L^{-1}$磷酸缓冲液 | 1.5 | 1.5 | 1.5 | 1.5 | 1.5 | 1.5 | 1.5 |
| 130mmol · $L^{-1}$ Met 溶液 | 0.3 | 0.3 | 0.3 | 0.3 | 0.3 | 0.3 | 0.3 |
| 750μmol · $L^{-1}$ NBT 溶液 | 0.3 | 0.3 | 0.3 | 0.3 | 0.3 | 0.3 | 0.3 |
| 100μmol · $L^{-1}$ EDTA-Na2 | 0.3 | 0.3 | 0.3 | 0.3 | 0.3 | 0.3 | 0.3 |
| 20μmol · $L^{-1}$核黄素溶液 | 0.3 | 0.3 | 0.3 | 0.3 | 0.3 | 0.3 | 0.3 |
| 粗酶液 | 0.1 | 0.1 | 0.1 | 0 | 0 | 0 | 0 |
| 蒸馏水 | 0.5 | 0.5 | 0.5 | 0.6 | 0.6 | 0.6 | 0.6 |
| 总体积 | 3.3 | 3.3 | 3.3 | 3.3 | 3.3 | 3.3 | 3.3 |

4. 结果计算

SOD 活性单位以抑制 NBT 光化还原的 50% 为一个酶活性单位表示,按下式计算:

$$\text{SOD 总活性(U/g)} = \frac{(A_0 - A_S) \times V}{A_0 \times 0.5 \times W \times V_0}$$

式中:SOD 总活性以每克样品鲜重的酶单位表示(U/g);$A_0$ 为光下对照管吸光度;$A_s$ 为样品测定管吸光度;$V$ 为样品提取液总体积(mL);$V_0$ 为测定时取粗酶液量(mL);$W$ 为样品鲜重(g)。

## (二)CAT 活性测定

1. 酶液提取

称取植物新鲜叶片 0.5g 置于研钵中,加入 2 ~ 3mL 4 ℃预冷的 pH 7.8 的磷酸缓冲液和少量石英砂,研磨成匀浆后,转入 25mL 容量瓶中,并用缓冲液冲洗研钵数次,合并冲洗液至容量瓶中并定容。将容量瓶置 4℃冰箱中静置 10min,取上清液于离心管中,10000 r/min 转速下离心 15min。上清液即为过氧化氢酶粗提液。4 ℃冰箱中保存备用。

2. 酶活性测定

取 10mL 试管 4 支,其中 1 支为对照管($S_0$),3 支为样品测定管($S_1$,$S_2$,$S_3$)按表 23.2 顺序加入各试剂。

表 23.2 紫外吸收待测样品测定液配制表

| 试剂(酶) | 管号 | | | |
|---|---|---|---|---|
| | $S_0$ | $S_1$ | $S_2$ | $S_3$ |
| 粗酶液/mL | 0.2 | 0.2 | 0.2 | 0.2 |
| pH 7.8 磷酸缓冲液/mL | 1.5 | 1.5 | 1.5 | 1.5 |
| 蒸馏水/mL | 1.0 | 1.0 | 1.0 | 1.0 |

将 $S_0$ 管在沸水浴中煮 1min 杀死酶液，冷却。然后将上述 4 支试管于 25 ℃水中预热 3min 后，逐管加入 0.1mol/L $H_2O_2$ 0.3mL 的溶液，每加完 1 管立即计时，迅速倒入石英比色杯，在紫外分光光度计上测定 $A_{240}$（蒸馏水调零），每隔 30 s 读数一次，共测 3min，记录各支试管的测定值。

3. 结果计算

以每分钟内 $A_{240}$ 减少 0.1 的酶量为 1 个酶活性单位（U）。

$$\text{CAT 活性}[\mathrm{U/(g \cdot min)}] = \frac{\Delta A_{240} \times V_T}{0.1 \times V_S \times W \times t}$$

式中：$\Delta A_{240} = A_{S0} - [(A_{S1} + A_{S2} + A_{S3})/3]$；$V_T$ 为酶提取液总体积，mL；$V_s$ 为测定时用酶液体积，mL；$W$ 为样品鲜重，g；0.1 为 $A_{240}$ 每下降 0.1 时的 1 个酶活性单位；$t$ 为加 $H_2O_2$ 开始到最后一次读数所用的时间，min。

### （三）POD 活性测定

（1）粗酶液的提取：称取植物材料 0.5g，加 20mmol/L $KH_2PO_4$（pH 6.0）5mL，于冰浴中研磨成匀浆，以 10000 r/min 离心 10min，收集上清液保存于冷处，所得残渣再用 20mmol/L $KH_2PO_4$ 5mL 溶液提取一次，合并两次上清液，定容至 50mL 待测定。

（2）酶活性的测定：取比色皿 2 只，于 1 只中加入反应混合液 3mL、$KH_2PO_4$ 1mL，作为校零对照；另 1 只中加入反应混合液 3mL，上述酶液 1mL（如酶活性过高可适当稀释），立即开启秒表，于分光光度计 470nm 波长下测量 OD 值，每隔 30 s 读数一次，共测 3min。以每分钟表示酶活性大小。

（3）结果计算（记入表 23.3 中）：以每分钟吸光度变化值表示酶活性大小，以用每分钟 $A_{470}$ 变化 0.01 为 1 个过氧化物酶活性单位（U）表示。

$$\text{过氧化物酶活性}[\mathrm{U/(g \cdot min)}] = \frac{\Delta A_{470} \times V_T}{W \times V_S \times 0.01 \times t}$$

式中：$\Delta A_{470}$ 为反应时间内吸光度的变化（每分钟吸光度的差值，求平均值）；$W$ 为植物鲜重，g；$V_T$ 为提取酶液总体积，mL；$V_s$ 为测定时取用酶液体积，mL；$t$ 为反应时间，min。

**表 23.3 实验结果记录表**

| 样品 | 吸光度（470nm） | | | | $\Delta A_{470}$ | | | |
|---|---|---|---|---|---|---|---|---|
| | 0 | 1min | 2min | 3min | 1—0 | 2—1 | 3—2 | 均值 |
| | | | | | | | | |
| | | | | | | | | |
| | | | | | | | | |
| | | | | | | | | |

## 九、实验注意事项

### （一）SOD 测定实验

（1）酶提取液中加入聚乙烯吡咯烷酮（PVP）的目的是消除植物组织中的酚类物质的干扰。

（2）显色反应过程中要随时观察光下对照管（即最大光还原管）的颜色变化，当 A 值达到 0.6 – 0.8 时宜终止反应。

（3）测定酶活性时，当光下对照管颜色达到要求的程度时，测定管（加酶液）未显色或颜色过淡，说明酶液对 NBT 的光还原抑制作用过强，应对酶液适当稀释后再显色，加入的酶量以能抑制显色反应的 50% 为最佳。

（4）本实验对所用的试管和照光的均一性要求极高，应尽量严格控制，以提高结果的准确性和可靠性。

（5）试剂 0.1mol/L $H_2O_2$ 溶液要现配现用。

### （二）CAT 测定实验

（1）凡对 240nm 波长的光有较强吸收的物质对本实验均有影响，应避开。

（2）当室温超过 20℃时，反应温度以室温为准。

（3）采用紫外分光光度法进行比色测定时，要尽可能测定反应的初速度，因此 $H_2O_2$ 溶液加入后应立即进行比色读数。

### （三）POD 测定实验

（1）愈创木酚的含量会影响测定结果，因此在溶液配制时必须准确称量。

（2）$H_2O_2$ 溶液配制时必须准确称量。

## 十、学习思考题

### （一）客观题

一般层次

较高层次

### （二）主观题

一般层次

较高层次

## 十一、参考文献

木瓜 SOD 的提取及其活性测定方法的优化

紫茄超氧化物歧化酶的提取及其活性测定

大蒜生长过程中 SOD 酶活力变化研究

过氧化氢酶活性测定方法的研究进展

过氧化氢酶活性测定的新方法

测定切花中过氧化氢酶活性的 3 种常用方法的比较

刨花楠扦插繁殖中 POD、CAT 的测定

山野菜过氧化物酶（POD）同工酶的测定


# 实验 24 植物组织丙二醛(MDA)的测定

## 一、实验说明

本实验属于综合探究性实验,通过老师讲解、观看相关 PDF、熟悉植物组织丙二醛测定的基本原理。为了保证实验的顺利进行,要求学生按照所列的实验方法和实验步骤认真操作。建议:可以预先学习本实验的教学 PDF,选择合适的植物材料,了解植物组织丙二醛测定的基本操作过程,开展小组预实验,仔细观察、记录预实验过程中出现的一些新问题,并进行小组讨论、综合分析,形成较全面的解决方案。

## 二、建议学时:4 学时

## 三、实验目的

(1)掌握植物组织丙二醛测定的原理及方法。

(2)深化理解 MDA 与逆境和衰老的关系,理解植物组织 MDA 含量测定的意义。

(3)了解膜脂过氧化、氧自由基和 MDA 形成的关系。

本实验完成需要同学利用所学知识,通过综合实践,掌握植物组织丙二醛测定的操作流程和技术要领,同时能培养学生严谨的逻辑思维能力和综合协调能力。

## 四、实验原理

植物在逆境下遭受伤害(或衰老)与活性氧积累诱发的膜脂过氧化作用密切相关,膜脂过氧化的产物有二烯轭合物、脂类过氧化物、丙二醛、乙烷等。其中丙二醛(MDA)是膜脂过氧化最重要的产物之一，因此可通过测定 MDA 了解膜脂过氧化的程度，以间接测定膜系统受损程度以及植物的抗逆性。

溶液丙二醛在高温及酸性环境下可与 2-硫代巴比妥酸（TBA）反应产生红棕色的产物 3,5,5′-三甲基恶唑 2,4-二酮（三甲川），该物质在 532nm 处有一吸收高峰。但是，测定植物组织中 MDA 时受多种物质的干扰，其中最主要的是可溶性糖，糖与硫代巴比妥酸显色反应产物的最大吸收波长在 450nm 处，在 532nm、600nm 处也有吸收。因此，测定植物组织中丙二醛与硫代巴比妥酸反应产物含量时一定要排除可溶性糖的干扰。所以测定 532nm、600nm 和 450nm 波长处的吸光度值，根据双组分分光光度法即可计算出丙二醛含量。

## 五、实验内容

（1）实验试剂的配制。

（2）植物组织 MDA 含量的测定。

（3）相关仪器设备的熟悉使用。

## 六、实验材料

### （一）植物材料

正常生长的以及经逆境处理的一、二年生草本植物的叶片、根系。（本实验以吊兰叶片为实验材料，包括正常生长、干旱生长吊兰叶片）

### （二）实验试剂

（1）5% 三氯醋酸：称取 5g 三氯乙酸，先用少量蒸馏水溶解，然后定容到 100mL。

（2）0.5% 硫代巴比妥酸：称取 0.5g 硫代巴比妥酸［可以先加少量的氢氧化钠（1mol · $L^{-1}$）溶解］，用 5% 三氯乙酸溶解，定容至 100mL，即为 0.5% 硫代巴比妥酸的 5% 三氯乙酸溶液。

（3）0.05mol · $L^{-1}$ 磷酸缓冲液，pH 7.8。

（4）石英砂。

## 七、实验用具

分光光度计、研钵、剪刀、恒温水浴、试管、高速离心机、分析天平、刻度离心管、刻度试管、镊子、移液枪、烧杯、容量瓶、冰箱。

## 八、实验方法和步骤

### （一）丙二醛的提取

（1）取吊兰上不同叶位的叶片 3~5 片，洗净擦干，剪成 0.5cm 长的小段，混匀。

（2）称取叶片 0.3g，切段放入冰浴的研钵中，加入少许石英砂和 2mL 0.05mol · $L^{-1}$ 磷酸缓冲液，研磨成匀浆。将匀浆转移到试管中，再用 3mL 0.05mol · $L^{-1}$ 磷酸缓冲液，分三次冲洗研钵，合并提取液，用缓冲液定容至 5mL。在 4500r/min 离心 10min。上清液即为丙二醛提取液。

### （二）丙二醛含量测定

（1）取 4 支干净试管，编号，3 支为样品管（三个重复），各加入提取液 2mL，在提取液中加入 3mL 0.5% 硫代巴比妥酸溶液，摇匀。对照管加 0.5% 硫代巴比妥酸溶液 5mL。

（2）将试管放入沸水浴中煮沸 10min（自试管内溶液中出现小气泡开始计时）。到时间后，立即将试管取出并放入冷水浴中。

（3）待试管内溶液冷却后，以 3000 r/min 离心 15min，取上清液并量其体积。测 532nm、600nm 和 450nm 处的消光值。

### （三）计算结果

$$\mathrm{MDA}(\mathrm{mmol}\cdot \mathrm{g}^{-1}\mathrm{FW}) = [6.452\times(D_{532}-D_{600})-0.559\times D_{450}]\times\frac{V_t}{V_s\times W}$$

式中：$V_t$ 为提取液总体积，mL；$V_s$：测定用提取液体积，mL；$W$：样品鲜重，g。

## 九、实验注意事项

（1）三氯乙酸有刺激性气味以及强烈腐蚀性，吸入对呼吸道有伤害，可能会引起咳嗽等症状，所以操作时要戴口罩、手套，穿工作服，避免直接与裸露皮肤接触，尽量避免溅出灼伤脸部特别是眼部。

（2）硫代巴比妥酸有刺激性气味，操作时戴口罩，避免与皮肤接触。

（3）0.1%～0.5% 的三氯乙酸对 MDA-TBA 反应较合适，若高于此浓度，其反应液的非专一性吸收偏高。

（4）MDA-TBA 显色反应的加热时间，最好控制在沸水浴 10～15min。时间太短或太长均会引起 532nm 下的光吸收值下降。

（5）如果用 MDA 作为植物衰老指标，那么首先应检验被测试材料提取液是否能与 TBA 反应形成 532nm 处的吸收峰。否则只测定 532nm、600nm 两处 $A$ 值，计算结果与实际情况不符，测得的高 $A$ 值是一个假象。

（6）在有糖类物质干扰条件下（如深度衰老时），吸光度的增大，不再是由于脂质过氧化产物 MDA 含量的升高，而是水溶性碳水化合物的增加，由此改变了提取液成分，不能再用 532nm、600nm 两处 $A$ 值计算 MDA 含量。可测定 450nm、532nm、600nm 处的 $A$ 值，通过统计换算来确定丙二醛与 TBA 反应液的吸光值。

## 十、学习思考题

### （一）客观题

一般层次

较高层次

### （二）主观题

一般层次

较高层次

## 十一、参考文献

脂质过氧化产物——丙二醛的简便测定

植物组织中丙二醛测定方法的改进

植物丙二醛含量测定试验设计方案

5 种沙生植物丙二醛、脯氨酸和 2 种氧化物酶比较

可见分光光度法测定盐胁迫下玉米幼苗抗氧化酶活性及丙二醛含量

珍稀濒危植物珙桐过氧化物酶活性和丙二醛含量

植物体内丙二醛（MDA）含量对干旱的响应

紫叶水稻叶内丙二醛测定中花青素干扰的排除

# 实验 25　植物可溶性糖、可溶性蛋白、脯氨酸测定

## 一、实验说明

本实验属于综合探究性实验，通过老师讲解了解、熟悉植物组织中可溶性糖、可溶性蛋白、脯氨酸等渗透调节物质的概念和作用，通过实践掌握植物组织可溶性糖、可溶性蛋白、脯氨酸三类（种）渗透调节物质含量的测定方法。为了保证实验的顺利进行，要求学生按照所列的实验方法和实验步骤认真操作。建议：可以预先学习本实验的教学 PPT，了解这些渗透调节物质的特点及含量测定的基本流程，开展小组预实验，仔细观察、记录预实验过程中出现的一些新问题，并进行小组讨论、综合分析，形成较全面的解决方案。

## 二、建议学时：6 学时

## 三、实验目的

熟悉植物组织中渗透调节物质的特性，学习可溶性糖测定的蒽酮法、可溶性蛋白测定的考马斯亮蓝 G250 法、脯氨酸测定的磺基水杨酸法。学会溶液配置和相关仪器的规范操作。

本实验完成需要同学利用所学知识,通过综合实践,掌握三类(种)可溶性物质测定的操作流程和技术要领,同时能培养学生严谨的逻辑思维能力和综合协调能力。

## 四、实验原理

### (一)蒽酮法测定可溶性糖原理

植物体内的可溶性糖主要是指能溶于水及乙醇的单糖和寡聚糖。糖在浓硫酸作用下,可经脱水反应生成糠醛或羟甲基糠醛,生成的糠醛或羟甲基糠醛可与蒽酮反应生成蓝绿色糠醛衍生物,在一定范围内(10 ~ 100μg),颜色的深浅与糖的含量成正比,故可用于糖的定量。糖类与蒽酮反应生成的有色物质在可见光区吸收峰为 630nm,故在此波长下进行比色。这方法灵敏度高,糖含量 30μg 就能进行测定,可以作为微量测糖之用。样品少的时候,此法比较合适。

### (二)考马斯亮蓝 G250 法测定可溶性蛋白质原理

考马斯亮蓝 G250 测定可溶性蛋白质含量属于染料结合法的一种。该染料(考马斯亮蓝)在游离状态下呈红色,在稀酸溶液中当它与蛋白质的疏水区结合后变为青色,前者最大光吸收在 465nm,后者在 595nm。在一定蛋白质浓度范围内(1 ~ 1000μg),蛋白质与色素结合物在 595nm 波长下的吸光度与蛋白质含量成正比,故可用于蛋白质的定量测定。

### (三)磺基水杨酸法(水浴浸提法)测定脯氨酸原理

用磺基水杨酸提取植物样品时,脯氨酸便游离于磺基水杨酸的溶液中,然后用酸性茚三酮加热处理后,溶液即呈红色,再用甲苯处理,则色素全部转移至甲苯中,色素的深浅即表示脯氨酸含量的高低,脯氨酸浓度的高低在一定范围内与其光密度成正比。最后,在 520nm 波长下比色,从标准曲线上查出(或用回归方程计算)脯氨酸的含量。

## 五、实验内容

(1)植物组织可溶性糖的测定:蒽酮法。

(2)植物组织可溶性蛋白的测定:考马斯亮蓝 G250 法。

(3)植物组织脯氨酸的测定:磺基水杨酸法。

## 六、实验材料

### (一)植物材料

植物鲜样。

### (二)实验试剂

1. 蒽酮法测定可溶性糖含量

(1)95% 乙醇。

(2)98% 浓硫酸。

(3)葡萄糖标准溶液(100μg/mL):准确称取100mg分析纯无水葡萄糖,溶于蒸馏水并定容至100mL,使用时再稀释10倍(100μg/mL)。

(4)蒽酮试剂:称取1.0g蒽酮,溶于80% 浓硫酸(将98% 浓硫酸稀释,把浓硫酸缓缓加入蒸馏水中)1000mL中,冷却至室温,贮于具塞棕色瓶内,冰箱保存,可使用2~3周。

2. 考马斯亮蓝G250法测定可溶性蛋白质含量

(1)95% 乙醇。

(2)85% 磷酸。

(3)标准蛋白质溶液,$100\mu g \cdot mL^{-1}$牛血清白蛋白:称取牛血清白蛋白25mg,加水溶解并定容至100mL,吸取上述溶液40mL,用蒸馏水稀释至100mL。

(4)考马斯亮蓝G250溶液:称取100mg考马斯亮蓝G250,溶于50mL 90% 乙醇中,加入100mL 85%(W/V)的磷酸,再用蒸馏水定容到1L,贮于棕色瓶中,常温下可保存一个月。

3. 磺基水杨酸法

(1)6mol/L磷酸溶液:85% 磷酸为14.66mol/L浓度,取204.5mL磷酸加入295.5mL蒸馏水即为500mL 6mol/L磷酸溶液;

(2)2.5% 酸性茚三酮溶液:取2.5g茚三酮溶于60mL冰醋酸和40mL 6mol/L的磷酸中,70℃下加热搅拌溶解后置棕色瓶中在冰箱中贮存,4℃下可保存2天。

(3)3% 磺基水杨酸:取3g磺基水杨酸,用蒸馏水溶解后倒入100mL容量瓶中定容至刻度。

(4)冰醋酸。

(5)甲苯。

(6)脯氨酸。

## 七、实验用具

分光光度计、分析天平、离心机、恒温水浴锅、试管、三角瓶、容量瓶、移液管、比色皿、剪刀、玻棒、电炉、漏斗、研钵、滤纸、擦镜纸等。

## 八、实验方法和步骤

### (一)植物组织可溶性糖的测定:蒽酮法

1. 样品中可溶性糖的提取

称取植物新鲜样品0.5~1.0g剪碎混匀或研磨成匀浆,放入大试管中,加入15mL蒸馏水,用塑料膜封口,在沸水浴中煮沸20min,取出冷却,提取液过滤入100mL容量瓶中,再加蒸馏水煮沸、冷却、提取,过滤并入容量瓶,用水反复冲洗残渣、试管数次,定容至刻度。

2. 标准曲线的制作

取6支大试管,从0,1,…,5分别编号,按表24.1加入各试剂。

表 24.1 可溶性糖含量测定操作实验过程表

| 试 剂 | 0 | 1 | 2 | 3 | 4 | 5 |
|---|---|---|---|---|---|---|
| 100μg/mL 葡萄糖溶液/mL | 0 | 0.2 | 0.4 | 0.6 | 0.8 | 1.0 |
| 蒸馏水/mL | 1.0 | 0.8 | 0.6 | 0.4 | 0.2 | 0 |
| 蒽酮试剂/mL | 5.0 | 5.0 | 5.0 | 5.0 | 5.0 | 5.0 |
| 相对应的葡萄糖量/μg | 0 | 20 | 40 | 60 | 80 | 100 |

将各管快速摇动混匀后，在沸水浴中煮 10min，取出冷却，在 620nm 波长下，用空白调零测定光密度，以光密度为纵坐标、含葡萄糖量(μg)为横坐标绘制标准曲线。

3. 样品测定

取待测样品提取液 1mL，加蒽酮试剂 5mL，同以上操作步骤显色测定光密度。重复 3 次。

4. 计算

$$\text{可溶性糖含量}(\%) = \frac{C \times V_T \times D}{V_1 \times W \times 10^6}$$

式中：$C$ 为从标准曲线查得葡萄糖量，μg；$V_T$ 为样品提取液总体积，mL；$V_1$ 为显色时取样品液量，mL；$W$ 为样品重，g；$D$ 为稀释倍数；$10^6$ 为样品重量单位由 g 换算成 μg 的倍数。

### (二)植物组织可溶性蛋白的测定：考马斯亮蓝 G250 法

1. 标准曲线的绘制

取 6 支具塞试管，按表 24.2 加入试剂。混合均匀后，向各管中加入 5mL 考马斯亮蓝 G250 溶液，摇匀，并放置 5min 左右，在 595nm 下比色测定吸光度，如表 24.2 所示。以蛋白质浓度为横坐标、吸光度为纵坐标绘制标准曲线。

表 24.2 可溶性蛋白含量标准曲线制作

| 管号 | 1 | 2 | 3 | 4 | 5 | 6 |
|---|---|---|---|---|---|---|
| 标准蛋白质/mL | 0 | 0.2 | 0.4 | 0.6 | 0.8 | 1.0 |
| 蒸馏水量/mL | 1.0 | 0.8 | 0.6 | 0.4 | 0.2 | 0 |
| 相对应的蛋白质含量/μg | 0 | 20 | 40 | 60 | 80 | 100 |

2. 样品提取

取鲜样 0.5g，加入 2mL 蒸馏水研磨，磨成匀浆后用 6mL 蒸馏水冲洗研钵，洗涤液收集在同一离心管中，在 4000r/min 下离心 10min，弃去沉淀，上清液转入容量瓶，以蒸馏水定容至 10mL，摇匀后待测。

3. 样品测定

吸取样品提取液 1.0mL,放入具塞试管中(每个样品重复 2 次),加入 5mL 考马斯亮蓝 G250 溶液,充分混合,放置 2min 后在 595nm 下比色,测定吸光度,并通过标准曲线查得蛋白质含量。

4. 结果计算

$$蛋白质含量(mg/g)=\frac{C\times V_T}{1000\times V_S\times W}$$

式中:$C$ 为查的标准曲线值,μg;$V_T$ 为提取液总体积,mL;$W$ 为样品鲜重,g;$V_S$ 为测定时加样量,mL。

### (三)植物组织脯氨酸的测定:磺基水杨酸法

1. 标准曲线的制作

(1)称取 25mg 脯氨酸,倒入小烧杯内,用少量蒸馏水溶解,然后倒入 250mL 容量瓶中,加蒸馏水定容至刻度,此标准液中每毫升含脯氨酸 100μg。

(2)系列脯氨酸浓度的配制:取脯氨酸原液 0.5mL、1.0mL、1.5mL、2.0mL、2.5mL 及 3.0mL,分别置于 6 个 50mL 容量瓶中,用蒸馏水定容至刻度,各瓶的脯氨酸浓度分别为 1μg/mL、2μg/mL、3μg/mL、4μg/mL、5μg/mL 及 6μg/mL(见表 24.3)。

(3)取 7 支具塞试管,分别加入各浓度的标准脯氨酸系列溶液 2mL,冰醋酸 2mL,茚三酮溶液 2mL,混均匀后于沸水浴中加热 20min。

(4)冷却后在各试管中加入 4mL 甲苯,涡旋振荡 30s,静置片刻,使色素全部转移至甲苯溶液。

(5)用移液器轻轻吸取各管上层脯氨酸甲苯溶液至比色杯中,以甲苯溶液为空白对照,于 520nm 波长处进行比色。

(6)标准曲线的绘制:先求出吸光度值($y$),计算依脯氨酸浓度($x$)而变化的回归方程式,再按回归方程式绘制标准曲线。

表 24.3 脯氨酸含量标准曲线制作

| 管号 | 标准脯氨酸 | | 冰醋酸/mL | 茚三酮溶液/mL | $OD_{520}$ nm |
|---|---|---|---|---|---|
| | 浓度/(μg/mL) | 体积/mL | | | |
| 1 | 0 | 2 | 2 | 2 | |
| 2 | 1 | 2 | 2 | 2 | |
| 3 | 2 | 2 | 2 | 2 | |
| 4 | 3 | 2 | 2 | 2 | |
| 5 | 4 | 2 | 2 | 2 | |
| 6 | 5 | 2 | 2 | 2 | |
| 7 | 6 | 2 | 2 | 2 | |

2. 脯氨酸的提取

称取不同处理的待测叶片各 0.5g，剪碎后分别置入大试管中，而后向各管分别加入 5mL 3% 磺基水杨酸溶液，在沸水浴中提取 10min（同时摇动），冷却后过滤于干净的大试管中，滤液即为脯氨酸的提取液。

3. 样品测定

（1）吸取 2mL 提取液于另一干净的试管中，加入 2mL 冰醋酸及 2mL 酸性茚三酮试剂，在沸水浴中加热 30min，溶液即呈红色。

（2）冷却后加入 4mL 甲苯，振荡 30s，静置片刻，取上层液至于 10mL 离心管中，在 3000r/min 下离心 5min。

（3）用吸管轻轻吸取上层脯氨酸红色甲苯溶液于比色杯中，以甲苯为空白对照，在分光光度计上 520nm 波长处比色，求得吸光度值。

4. 计算结果

根据回归方程或从标准曲线上查出 2mL 测定液中脯氨酸的浓度 $x$（μg/mL），然后计算样品中脯氨酸含量的百分数：

$$脯氨酸含量(\%) = \frac{X \times V_T}{W \times V_S \times 10^6}$$

式中：$x$ 为由标准曲线上查得的脯氨酸浓度，μg/mL，即 $C$ 值；$V_T$ 为提取液总体积，mL；$W$ 为样品质量，g；$V_S$ 为测定取用样品体积，mL。

## 九、实验注意事项

（1）实验过程中溶液浓度的配制过程一定要精确无误才能尽量减少实验的误差，使标准曲线较为准确。

（2）沸水浴加热时注意反应时间要充分。

（3）溶液最好现用现配，避免挥发后导致结果出现偏差。

（4）器材使用前都须洗净擦干，减少误差。

（5）腐蚀性药剂使用时要注意安全。

（6）可溶性糖测定应注意：

①蒽酮试剂含有浓硫酸，使用时应小心。

②提取液离心时要平衡。

③样品提取液中糖浓度较高时，应进行稀释，使稀释液中的糖浓度降到 10～50μg/mL 为宜。一般在蒽酮反应前稀释样品 10～20 倍。

④测定液必须清澈透明，加热后不应有蛋白质沉淀。样品颜色较深时，可用活性炭脱色后再进行测定。

⑤正式比色测定前，可在波长 620nm 和 630nm 等处分别测定。应选择光吸收值较大的波长进行测定。

⑥此方法测定结果会受硫酸浓度和加热时间影响，故操作时应准确认真。

⑦加浓 $H_2SO_4$ 时应缓慢加入，以免产生大量热量而爆沸，灼伤皮肤。如出现上述情况，应迅速用自来水冲洗。

⑧水浴加热时应打开试管塞。

(7)可溶性蛋白测应定注意:

①按 1:5 用蒸馏水稀释浓染料结合溶液,如出现沉淀,过滤除去。

②每个样本加 5mL 稀释的染料结合溶液,作用 5 ~ 30min。染液与蛋白质结合后,将由红色变为蓝色,在 595nm 波长下测定其吸光度。注意,显色反应不得超过 30min。

(8)脯氨酸测定注意:茚三酮用量与样品脯氨酸含量相关,一般当脯氨酸含量在 10μg/mL 以下时,显色液中茚三酮的浓度要达到 10mg/mL,才能保证脯氨酸充分显色。

## 十、学习思考题

### (一)客观题

一般层次

较高层次

### (二)主观题

一般层次

较高层次

## 十一、参考文献

蒽酮比色法测定可溶性糖含量的试验方法改进

蒽酮比色法快速测定大麦叶片中可溶性糖含量的优化

硫酸蒽酮法测定柑橘属植物多糖的研究

考马斯亮蓝 G-250 染色法测定苜蓿中可溶性蛋白含量

考马斯亮蓝法测定苦荞麦中可溶性蛋白的含量

考马斯亮蓝法测定苹果组织微量可溶性蛋白含量的条件优化

低温胁迫对螺旋藻细胞内游离脯氨酸含量的影响

用甲苯萃取与未经萃取测定脯氨酸含量的比较——磺基水杨酸法

关于茚三酮法测定脯氨酸含量中脯氨酸与茚三酮反应之探讨

# 第六章

# “植物生理学”开放开发性实验

## 实验26　光合作用的希尔反应

### 一、实验说明

本实验属于开放开发性实验，只设定实验目的和实验要求，实验的材料、方法和步骤等细化方案以及实验条件都由同学自行设计完成。

建议学生听取老师讲解，观看相关资料，熟悉希尔反应的原理、意义和影响因素，也可以预先了解希尔反应实验的一般操作步骤、规范要求和基本方法，在此基础上进行技术创新，自主设计实验。

为了确保实验设计的针对性、实验方案的合理性、实验实施的有效性，小组方案要经过所有成员积极研讨并不断完善，学生自行设计的最终方案应在实验前充分论证，获得通过后才能实施。

### 二、建议学时：6 学时

### 三、实验目的

(1)通过对希尔反应的观察，了解叶绿体在光合放氧中的作用。

(2)了解希尔反应的影响因素。

(3)本研究用到了在众多定量测定分析技术中应用最为普遍的分光光度法，可对抽象的光合作用相关概念加以“量”化，能加强分析并处理数据能力的培养。将光合作用这一内在的、复杂的机理进行可视化，可促进概念的理解。且在自主构建知识框架的过程中，能够凸显科学思维和科学探究等核心素养的培养。

## 四、实验原理

R. Hill(1937)发现,离体叶绿体在提供特定氢受体(氧化剂)条件下照光,使水分解放氧的现象,称为希尔反应,其氧化剂(如铁氰化钾或2,6-二氯酚靛酚等)被称为希尔氧化剂。

$$2H_2O + 2A \xrightarrow[\text{叶绿体}]{\text{光}} 2AH_2 + O_2$$

实验中使用的氧化剂A是2,6-二氯酚靛酚(2,6-D),它是一种蓝色染料,接受电子和$H^+$后被还原成无色。在光照下,叶绿体将2,6-D还原,从蓝色变到无色。通过测定其在600nm OD值的变化,可以表示叶绿体的还原能力。

二氯苯基二甲基脲(敌草隆,DCMU):一种除草剂,作用于光合作用光系统Ⅱ中质体醌QB结合部位(即DI蛋白),竞争性地替换与DI蛋白结合着的质体醌QB,导致电子传递受阻,能抑制希尔反应的发生。

## 五、实验内容

(1)叶绿体的分离、测定。

(2)离体叶绿体对希尔氧化剂2,6-二氯酚靛酚的还原作用及影响因素。

(3)希尔反应速率分析。

## 六、推荐材料与用具

### (一)植物材料

新鲜的菠菜叶子。

### (二)实验试剂

(1)1/15mol/L磷酸二氢钾溶液的配制:称取磷酸二氢钾($KH_2PO_4$)9.08g,用蒸馏水溶解后,倾入1000mL容量瓶内,再稀释至刻度(1000mL)。

(2)1/15mol/L磷酸氢二钠溶液的配制:称取无水磷酸氢二钠($Na_2HPO_4$)9.47g(或者$Na_2HPO_4 \cdot 2H_2O$ 11.87g),用蒸馏水溶解后,放入1000mL容量瓶内,再加蒸馏水稀释至刻度(1000mL)。

(3)0.067mol/L磷酸缓冲液(pH 6.5):1/15mol/L磷酸氢二钠31.8mL和1/15mol/L磷酸二氢钾68.2mL混合。

(4)提取液:0.067mol/L磷酸缓冲液(pH 6.5)+0.3mol/L蔗糖+0.01mol/L KCl。

(5)0.1mol/L磷酸二氢钠溶液的配制:称取磷酸二氢钠$NaH_2PO_4 \cdot 2H_2O$ 15.61g,用蒸馏水溶解后,倾入1000mL容量瓶内,再稀释至刻度(1000mL)。0.1mol/L的需稀释一倍。

(6)0.1mol/L磷酸氢二钠溶液的配制:称取$Na_2HPO_4 \cdot 2H_2O$ 17.81g,用蒸馏水溶解后,倾入1000mL容量瓶内,再加蒸馏水稀释至刻度(1000mL)。

(7)0.1mol/L磷酸缓冲液(pH 6.5):0.1mol/L磷酸氢二钠31.5mL和0.1mol/L磷酸二氢钾68.5mL混合。

(8)0.1% 2,6-二氯酚靛酚(溶于 0.067mol/L 磷酸缓冲液 +0.01% KCl)。
(9)5μmol/L DCMU 溶液:用 0.067mol/L 磷酸缓冲液(pH6.5)配制。
(10)80% 丙酮溶液。
(11)0.3mol/L 蔗糖。
(12)0.01mol/L KCl。

### (三)实验用具

高速冷冻离心机、分光光度计、天平、剪刀、研体、漏斗、容量瓶、量筒、烧杯、纱布、移液枪、500W LED 灯、黑纸(黑布)。

## 七、实验设计要求

(1)查找相关文献和资料,了解目前有关希尔反应应用的研究方向、技术方法,确定实验内容和目标。

(2)选择研究对象,查找相关资料与文献,了解此植物光合作用的情况,学习借鉴前人对于同类型植物的做法和经验,做好前期实验准备。

(3)确定完成此实验所需要的药剂和实验条件,评估现有实验设备和条件的成熟情况,完成并细化实验设计,完成实验技术路线图。

(4)细化希尔反应影响因素实验设计,根据设计方案,确定实验步骤,根据专业所学内容,选择合适的测定方法。

(5)小组讨论、分析实验方案,对于实验可能出现的问题进行预估并提出解决方案。

(6)实验设计应该借鉴相关文献和网络学习资料介绍的先进的技术手段和科学思想,在此基础上大胆设计,结合生产实践,突出实验的创新性、科学性和实用性。

## 八、实验参考方法和步骤

以下是实验的基本方法,请在此基础上拓展、深化实验方案。

### (一)离体叶绿体悬浮液的制备

(1)研磨:选用新鲜菠菜,洗净擦干,称取 8g 叶片,加 10mL 预冷提取液研磨,在研钵中捣碎 30min 后,继续加入 15mL 冷提取液。

(2)过滤:两层纱布过滤,滤液置于离心管。

(3)离心:以 4℃ 1000 r/min 离心 3min,弃去沉淀;以 4℃ 3000 r/min 离心上层液 8min,弃去上清液,沉淀为离体叶绿体;用 20mL 提取液悬浮沉淀(用移液器吹悬浮使得悬浮均匀),置于冰浴备用,直至实验结束后方能弃掉。

### (二)计算叶绿素的含量

取 0.1mL 叶绿体悬浮液于离心管,用 4.9mL 80% 丙酮稀释到 5mL,混匀后取 3mL,在 652nm 下测定吸光度,计算叶绿素浓度:

$$C(\text{mg/mL}) = \frac{OD_{652} \times 1 \times \text{稀释倍数}}{34.5}$$

### (三)离体叶绿体对2,6-二氯酚靛酚的还原作用

稀释叶绿体悬浮液,总体积8mL,使叶绿体悬浮液浓度相当于叶绿素浓度的0.04mg/mL。

(1)加样:取9支试管,标号1—9,把4-9试管用黑纸包好,按表26.1加样。

表26.1 加样

| 试管编号 | 提取液/mL | 叶绿体/mL | DCMU/mL | 2,6D/mL |
|---|---|---|---|---|
| 1 | 4.0 | — | — | 1.0 |
| 2 | 4.5 | 0.5 | — | — |
| 3 | 4.0 | 1.0 | — | — |
| 4、5 | 3.5 | 0.5 | — | 1.0 |
| 6、7 | 3.0 | 1.0 | — | 1.0 |
| 8、9 | — | 1.0 | 3.0 | 1.0 |

注意:叶绿体加样,不是丙酮稀释液,而是用提取液稀释的叶绿体悬浮液。

(2)照光测定:

①以提取缓冲液做参比,600nm读取1、2、3号管光密度。

②在距离光源(500W)20cm和60cm处各放置一个盛水的烧杯,将4-9试管(4、6、8管在20cm处,5、7、9管在60cm处)同时去掉黑纸,置于烧杯中照光2min(变化不明显可以延长时间)。照光结束后立即用黑纸包好放冰浴中,待测定$OD_{600}$值时去掉黑纸。

### (四)希尔反应速率的测定

(1)按表26.2加样。

| 试管编号 | 0.1mol/L磷酸缓冲液pH6.5/mL | 叶绿体悬浮液/mL | 0.1mol/L2,6-二氯酚靛酚/mL |
|---|---|---|---|
| 1(包黑纸) | 9.0 | 0.1 | 1.5 |
| 2 | 9.0 | 0.1 | — |
| 3 | 9.0 | 0.1 | 1.5 |

(2)操作步骤:600nm波长下,测定3个处理的光密度;放回水浴中照光3min;搅匀叶绿体悬浮液进行比色;如此重复5~6次;将实验结果绘制成曲线,进行分析。

## 九、实验注意事项

### (一)叶绿体提取时注意

(1)在冰浴低温条件下操作。

(2)上清液和沉淀谁保留谁去掉不能搞错。

### (二)希尔反应时注意

(1)每管反应的总体积相同,且要做好标记。

(2)在反应时,所加溶液为提取液稀释的叶绿体悬浮液,与测定叶绿体含量时用丙酮稀释不同。

(3)照光前同时去掉黑纸,照光结束后先用黑纸包好,待测定 OD 值时去掉。

(4)光照条件下取放试管时,千万注意不能将水溅到灯泡上(冷水溅到热的灯泡上会引起灯泡爆炸)。

(5)注意两次比色时的波长不同(652nm,600nm)。

## 十、学习思考题

**(一)客观题**

一般层次

较高层次

**(二)主观题**

一般层次

较高层次

## 十一、参考文献

希尔反应及其意义

利用希尔反应探究环境因素对光合作用的影响

草茎点霉毒素Ⅲ对鸭跖草叶片希尔反应活力的影响

$CO_2$ 和 $O_3$ 体积分数升高对银杏希尔反应活力和叶绿体 ATP 酶活性的影响

连续两个生长季大气 $CO_2$ 浓度升高对银杏希尔反应活力和叶绿体 ATP 酶活性的影响

# 实验 27 植物的溶液培养及其缺素症状观察

## 一、实验说明

本实验属于开放开发性实验,只设定实验目的和实验要求,实验的材料、方法和步骤等细化方案以及实验条件都由同学自行设计完成。

建议学生听取老师讲解，观看相关资料，熟悉实验材料的习性，了解植物溶液培养的基本原理及其缺素培养相关症状，也可以预先实验掌握植物缺素培养的基本方法，在此基础上进行技术创新，自主设计实验。

为了确保实验设计的针对性、实验方案的合理性、实验实施的有效性，小组方案要经过所有成员积极研讨并不断完善，学生自行设计的最终方案应在实验前充分论证，获得通过后才能实施。

## 二、建议学时：6 学时

## 三、实验目的

（1）掌握植物溶液培养的技术流程、要点以及贮备液配制的方法。

（2）加深氮、磷、钾等营养元素对植物生长发育的重要性认识，培养植物缺素症的分析能力、判断能力和问题解决能力。

（3）通过溶液培养实验设计，培养学生求真务实的工作作风、科学严谨的逻辑思维和紧密合作的团队精神。

## 四、实验原理

当有某些矿物质元素适量供应时，植物能正常生长发育，当缺少某一元素时，便不能正常生长发育，将所缺元素加入，缺素症状消失，这一元素即为该植物的必需元素。大多数植物除了在土壤上生长，还可以在其他基质中生长。如在含有植物必需营养元素的溶液中，植物同样可以正常生长发育，这种培养方法称为溶液培养（又称水培）。

溶液培养由于其营养元素的种类和数量可以控制，因此在了解某种元素是否为植物必需时，可有意识地配制缺乏某种元素的培养液，根据植物在该培养液中表现出来的各种症状，从而进一步了解矿质元素的作用、特点以及对植物生长发育的重要性，这称为缺素培养。通过缺素培养实验，可以知晓某种植物生长发育的必需元素种类和缺素表现。

## 五、实验内容

（1）植物储备液配制及溶液培养。

（2）植物缺素培养。

（3）植物缺素症状观察，典型缺素症状分析与判断。

## 六、推荐实验材料与用具

### （一）植物材料

玉米或番茄等植物种子（幼苗）。

### （二）实验试剂

12 种溶液：以 A、B、C、D、E、F、G、H、I、J、K、L 分别代表用蒸馏水配制的植物培养液母液（A：$KNO_3$；B：$KH_2PO_4$；C：微量元素；D：$NaNO_3$；E：$MgCl_2$；F：$Na_2SO_4$；G：$CaCl_2$；H：KCl；I：$NaH_2PO_4$；J：$Ca(NO_3)_2$；K：$MgSO_4$；L：EDTA－Fe），所有药品采用分析纯（AR）级试剂。

3. 实验用具

光照培养箱、电子天平、试剂瓶、容量瓶、水桶（带盖）、充气装置、量筒、烧杯、移液管、pH 计、脱脂棉花、蛭石等。

## 七、实验设计要求

（1）查找相关文献和资料，了解目前植物溶液培养的研究方向、技术方法、发展趋势，确定实验内容和目标。

（2）选择研究对象，查找相关资料与文献，了解此植物的缺素症状，学习借鉴前人对于同类型植物的做法和经验，做好前期实验准备。

（3）确定完成此实验所需要的药剂和实验条件，评估现有实验设备和条件的成熟情况，完成并细化实验设计，完成实验技术路线图。

（4）细化溶液培养浓度梯度。根据实验要求，确定测定指标，根据专业所学内容，选择合适的测定方法。

（5）小组讨论、分析实验方案，对于实验可能出现的问题进行预估并提出解决方案。

（6）实验设计应该借鉴相关文献和网络学习资料介绍的先进的技术手段和科学思想，在此基础上大胆设计，结合生产实践，突出实验的创新性、科学性和实用性。

## 八、实验参考方法和步骤

以番茄幼苗为例，说明溶液培养的基本步骤。

### （一）培苗

番茄种子吸胀后在28℃培养箱中萌发，露白后播于新蛭石中，当苗长出第一片真叶时，选择生长势相同的植株待用。

### （二）配制储备液和培养液

（1）配制大量元素储备液（见表27.1）

**表27.1 大量元素及铁储备液配置表**

| 营养盐 | 浓度/(g/L) | 营养盐 | 浓度/(g/L) |
| --- | --- | --- | --- |
| $Ca(NO_3)_2 \cdot 4H_2O$ | 236 | $CaCl_2$ | 111 |
| $KNO_3$ | 102 | $NaH_2PO_4$ | 24 |
| $MgSO_4 \cdot 7H_2O$ | 98 | $NaNO_3$ | 170 |
| $KH_2PO_4$ | 27 | $Na_2SO_4$ | 21 |
| $K_2SO_4$ | 88 | EDTA－Fe（EDTA－2Na＋$FeSO_4 \cdot 7H_2O$） | (7.45＋5.57) |

（2）配制微量元素储备液。按表27.2称取以下克数试剂，蒸馏水溶解后定容到1L容量瓶中。

表 27.2　微量元素储备液配置表

| 营养盐 | 数量/g | 营养盐 | 数量/g |
|---|---|---|---|
| $H_3BO_4$ | 2.86 | $ZnSO_4 \cdot 7H_2O$ | 0.22 |
| $MnCl_2 \cdot 4H_2O$ | 1.81 | $H_2MoO_4 \cdot H_2O$ | 0.09 |
| $CuSO_4 \cdot 5H_2O$ | 0.08 | | |

(3)配置完全培养液和缺素培养液(见表 27.3)。

表 27.3　完全营养液和缺素培养液配置表

| 贮备液 | 每 100mL 培养液中各种贮备液的用量(mL),用去离子水配制 | | | | | | |
|---|---|---|---|---|---|---|---|
| | 完全 | 缺氮 | 缺磷 | 缺钾 | 缺钙 | 缺镁 | 缺铁 |
| $Ca(NO)_3$ | 0.5 | — | 0.5 | 0.5 | — | 0.5 | 0.5 |
| $KNO_3$ | 0.5 | — | 0.5 | — | 0.5 | 0.5 | 0.5 |
| $MgSO_4$ | 0.5 | 0.5 | 0.5 | 0.5 | 0.5 | — | 0.5 |
| $KH_2PO_4$ | 0.5 | 0.5 | — | — | 0.5 | 0.5 | 0.5 |
| $K_2SO_4$ | — | 0.5 | 0.1 | — | — | — | — |
| $CaCl_2$ | — | 0.5 | — | — | — | — | — |
| $NaH_2PO_4$ | — | — | — | 0.5 | — | — | — |
| $NaNO_3$ | — | — | — | 0.5 | 0.5 | — | — |
| $Na_2SO_4$ | — | — | — | — | — | 0.5 | — |
| EDTA - Fe | 0.5 | 0.5 | 0.5 | 0.5 | 0.5 | 0.5 | — |
| 微量元素 | 0.1 | 0.1 | 0.1 | 0.1 | 0.1 | 0.1 | 0.1 |

## (三)进行溶液培养

(1)选择好溶液培养容器,配置好固定幼苗的盖板,给盖板打孔(孔大小和幼苗大小合适),并准备好固定幼苗的海绵等材料。

(2)去掉幼苗胚乳,每一个溶液培养器中选择大小、长势均匀一致的幼苗 3 ~ 5 株进行完全培养液培养和缺素培养。

## (四)培养周期

把幼苗放在阳光充足、温度适宜(20 ~ 25℃)的地方培养 3 ~ 4 周,每周更换一次培养液(包括完全营养液和缺素营养液)。

## (五)培养要求

实验开始以后每两天观察一次,并用 pH 计测定溶液酸碱度,如果高于 6.0,应用稀盐酸调整到 5 ~ 6。为了保证植物对氧气的需求,每天定时给溶液充气增氧(盖与溶液之间保留一定空隙,以利通气),同时注意观察溶液量,缺少时及时补充。

## (六)实验记录

记录整个实验过程植物缺乏必需元素时所表现的症状及最先出现症状的部位(见表 27.4)。

表 27.4 实验观察记录表

| 处理 | | 完全 | 缺氮 | 缺磷 | 缺钾 | 缺钙 | 缺镁 | 缺铁 |
|---|---|---|---|---|---|---|---|---|
| 编号 | | 1.2.3 | 1.2.3 | 1.2.3 | 1.2.3 | 1.2.3 | 1.2.3 | 1.2.3 |
| 地上部分 | 株高 | | | | | | | |
| | 叶树 | | | | | | | |
| | 叶色 | | | | | | | |
| | 茎色 | | | | | | | |
| 地下部分 | 根数 | | | | | | | |
| | 根长 | | | | | | | |
| | 根色 | | | | | | | |
| | 受害情况 | | | | | | | |

**(七)更换培养液**

待各缺素培养中的幼苗表现出明显的缺素症状后,更换成完全营养培养液继续培养,观察缺素症状消失的情况,并做好记录。

## 九、实验注意事项

(1)设计方案之前,必须对现有实验条件有充分的了解。
(2)严防培养液相互交叉、混用。
(3)培养前根系一定要洗干净,并去掉植株胚乳。
(4)刚移栽时,幼苗不要直晒太阳,要有一个适应过程。
(5)溶液培养时不要用透明材质的容器。
(6)尽量避免其他影响对植物生长发育的因素。

## 十、学习思考题

**(一)客观题**

一般层次

较高层次

**(二)主观题**

一般层次

较高层次

## 十一、参考文献

植物的溶液培养

溶液培养及缺素培养的实验改进

植物溶液培养及其在药用植物研究中的应用展望

缺素对3种豆类植物幼苗生长发育的影响

溶液培养及缺素培养实验中番茄幼苗的培养

N、P、K、Ca缺素培养对辣木幼苗生长的影响


# 实验28　植物耐盐碱实验

## 一、实验说明

本实验属于开放开发性实验,只设定实验目的和实验要求,实验的材料、方法和步骤等细化方案以及实验条件都由同学自行设计完成。

建议学生听取老师讲解,观看相关资料,熟悉盐碱胁迫对植物生长发育的影响规律、植物抗盐碱的机理、耐盐碱植物的特点等知识,也可以预先实验掌握植物耐盐碱实验的基本方法,在此基础上进行技术创新,自主设计实验。

为了确保实验设计的针对性、实验方案的合理性、实验实施的有效性,小组方案要经过所有成员积极研讨并不断完善,学生自行设计的最终方案应在实验前充分论证,获得通过后才能实施。

## 二、建议学时:6学时

## 三、实验目的

(1)掌握植物耐盐碱实验的方法和步骤。

(2)了解盐碱胁迫对植物生长发育的影响,以及植物胁迫生长阶段性差异。

(3)比较植物耐盐碱能力强弱,了解耐盐碱植物的特点。

(4)指导盐碱地合理运用园林植物。

(5)通过耐盐碱实验设计,培养学生求真务实的工作作风、科学严谨的逻辑思维和紧密合作的团队精神。

## 四、实验原理

土壤盐化与碱化分别以盐度、pH值升高为主要特点,并非两种相同的非生物胁迫。盐化和碱化常常同时发生,这种现象在很多地区普遍存在。盐、碱对植物的危害程度从大到小依次是盐碱胁迫、碱胁迫、盐胁迫。

在长期盐碱胁迫下，随着胁迫时间的延长，植物呈两个生长阶段，第一阶段是其对短期胁迫的响应（由水或渗透胁迫造成的），第二阶段是对长期胁迫的调整（由植物体内离子毒害作用造成的）。植物在盐碱化土壤上生存，既要通过渗透调节和离子均衡来躲避渗透胁迫和离子毒害，又要维持体内的 pH 平衡。

土壤盐碱化使土壤具有 pH 值高、有机质含量低、含盐量高等特点，使土壤理化性质受到严重的影响，保水保肥和透气透水性能力下降，导致植物幼苗的株高、根长、根表面积、根体积、生物量积累等形态指标受到影响。在高浓度盐碱胁迫下，植物的株高、茎粗和地上部生物量均随着盐碱浓度增大呈现降低趋势。

另外，盐碱胁迫会降低土壤渗透势，使离子失衡、打乱生理平衡。盐碱胁迫下植物根系周围土壤 pH 值升高，一些金属离子如 $Fe^{2+}$、$Mg^{2+}$、$Ca^{2+}$ 等沉积，伴随着无机阴离子减少，植物对矿质营养的吸收受阻，造成严重营养胁迫，进而干扰植物的各种代谢活动。

## 五、实验内容

（1）盐碱胁迫对植物生长的影响及阶段性差异。

（2）不同植物对盐碱胁迫的相应差异。

## 六、推荐材料与用具

（1）植物材料：根据实验内容自主选择。

（2）实验试剂和实验用具：根据实验设计方案需要测定的指标、方法而定，例如分光光度计、水浴锅、离心机、分析天平等。

## 七、实验设计要求

（1）查找相关文献和资料，了解目前植物耐盐碱性实验的研究方向、技术方法、发展趋势，确定实验内容和目标。

（2）选择研究对象，查找相关资料与文献，了解此植物耐盐碱情况，学习借鉴前人对于同类型植物的做法和经验，做好前期实验准备。

（3）确定完成此实验所需要的药剂和实验条件，评估现有实验设备和条件的成熟情况，完成并细化实验设计，完成实验技术路线图。

（4）细化盐碱胁迫处理浓度梯度，根据实验要求，确定测定指标，根据专业所学内容，选择合适的测定方法。

（5）小组讨论、分析实验方案，对于实验可能出现的问题进行预估并提出解决方案。

（6）实验设计应该借鉴相关文献和网络学习资料介绍的先进的技术手段和科学思想，在此基础上大胆设计，结合生产实践，突出实验的创新性、科学性和实用性。

## 八、实验参考方法和步骤

（1）植物盐碱胁迫实验设计方案，参考技术路线图（见图 28.1）。

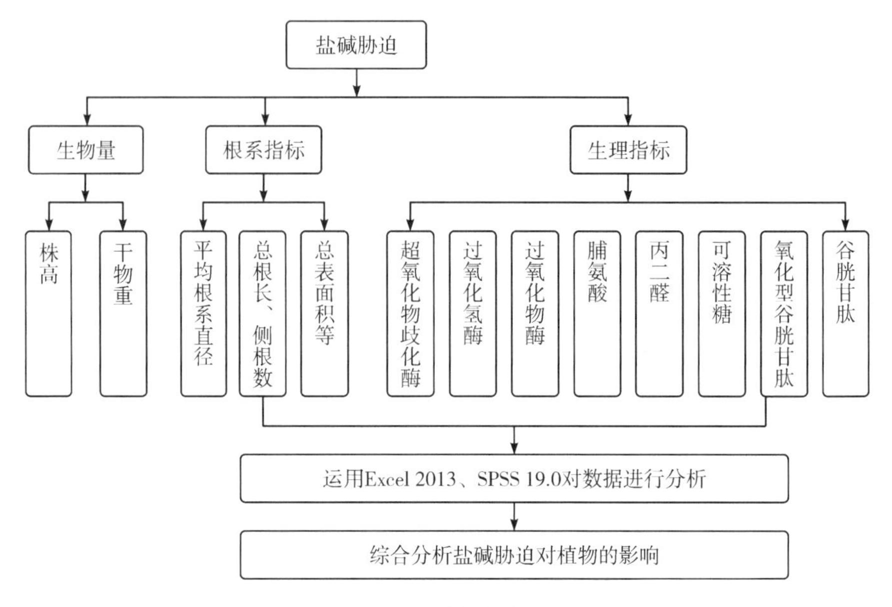


**图 28.1　技术路线**

(2)盐碱胁迫对植物的影响(参考指标):

①生物量指标:株高、茎粗、叶片数、叶面积、根尖数、根总长、根系干重等形态指标。

②植物理化指标:POD、SOD、CAT、丙二醛(MDA)、可溶性糖(SS)、可溶性蛋白(SP)、还原型谷胱甘肽(GSH)、抗坏血酸(AsA)含量。

(3)指标测定方法、结果计算。结合已学知识,并参考相关文献资料。

(4)数据分析。运用 Excel、相关统计软件对数据进行分析。

## 九、实验注意事项

(1)设计方案之前,必须对现有实验条件有充分的了解。

(2)建议以小组形式来完成,方案应经过充分讨论,有创新意识并符合生产需求。

(3)充分考虑实验对象的生长习性。在查找资料时就要注意植物间的共性与特性。

(4)根据所选植物的特性选择测定的指标。

(5)实验用到的仪器设备需要提前熟悉。

## 十、学习思考题

### (一)客观题

一般层次

较高层次

### (二)主观题

一般层次

较高层次

## 十一、参考文献

花生耐盐碱响应机制及缓解措施的研究进展

混合盐碱胁迫对矮牵牛种子萌发的影响

混合盐碱胁迫对水稻种子萌发的影响

沙枣响应盐碱胁迫机制研究进展

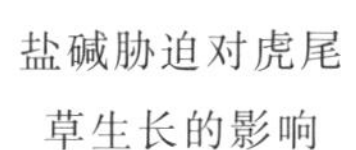

盐碱胁迫对虎尾草生长的影响

盐碱胁迫对甜菜光合物质积累及产量的影响

盐碱胁迫对芸豆幼苗生长及根际土壤化学性质的影响

紫花苜蓿(*Medicago_sativa_*L.)耐盐碱研究进展

# 实验29 植物耐低温(冷害、冻害)实验

## 一、实验说明

本实验属于开放开发性实验,只设定实验目的和实验要求,实验的材料、方法和步骤等细化方案以及实验条件都由同学自行设计完成。

建议学生听取老师讲解,观看相关资料,熟悉低温胁迫对植物生长发育的影响规律、植物耐低温的机理、耐低温植物的特点等知识,也可以预先实验掌握植物耐低温实验的基本方法,在此基础上进行技术创新,自主设计实验。

为了确保实验设计的针对性、实验方案的合理性、实验实施的有效性,小组方案要经过所有成员积极研讨并不断完善,学生自行设计的最终方案应在实验前充分论证,获得通过后才能实施。

## 二、建议学时:6 学时

## 三、实验目的

(1)掌握植物耐低温实验的方法和步骤。

(2)了解低温胁迫对植物生长发育的影响,以及植物低温胁迫生长的阶段性差异。

(3)比较植物耐低温能力强弱,了解耐低温植物的特点。

(4)为园林植物的冬春季种植养护提供指导。

(5)通过耐低温胁迫实验设计实践,培养学生求真务实的工作作风、科学严谨的逻辑思维和紧密合作的团队精神。

## 四、实验原理

植物的生长是以一系列的生理生化活动作为基础的,而这些生理生化活动受到温度的影响,如水分和矿质元素的吸收与运输、蒸腾作用、光合作用、呼吸作用、有机质的合成与运输等。因此各种植物的生长、发育都要求有一定的温度条件,植物的生长和繁殖要在一定的温度范围内进行。

低温胁迫是普遍存在的对植物造成严重伤害的自然灾害,是限制植物自然分布和栽培区带的主要因素。低温影响植物的生长和代谢,引起植物形态指标和相关生理指标变化,导致植物受到伤害、减产,严重时还会造成植物死亡。为了适应环境的变化,植物也慢慢形成了自身的防御机制,而不同物种对于低温的防御机制也各不相同。

## 五、实验内容

(1)低温胁迫对植物生长的影响及阶段性差异。

(2)不同植物对低温胁迫的差异。

## 六、推荐材料与用具

(1)植物材料:根据实验内容自主选择。

(2)实验试剂和实验用具:根据实验设计方案需要测定的指标、方法而定,例如植物低温培养箱、冷库、温湿度调控设备(温室、空调、加湿器等)、分光光度计、分析天平。

## 七、实验设计要求

(1)选择好研究对象,确认此植物能在实验所在地正常生长的最适温度,避免模拟冷害、冻害实验时,因温度、时间设置不当使得实验植物客观上无响应、无变化,导致实验没有必要性、可能性。

(2)通过查找文献和资料,了解实验植物的生物学习性、低温胁迫下植物的生理生化以及生长形态变化,明确此实验植物在模拟冷害、冻害实验时所需测定指标。

(3)细化低温胁迫处理温度梯度,梳理此实验所需测定指标的主要方法和所需实验条件,方法和条件的成熟情况,完成实验设计路线图。

(4)小组讨论、分析实验方案,对于实验可能出现的问题进行预估并提出解决方案。

(5)实验设计应该借鉴相关文献和网络学习资料介绍的先进的技术手段和科学思想,在此基础上大胆设计,要突出实验的创新性、科学性和实用性,不允许把实验设计演变成验证性实验或简单的拼装式实验。

## 八、实验参考方法和步骤

选择好研究对象,根据该植物的生物学习性,特别是生长最适温度,分析此植物能耐低温的最低限度,通过人为调控植物生长环境温度来模拟植物耐冷害、冻害实验。植物耐冷害、冻害实验由学生查阅相关文献,掌握并了解后自行设计。

实验参考方法和步骤包括:

(1)植物低温胁迫实验设计方案,参考技术路线图(见图29.1)。

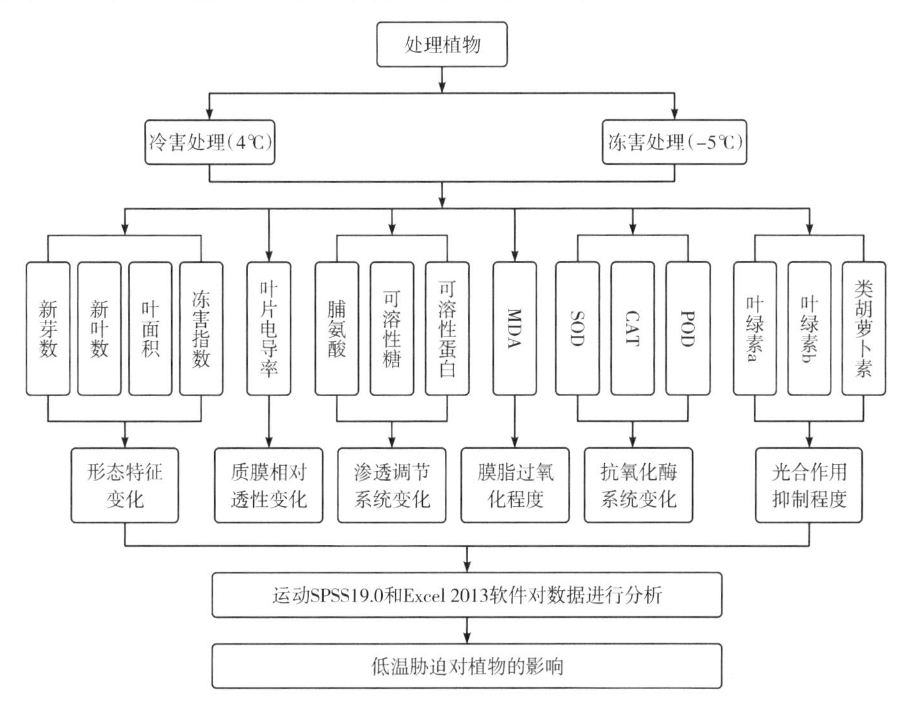


**图29.1 技术线路**

(2)植物低温处理方法(供参考)。为使学生能够直观地初步了解该实验的基本内容,下面以三角梅为例简要说明植物耐冷害、冻害预处理实验。

①实验材料预处理。将实验材料置于实验室内进行缓苗。缓苗期间,进行正常的浇水和养护。采用完全随机实验设计,选择长势相近的盆栽三角梅,用自来水和蒸馏水清洗干净,吸水纸吸干表面水分后,移入培养箱适应,环境条件:昼25℃/14h,夜15℃/10h,培养箱适应一晚后进行低温处理。以25℃恒温箱中同样处理24h的材料作为对照(CK)。

②冷害处理。昼8℃/14h,夜4℃/10h,分别在低温胁迫0h、24h、48h后采样进行相关指标测定。

③冻害处理。昼4℃/14h,夜-5℃/10h,低温处理24h后拿出解冻,分别在低温胁迫0h、12h、24h后,解冻24h后进行相关指标测定。

（3）低温胁迫对植物的影响（参考指标）：

①生物量指标：新芽数、新叶数、叶面积、冻害指数等形态指标。

②理化指标：叶绿素含量、质膜相对透性、SOD 活性、POD 活性、CAT 活性、MDA 含量、可溶性蛋白含量、可溶性糖含量、脯氨酸含量等。

（4）指标测定方法、结果计算。结合已学知识，并参考相关文献资料。

（5）数据分析。运用 Excel 、相关统计软件对数据进行分析。

## 九、实验注意事项

（1）设计方案之前，必须对现有实验条件有充分的了解。

（2）建议以小组形式来完成，方案经过充分讨论。

（3）充分考虑实验完成的周期。

（4）材料购买必须注意品牌和质量，排除非实验因素干扰。

（5）本实验用到很多设施设备，注意用电安全。

## 十、学习思考题

### （一）客观题

一般层次

较高层次

### （二）主观题

一般层次

较高层次

## 十一、参考文献

“星白”勋章菊耐寒性研究

茶树春季低温冷害和霜冻灾害的区别

低温处理对茶树叶片中 γ-氨基丁酸和其他活性成分含量的影响

论低温对树木造成的伤害

4 个三角梅品种的耐寒性评价

植物耐低温机制研究进展

低温胁迫对狗牙根激素和碳水化合物代谢的影响

低温胁迫下不同温敏性油菜保护酶活性及内源激素变化

冬季低温胁迫对油菜抗寒生理特性的影响

# 实验 30 植物对土壤重金属的富集实验

## 一、实验类别

建议:由多个学生组成小组来完成,为了确保实验设计的针对性,实验实施的有效性,小组方案要经过所有成员积极研讨,不断修订完善;学生自行设计的最终方案应在课堂上充分论证,获得通过后才能实施。

本实验属于开放开发性实验,只设定实验目的和实验要求,实验的材料、方法和步骤等细化方案以及实验条件都由同学自行设计完成。

建议学生听取老师讲解,观看相关资料,熟悉土壤重金属的理化特性、植物吸附土壤重金属的机理、耐重金属胁迫植物的特点等知识,也可以预先实验掌握植物吸附重金属实验的基本方法,在此基础上进行技术创新,自主设计实验。

为了确保实验设计的针对性、实验方案的合理性、实验实施的有效性,小组方案要经过所有成员积极研讨并不断完善,学生自行设计的最终方案应在实验前充分论证,获得通过后才能实施。

## 二、建议学时:6 学时

## 三、实验目的

(1)掌握植物吸附重金属实验的设计和相关重金属含量测定的方法。

(2)了解重金属胁迫对植物生长发育的影响,以及重金属胁迫下,植物各生长器官受影响的差异性,重金属在植物体内的分布特征。

(3)指导重金属污染区域合理选用园林植物修复土壤。

(4)通过重金属吸附实验设计,培养学生求真务实的工作作风、科学严谨的逻辑思维和紧密合作的团队精神。

## 四、实验原理

超富集植物是一类对重金属的富集量超过一般植物 100 倍以上的植物。它们可以通过根系吸收土壤中的污染物质,通过挥发、固定或移除土壤中的重金属,去除或减缓由重金属污染物及其他有机或无机毒物造成的土壤污染。

## 五、实验内容

(1)区域内超富集植物特性认识。

(2)重金属污染土壤植物修复实验设计。

（3）不同富集植物对不同重金属吸附的差异。

## 六、推荐材料与用具

（1）植物材料：根据实验内容自主选择。

（2）实验试剂和实验用具：根据实验设计方案需要测定的指标、方法而定，如 pH 测试仪、电感耦合等离子体质谱仪、烘箱、恒温水浴振荡器、离心机、叶面积测量仪、分光光度计、电热消解仪、分析天平等。

## 七、实验设计要求

（1）查找相关文献和资料，了解目前植物富集重金属实验的研究方向、技术方法、发展趋势，确定实验内容和目标。

（2）选择研究对象（包括植物和重金属），查找相关资料与文献，了解植物富集特点，学习借鉴前人对于同类型植物的做法和经验，做好前期实验准备。

（3）确定完成此实验所需要的药剂和实验条件，评估现有实验设备和条件的成熟情况，完成并细化实验设计，完成实验技术路线图。

（4）细化重金属处理浓度。根据实验要求，确定测定指标，根据专业所学内容，选择合适的测定方法。

（5）小组讨论、分析实验方案，对于实验可能出现的问题进行预估并提出解决方案。

（6）实验设计应该借鉴相关文献和网络学习资料介绍的先进的技术手段和科学思想，在此基础上大胆设计，结合生产实践，突出实验的创新性、科学性和实用性。

## 八、实验参考方法和步骤

### （一）重金属植物富集实验设计方案

参考方案：以某种富集植物吸附铬为例，实验设计技术路线图如图 30-1 所示。

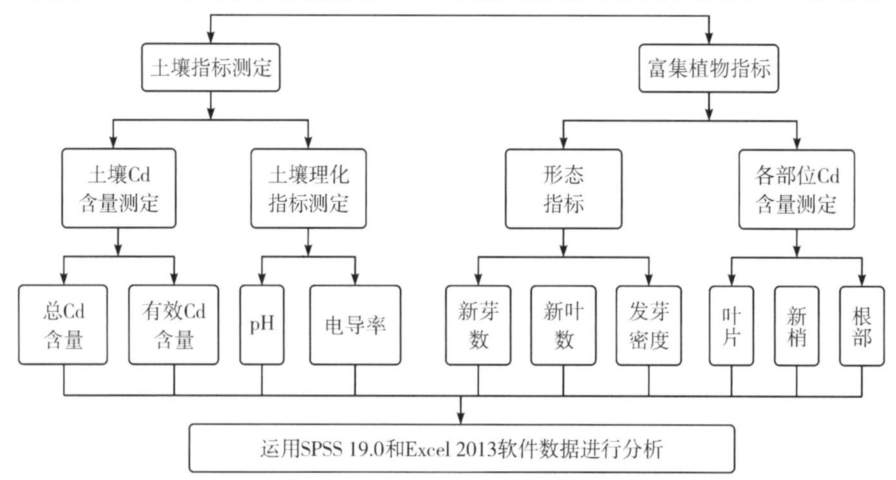


图 30-1　技术路线

### (二)实验测定指标(参考指标)

(1)生物量指标:植物发芽密度、新叶数、新芽数。
(2)植物理化指标:富集植物指标(叶片 Cd 含量,根部 Cd 含量,地上、地下部干鲜重)。
(3)土壤理化指标:土壤总 Cd 含量、有效态 Cd 含量、pH 值、电导率等。

### (三)指标测定方法、结果计算

结合已学知识,并参考相关文献资料。

### (四)数据分析

运用 Excel、相关统计软件对数据进行分析。

## 九、实验注意事项

(1)设计方案之前,必须对现有实验条件有充分的了解。
(2)建议以小组形式来完成,方案经过充分讨论,有创新意识并符合生产需求。
(3)充分考虑实验完成的周期;
(4)本实验涉及重金属材料,实验结束后废弃物要妥善处理,以免造成环境污染。
(5)实验用到的仪器设备需要提前熟悉。

## 十、学习思考题

### (一)客观题

一般层次

较高层次

### (二)主观题

一般层次

较高层次

## 十一、参考文献

重金属污染土壤的园林植物修复技术及其应用研究进展

藻类对重金属的生物修复研究进展

竹节树、湿地松对污泥重金属的吸附与耐受能力研究

绿竹林下主要重金属富集植物筛选

富集植物光叶紫花苕子对烟区重金属的吸收与富集效应研究

间作富集植物对辣椒 Cd 吸收累积的影响

# 第三篇

# “园林树木学”实验

通过本篇实验训练,学生应了解园林树木的形态、观赏特征,能识别常见园林树木,熟悉园林树木的基本功能,掌握园林树木种植配制的基本要求,具备应对各种气候条件和复杂种植环境、创新园林树木应用手段,克服环境限制,开展园林树木有效配置的技能和素质。

通过实验教学,达到以下课程教学目标:

(1)熟悉园林树木的基本形态特征、生态习性和绿地功能,能快速有效识别园林树木,能选择、判断树木生长的合理生境。

(2)利用所学知识,分析树种选择、应用过程中出现的一些复杂问题,并总结问题关键,最终掌握园林树木树种选择和造景应用的技能。

(3)具有对园林树木造景应用过程中出现的一些复杂问题开展学术研究的能力,包括研究方案设计、问题解决报告等。

“园林树木学”实验篇由 3 章 15 个实验组成,演示验证性实验部分主要学习和验证树木的形态特征、生态习性、生物学习性和园林应用基本功能;综合探究性实验部分主要学习树木精准识别和园林实际应用效果分析的综合性实验技能;开放开发性实验部分主要开展树木有效配置、创新性配置、灵活调节配置能力的培养和锻炼,鼓励个性化学习,在总体实验要求和目标框架内,由同学自行设计完成具体实验方案,培养学生的科研素养和综合素质。

# 第七章

# “园林树木学”演示验证性实验

## 实验31　常见树木形态观察

### 一、实验说明

本实验属于演示验证性实验，通过老师讲解，了解常见树木形态观察的要素、基本方法和技术要点，通过实践掌握常见树木形态特征，识别常见树木。为了保证实验的顺利进行，要求学生按照所列的实验方法和实验步骤认真操作。建议：可以预先学习本实验的教学 PPT，熟悉实验材料的习性，了解常见树木形态观察实验的基本过程，开展小组预实验，仔细观察、记录预实验过程中出现的一些新情况，并进行小组讨论，分析问题所在。

### 二、建议学时：3 学时

### 三、实验目的

（1）能够用形态学术语正确描述园林树木各器官的形态特点。

（2）通过树木形态观察，逐步培养学生识别观赏树种的能力。

（3）熟悉树木的形态之美、多样之美。

（4）通过本实验培养学生仔细观察、全面分析的能力，以及求真务实、独立学习的习惯和团队合作精神。

### 四、实验原理

树木形态是指树种的冠、枝（茎秆）、叶、花、果实和种子等的外部形态。正常情况下，每种树木的形态特征是明显的，特别是繁殖器官包括植物的花、果实和种子，它们的性状是相对稳定的，具有物种特性，人们可以通过观察树冠树形、茎的类型以及树皮、枝、叶、花、果实和种子等外部形态来识别树种。同时基于对树木形态的熟悉，充分利用每种树木特有的外形，开发树木的风韵美、姿态美，营造丰富的植物景观，为人类创造一个具有多样美感的人居环境。

## 五、实验内容

(1)常见树木形态特征观察,熟悉树木形态观察要素。

(2)常见树木区分特征观察。

(3)树木形态的多样性认识。

(4)树木造型观察。

## 六、实验材料

当地常见树木的植株至少10株和相应的枝、叶、花、果的实物或标本,需要考虑乔木、小乔木、灌木、藤本、地被等形态的多样性。

## 七、实验用具

枝剪、高枝剪、测高仪、解剖针、放大镜、相机(手机)、相关书籍、记录本等。

## 八、实验方法和步骤

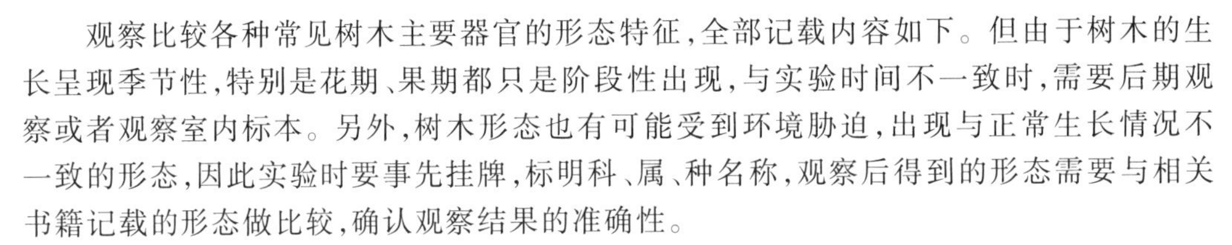

观察比较各种常见树木主要器官的形态特征,全部记载内容如下。但由于树木的生长呈现季节性,特别是花期、果期都只是阶段性出现,与实验时间不一致时,需要后期观察或者观察室内标本。另外,树木形态也有可能受到环境胁迫,出现与正常生长情况不一致的形态,因此实验时要事先挂牌,标明科、属、种名称,观察后得到的形态需要与相关书籍记载的形态做比较,确认观察结果的准确性。

### (一)形态观察

1. 冠形

(1)树性:乔木、灌木、藤本、地被;常绿、落叶。

(2)树形:圆柱形、圆锥形、钟形、馒头形、球形、扁圆形、拱形、广卵形、卵圆形、倒卵形、开心形、伞形、尖塔形、乱头形、丛状形、攀缘或匍匐形。

2. 杆形

(1)树干:主干高度、树皮色泽、裂纹形态、中心杆有无。

(2)枝条:颜色,茸毛有无、多少,刺有无、多少、长短,枝形,节间距。

3. 芽形

(1)着生位置:顶芽、腋芽和不定芽。

(2)性质:枝芽(叶芽)、花芽和混合芽。

(3)构造和生理状态:鳞芽与裸芽。

4. 叶形

(1)叶型:单叶、单身复叶、三出复叶、奇数或偶数羽状复叶。

(2)叶片质地:肉质、革质、蜡质、纸质。

(3)叶片形状:披针形、卵形、倒卵形、圆形、阔椭圆形、长椭圆形、菱形、剑形等。

(4)叶缘:全缘,刺芒有无,圆钝锯齿、锐锯齿、复锯齿、掌状裂等。

(5)叶脉:网状脉、叉状脉、平行脉,叶脉凸出、平、凹陷。

(6)叶面、叶背:色泽,茸毛有无。

5. 花形

(1)花或花序:花单生,总状花序、穗状花序、复穗状花序、圆锥花序、复伞形花序、头状花序、聚伞花序、伞房花序等。

(2)花或花序着生位置:顶生、腋生、居间、胶生。

(3)花的组成:完全花、不完全花,花苞、花萼、花瓣、雄蕊、子房、花柱等的颜色和特征;子房上位、半下位、下位;心室数目。

(4)花的形状:筒状、漏斗状、钟状、高脚碟状、坛状、唇形、舌状、碟形。

6. 果形

(1)果实类型:单果、聚花果、聚合果。

(2)形状:圆形、扁圆形、长圆形、圆筒形、卵形、倒卵形、瓢形、心脏形、方形等。

(3)果皮:色泽、厚薄、光滑、粗糙及其他特征。

(4)果肉:色泽、质地及其他特征。

7. 籽形

(1)种子有无、数目、大小。

(2)种子形状:圆形、卵圆形、椭圆形、半圆形、三角形、肾状形、梭形、扁椭圆形、扁卵圆形等。

(3)种皮:色泽、厚薄及其他特征。

### (二)形态观察

形态观察记录(见表32-1),并作比较。

**表32-1 常见园林树木形态观察记录表**

<table>
<tr><td>编号</td><td></td><td>树名</td><td></td></tr>
<tr><td>生态习性</td><td></td><td>树形</td><td></td></tr>
<tr><td>树皮形态</td><td colspan="3"></td></tr>
<tr><td>枝条形态</td><td colspan="3"></td></tr>
<tr><td rowspan="2">单叶或复叶</td><td>单叶(是否完全叶)</td><td colspan="2"></td></tr>
<tr><td>复叶(类型)</td><td colspan="2"></td></tr>
<tr><td>叶序</td><td></td><td>叶形</td><td></td></tr>
<tr><td>叶脉</td><td></td><td>叶缘</td><td></td></tr>
<tr><td>叶基</td><td></td><td>叶端</td><td></td></tr>
<tr><td>芽</td><td colspan="3"></td></tr>
<tr><td>刺</td><td></td><td>其他附属物</td><td></td></tr>
<tr><td>花着生位置</td><td></td><td>花色</td><td></td></tr>
<tr><td>花冠类型</td><td></td><td>花瓣数</td><td></td></tr>
<tr><td>花序</td><td></td><td>果实类型</td><td></td></tr>
<tr><td>果色</td><td></td><td>果实形状</td><td></td></tr>
<tr><td>种子形状</td><td></td><td>种子大小</td><td></td></tr>
<tr><td>种子数量</td><td></td><td>种皮色泽</td><td></td></tr>
<tr><td>种皮厚薄</td><td></td><td>其他</td><td></td></tr>
</table>

## 九、实验注意事项

(1)本实验适宜在春、夏、秋三个不同的季节进行。

(2)选择生长环境好、健壮、无病虫害的园林树木作为形态观察样本。

(3)如果实地观察的树木器官形态与经典书籍记载的不一致时,一定要再找一颗相同的树木(不同的生境)观察,做进一步验证。

## 十、学习思考题

### (一)客观题

一般层次

较高层次

### (二)主观题

一般层次

较高层次

## 十一、参考文献

木兰属树种的形态观察研究

针叶树自然类型的形态特征研究进展

杭州曲院风荷公园园林树木形态组合研究

阿拉尔市二十种树木叶片形态分析

观果园林树木的种类与形态

园林树木的形态特征与阻火能力的相关性

# 实验32 树木检索表的编制

## 一、实验说明

本实验属于演示验证性实验,通过对校园树种进行形态观察,查阅有关书籍,列出校园树种主要观赏树木,并根据检索表编制原则,将这些树种编制成检索表,学习检索表的编制方法。为了保证实验的顺利进行，要求学生按照所列的实验方法和实验步骤认真操作。建议：可以预先学习本实验的教学 PPT，熟悉检索表制作规律，开展小组预实验，仔细观察、记录预实验过程中出现的一些新情况，并进行小组讨论，分析问题所在。

## 二、建议学时：3 学时

## 三、实验目的

（1）熟悉检索表的格式及使用方法。

（2）掌握检索表编制的技能。

另外，通过本实验培养学生动手实践、仔细分析的能力，培养学生求真务实、独立学习的习惯和团队合作精神。

## 四、实验原理

树木形态是指树种的枝、叶、花、果实和种子的外部形态。繁殖器官包括植物的花、果实和种子，它们的性状是相对稳定的。它们是识别树种的重要凭据。

树木检索表是区分树木为目的编制的表。它的分类原则为二歧分类法，在两个不同分类群中，所使用的同一器官或组织的某一性状是十分对立的（也可以是没有交集的），非此即彼，同则是、异则非，只有这样才能把一个大的群体首先一分为二，再一分为二，反复地进行下去，直到最后分出一个个独立的个体。

## 五、实验内容

（1）检索表的类型和使用方法。

（2）检索表的编制方法。

## 六、实验材料

特定地域范围内（如大学校园或某公园绿地等）栽培、分布的树种。

## 七、实验用具

高等植物图鉴、植物志等工具书、放大镜、高枝剪、枝剪、相机（手机）。

## 八、实验方法和步骤

以某一校园的裸子植物为例，分别制作等距检索表和平行检索表。

### （一）树木性状区分、登记

预先编制好相应的表格，表格设计如表 32-1 所示。对特定地域范围内栽培、分布的树种进行形态特征观察并做好记录，拍摄相关照片。

表 32-1　校园裸子植物形态特征表

| 序号 | 植物种类 | 习性 | 短枝 | 叶形 | 叶着生方式 | 叶脉 | 其他 |
|---|---|---|---|---|---|---|---|
| 1 | 银杏 | 落叶 | 有,发达 | 扇形 | 簇生/互生 | 二叉 | — |
| 2 | 云杉 | 常绿 | 无 | 条形 | 互生 | 不明显 | — |
| 3 | 雪松 | 常绿 | 有,发达 | 针形 | 互生 | 不明显 | 松香味 |
| 4 | 白皮松 | 常绿 | 有,退化 | 针形 | 束生,3 针 | 不明显 | 松香味 |
| 5 | 马尾松 | 常绿 | 有,退化 | 针形 | 束生,2 针 | 不明显 | 松香味 |
| 6 | 水杉 | 落叶 | 无 | 条形 | 对生 | 不明显 | — |
| 7 | 落羽杉 | 落叶 | 无 | 条形 | 互生 | 不明显 | — |
| 8 | 罗汉松 | 常绿 | 无 | 条形 | 互生 | 不明显 | — |

### (二)定距检索表编制

(1)概念:首先将所有待编写树木按照某个性状分成对应的两列,从数字 1 开始编号,两列就有两个 1。在距左边同等距离的地方(一般 1 字写在最靠左的位置)开始编写,每一个 1 下边,有却只有 2 个相对应的分支(列),分别以两个相同数字代表,第 1 个 1 下面有两个 2(第 2 个 1 下面不能再写 2,应选择 2 以后的数字,所有数字必须而且只能出现 2 次),2 距左边的位置较 1 应向右退一字格,第一个 1 下面的所有树木编写完成后(根据需要,可以有两个 2、两个 3……直到所有树木分清楚),才能编写第二个 1 下面的树木,第二个 1 下面的两个分支的编号要接第一个 1 下面最大的编号,并且向右退一字格(见表 32-2)。依此规律一致编写下去,直到所有的树木编完为止。

(2)树木性状分类(2 分支法):采用“由特殊到一般”和“由一般到特殊”相结合的方法,按照各种树木特征的异同加以概括、比较、分类,找出不同类群或不同科、属、种植物显著对立的主要特征和次要特征,把区分对象对应的相对性状,用对比的方法逐步排列并分成两类(支)。其中的每一类再根据一对或几对相对性状,再分成相对应的两个分支,依次逐级排列下去,直到所有树木分辨清楚为止。

根据对象和需要不同,分别编写不同用途的检索表。比如门、纲、目、科、属、种等各种检索表,其中常用的主要是分科、分属和分种三类检索表。

(3)等距检索表编写(见表 32-2)。

表 32-2 定距检索表

1. 落叶树木
  2. 叶为扇形 …………………………………………………………… 银杏 *Ginkgo biloba* L.
  2. 叶为条形
    3. 叶对生 ………………………………… 水杉 *Metasequoia glyptostroboides* Hu & W. C. Cheng
    3. 叶互生 …………………………………………… 落羽杉 *Taxodium distichum* (L.) Rich.
1. 常绿树木
  4. 叶为条形
    5. 叶为条状四棱形，有叶枕 ……………………………………… 云杉 *Picea asperata* Mast.
    5. 叶为条形扁平，无叶枕 ……………… 罗汉松 *Podocarpus macrophyllus* (Thunb.) D. Don
  4. 叶为针形
    6. 具发达的距状短枝 …………………………………… 雪松 *Cedrus deodara* (Roxb.) G. Don
    6. 具退化短枝
      7. 三针一束 ………………………………………………… 白皮松 *Pinus bungeana* Zucc.
      7. 两针一束 ………………………………………………… 马尾松 *Pinus massoniana* Lamb

## (三)平行检索表编制

(1)概念：平行式检索表是将所有树木按照某一特征分成两列，这两列紧紧并列在上下行，采用平头式的排列方法，靠左顶格书写，并给相邻的两列编写同样的数字(从1开始编写，每个数字有却只出现2次)，在每列(每个数字代表1列)最后，写明需要继续查看信息的列号(数字)或已查询到的某种树木的科名、属名和种名，右边的列号，从上往下，从小到大。以此类推，直到区分完所有待检树木。平行检索表的一对相同数字是紧挨成对出现的，这和等距检索表明显不同。详见表32-3。

(2)树木性状分类(2分支法)：同等距检索表32-3。

(3)平行检索表编写(见表32-3)。

表 32-3 平行检索表

1. 有松香味 ………………………………………………………………………………… 2
1. 无松香味 ………………………………………………………………………………… 3
2. 有发达的距状短枝 …………………………………… 雪松 *Cedrus deodara* (Roxb.) G. Don
2. 无发达的距状短枝 ……………………………………………………………………… 4
3. 有二叉叶脉 ……………………………………………………… 银杏 *Ginkgo biloba* L.
3. 无二叉叶脉 ……………………………………………………………………………… 5
4. 三针一束 ………………………………………………………… 白皮松 *Pinus bungeana* Zucc.
4. 两针一束 ………………………………………………………… 马尾松 *Pinus massoniana* Lamb
5. 叶对生 ………………………………… 水杉 *Metasequoia glyptostroboides* Hu & W. C. Cheng
5. 叶非对生 ………………………………………………………………………………… 6
6. 习性为落叶 ……………………………………… 落羽杉 *Taxodium distichum* (L.) Rich.
6. 习性为常绿 ……………………………………………………………………………… 7
7. 有叶枕 ………………………………………………………… 云杉 *Picea asperata* Mast.
7. 无叶枕 …………………………………… 罗汉松 *Podocarpus macrophyllus* (Thunb.) D. Don

### （四）检索表的使用

取得植物或植物的腊叶标本后，如果是我们从未见过的植物，应首先在分科检索表中查出所属哪一科，然后再查属和种。拿到植物后也不要急于在检索表上进行检索，而应该先按下列各项依次仔细观察和描述。

（1）植物的性状：木本、草本或藤本，是木本者需区分乔木还是灌木；是草本者应区分是多年生还是一年生；是藤本者需知是木质藤本、缠绕茎还是攀缘茎等。

（2）茎：植株高度，颜色，被毛与否等。

（3）叶：对生、互生或轮生，单叶或复叶，有无托叶，叶的形态，叶缘，叶基、叶尖的形态，全缘还是有裂；叶背、叶面的颜色，被毛与否，叶脉的类型等。

（4）花序：花单生或具花序，如为花序时，应区分属哪一类型的花序。

（5）花的各部：

①花被：分化或是同型？单被、双被、重被或无被。

②花萼：萼片的数目，排列的层数，形状、颜色、毛被的有无，分离或结合。

③花冠：花瓣的数目，排列的层数及方式，花瓣的形状、颜色、腺体及毛被有无，分离或结合。

④雄蕊群：雄蕊的数目，分离或结合，排列的方式，花药的形态、药室的数目、开裂的方式、花丝的长短、毛被及腺体存在与否。

⑤雌蕊群：心皮离生或合生，心皮的数目，子房着生的位置，子房的室数及胎座的类型，胚珠的数目；几条花柱，离生或合生，柱头的形状；有无花盘及其他附属体等。

（6）果实：果实的类型，有无附属的，种子的形态及特点。

将以上各项特征观察详尽之后，用科学规范的形态术语对待鉴定物种的形态特征进行准确的描述，然后根据待鉴定物种的特点，对照检索表中所列的特征，从上往下按次序逐项检索，不允许跳过某一项而去查另一项，并且在确定待查标本属于某个特征，若是两个对应状态中的某一类时，最好把两个对应状态的描述都看一看，然后再根据待查标本的特点，确定属于哪一类，以免发生错误。对于完全符合的项目，继续往下查找，如其特征与检索表记载的某项号内容不符，则应查阅与该项相对应的另一条，一项一项逐次检索，直至检索到终点。

## 九、实验注意事项

（1）尽可能采集完整的标本，除营养体外，要有花和果实，特别是对花各部分的特征一定要看清楚。有些性状在标本上容纳不全，就要借助于野外记录。

（2）选用区别特征时，最好选用相反的或易于区分的特征，千万不能采用似是而非或不肯定的特征。采用的特征要明显稳定，最好选用仅肉眼或手持放大镜就能看到的特征。

（3）为了证明鉴定的结果是否正确，还应找有关的专著或资料进行核对，看是否符合该科，该属或该种的特征，植物标本上的形态特征是否和书上的描述一致，如果完全符合，证明鉴定的结果是正确的，否则还需加以研究，直至完全正确。

(4)检索表中相同数字必须出现两次，且只能出现两次。

(5)检索表中最大数字必定是所要区分对象数减1，例如要区分的树种为8种，出现的最大数码是“7”。

## 十、学习思考题

### （一）客观题

一般层次

较高层次

### （二）主观题

一般层次

较高层次

## 十一、参考文献

太原市常见园林绿化落叶树木冬态检索表

山西野生兰科植物分种检索表

药用植物分类检索表的类型、编制及应用

定距式检索表编制要点

桑属植物的分类检索及中国桑种的特征性状与分布

# 实验33　园林树木物候期观察

## 一、实验说明

本实验属于演示验证性实验，通过老师讲解了解物候期观察的基本方法和技术要点，通过实践掌握物候期、物候相等相关概念。为了保证实验的顺利进行，要求学生按照所列的实验方法和实验步骤认真操作。建议：可以预先学习本实验的教学PPT，熟悉实验材料的习性，了解物候期观察实验的基本过程，开展小组预实验，仔细观察、记录预实验过程中出现的一些新情况，并进行小组讨论，分析问题所在。

## 二、建议学时:3 学时

## 三、实验目的

(1)观察记载园林树木器官在一年中的生长发育进程,了解树木生长的年规律。

(2)通过多年连续的物候期的观察,便于积累有效的树木生长资料,为今后植物选择、配植、养护管理提供技术参考。

(3)激发学生对大自然的兴趣,同时也培养学生的集体主义思想,严谨、认真、持之以恒和实事求是的科学态度,科学的观察方法和习惯。

## 四、实验原理

生物在进化过程中,为了长期适应这种周期变化的环境,形成与之相适应的生态和生理机能以及有规律性变化的习性(即生物的生命活动能随气候变化而变化)。

通过观测和记录一年中树木的生长荣枯,比较其时空分布的差异,探索树木生长发育的周期性规律及其对周围环境条件的依赖关系,进而了解气候的变化规律以及对树木的影响。

## 五、实验内容

(1)观察记录实验树种在萌芽期、展叶期、开花期、果实生长发育和落果期、叶变色期、落叶期的物候相。

(2)总结被观察园林树木物候期的形态变化规律。

## 六、实验材料

选取校园内 3 个树种(落叶乔木 1 种,常绿种 1 种,花灌木 1 种)。

## 七、实验用具

直尺、卷尺、游标卡尺、叶面积仪、温湿度仪、照度计、测高仪、放大镜、相机(手机)、记录本、挂牌、标签纸等。

## 八、实验方法和步骤

### (一)物候观测

园林树木年生长周期可划分为生长期和休眠期,而物候期的观察着重生长期的变化。一般采用野外定点目视观测法,观察实验树种的萌芽期、展叶期、开花期、果实生长发育和落果期、叶变色期、落叶期的物候相。在物候变化较快的生长期,如展叶期、开花期,每隔 1 ~ 3 天观测 1 次;果实或种子成熟期、落叶期则每周观察 1 次,若遇特殊天气如骤冷骤暖、霜雪、大雨等将适当增加观察次数。当然具体到个别树种,物候期还可能会有各种不同的记载方法,甚至在每个物候内亦根据试验要求,分出更细微的物候期。观察时各树种间物候期的划分界线要明确,标准要统一。在具体观察时应附图说明,以便参考比较。

观测植物物候现象的时间一般选择在13:00~14:00进行。

1. 叶芽的观察

芽萌动期:芽开始膨大,鳞片已松动露白。

开绽期:露出幼叶,鳞片开始脱落。

2. 叶的观察

展叶期:全树萌发的叶芽中有25%的芽的第一片叶展开。

叶幕出现期:85%以上幼叶展开结束,初期叶幕形成。

叶片生长期:从展叶后到停止生长的期间。要定树、定枝、定期观察。

叶片变色期:秋季正常生长的植株叶片变黄或变红。

落叶期:全树有5%的叶片正常脱落为落叶始期,25%叶片脱落为落叶盛期,95%叶片脱落为落叶终期。最后计算从芽萌动起到落叶终止为果树的生长期。

3. 枝的观察

新梢生长期:从开始生长到停止生长止,定期定枝观察新梢生长长度,分清春梢、秋梢(或夏梢)生长期,延长生长和加粗生长的时间,以及二次枝的出现时期等;并根据枝条颜色和硬度确定枝条成熟期。

新梢开始生长:从叶芽开放长出1厘米新梢时算起。

新梢停止生长:新梢生长缓慢停止,没有未开展的叶片,顶端形成顶芽。

二次生长开始:新梢停止生长以后又开始生长时。

二次生长停止:二次生长的新梢停止生长时。

枝条成熟期:枝条由下而上开始变色。

4. 花芽的观察

花序露出期:花芽裂开后现出花蕾。

花序伸长期:花序伸长,花梗加长。

花蕾分离期:鳞片脱落,花蕾分离。

初花期:开始开花。

盛花期:25~75%花开,亦可记载盛花初期(25%花开)到盛花终期(75%花开)的延续时期。

末花期:最后一朵花败落。

5. 果实的观察

幼果出现期:受精后形成幼果。

生理落果期:幼果变黄、脱落。可分几次落果。

果实着色期:开始变色。

果实成熟期:从开始成熟时计算,如苹果种子开始变褐。

**(二)做好记录**

详细记录各物候出现的时期和特征,填入表33-1。

**表 33-1　园林树木物候期观察记录表**

编号：　　　　　　　　记录人员：

<table>
<tr><td colspan="2">树种名称</td><td></td><td>地点</td><td colspan="3"></td></tr>
<tr><td colspan="2">生长环境条件</td><td colspan="5"></td></tr>
<tr><td rowspan="2">叶芽</td><td>芽萌动期</td><td></td><td rowspan="2">叶芽形态<br>（简单描述）</td><td rowspan="2" colspan="3"></td></tr>
<tr><td>开绽期</td><td></td></tr>
<tr><td rowspan="5">叶</td><td>展叶期</td><td></td><td>叶片着生方式</td><td colspan="3">对生（　）　互生（　）<br>轮生（　）　簇生（　）</td></tr>
<tr><td>叶幕出现期</td><td></td><td>叶型</td><td colspan="3">单叶（　）　复叶（　）</td></tr>
<tr><td>叶片生长期</td><td></td><td>叶型</td><td colspan="3"></td></tr>
<tr><td>叶片变色期</td><td></td><td>新叶颜色</td><td colspan="3"></td></tr>
<tr><td>落叶期</td><td></td><td>秋叶颜色</td><td colspan="3"></td></tr>
<tr><td rowspan="5">枝</td><td>新梢开始生长</td><td>枝条颜色</td><td></td><td colspan="3"></td></tr>
<tr><td>新梢停止生长</td><td></td><td rowspan="4">枝条形态</td><td rowspan="4" colspan="3">直枝（　）　曲枝（　）<br>龙游（　）　下垂（　）<br>其他（　）</td></tr>
<tr><td>二次生长开始</td><td></td></tr>
<tr><td>二次生长停止</td><td></td></tr>
<tr><td>枝条成熟期</td><td></td></tr>
<tr><td rowspan="6">花芽</td><td>花序露出期</td><td>花色</td><td></td><td colspan="3"></td></tr>
<tr><td>花序伸长期</td><td>单花直径</td><td></td><td colspan="3"></td></tr>
<tr><td>花蕾分离期</td><td></td><td rowspan="2">花序</td><td>类型</td><td>长度</td><td>宽度</td></tr>
<tr><td>初花期</td><td></td><td></td><td></td><td></td></tr>
<tr><td>盛花期</td><td></td><td rowspan="2">花量</td><td rowspan="2" colspan="3">大（　）小（　）中等（　）</td></tr>
<tr><td>末花期</td><td></td></tr>
<tr><td rowspan="4">果实</td><td>幼果出现期</td><td></td><td>果实类型</td><td colspan="3"></td></tr>
<tr><td>生理落果期</td><td></td><td>果实形状</td><td colspan="3"></td></tr>
<tr><td>果实着色期</td><td></td><td>果实颜色</td><td colspan="3"></td></tr>
<tr><td>果实成熟期</td><td></td><td>成熟后</td><td colspan="3">宿存（　）　坠落（　）</td></tr>
</table>

## 九、实验注意事项

(1)物候观测应随看随记,不应凭记忆,事后补记。

(2)把握各种植物物候期的特征点。

(3)选择发育正常并开花结实三年以上、具有代表性且品种正确、生长健壮的植株3~5株进行观测。

(4)观测人员应固定。

(5)各物候期的观测项目的繁简要根据试验要求而定,记载方法要有统一的标准和要求,才能进行比较。对每一物候期的起止日期必须记清。

(6)每一物候期观测的时间,应根据不同时期而定。如春季生长快时,物候期短暂,必要时应每天观察,甚至1天内观察两次。随着植株的生长,观察间隔时间可长些,每隔3~5天观察一次。到生长后期可7天或更长时期观察一次。

(7)物候期观察要细致,注意物候的转换期。一般以目测为主,亦可使用测具测定。同时要注意气候变化和管理技术等对物候期变化的影响。观察时应列表注明品种、砧木、树龄、所在地。

(8)观测物候期的同时,要记录气候条件的变化或参照就近气象台站的记录资料。观察项目一般包括气温、土温、降水、风、日照、大气湿度等。

## 十、学习思考题

### (一)客观题

一般层次

较高层次

### (二)主观题

一般层次

较高层次

## 十一、参考文献

长春市主要园林树木物候相及其在植物配置中的应用

衡水市常见园林植物的物候期观察

武汉城市森林常见木本植物物候研究——以九峰国家森林公园为例

早春草本植物开花物候期对城市化进程的响应——以北京市为例

9种金花茶类植物在南宁的开花物候期及花部形态特征的观察和比较

附表 可选择的实验树木

| 悬铃木 | 海桐 | 爬山虎 | 白蜡 |
|---|---|---|---|
| 雪松 | 合欢 | 泡桐 | 碧桃 |
| 银杏 | 黑松 | 沙朴 | 侧柏 |
| 樱花 | 蜡梅 | 桑 | 臭椿 |
| 榆树 | 黄栌 | 山桃 | 刺槐 |
| 玉兰 | 黄山栾 | 石榴 | 丁香 |
| 元宝枫 | 火棘 | 水杉 | 杜仲 |
| 月季 | 垂丝海棠 | 迎春 | 枫香 |
| 珍珠梅 | 鸡爪槭 | 卫矛 | 枫杨 |
| 紫薇 | 接骨木 | 云南黄馨 | 扶芳藤 |
| 紫叶李 | 金银花 | 梧桐 | 柳树 |
| 紫叶小檗 | 金枝槐 | 绣线菊 | 绣球 |
| 桂花 | 锦带花 | 忍冬 | 连翘 |
| 梅 | 六月雪 | 女贞 | 凌霄 |
| 木槿 | 榉树 | 国槐 | 金丝桃 |

# 实验34 校园树种与功能调查

## 一、实验说明

本实验属于演示验证性实验，学生通过老师讲解了解校园树木种类及其功能，通过实践熟悉树种与功能调查的基本方法。为了保证实验的顺利进行，要求学生按照所列的实验方法和实验步骤认真操作。建议：可以预先学习本实验的教学PPT，复习树木形态特征，观察相关知识，了解园林树木种类与功能间的关系，开展小组预实验，仔细观察、记录预实验过程中出现的一些新情况，并进行小组讨论，分析问题所在。

## 二、建议学时：3学时

## 三、实验目的

（1）增进对园林树木特性的感性认识，巩固所学知识点。

(2)了解园林树木生物学习性、生态学习性与树木功能之间的关系。

(3)熟悉校园树木的各种功能。

(4)熟悉园林树木的基本应用。

(5)通过本实验培养学生求真务实、独立学习的习惯和团队合作精神。

## 四、实验原理

园林树木不仅具有美化环境、净化空气、调节气温、保持水土等作用,还具有陶冶性情、放松身心的作用。园林树木的功能是与树木的生物学、生态学习性密切相关的。由于每一种树木的习性和特征不同,在园林上的功能也有侧重,开展树种和功能的调查,有利于加深对园林树木习性的了解,更好地发挥园林树木的功能,为后期园林设计提供理论支撑。

## 五、实验内容

(1)调查校园现有树木资源的生物学和生态学习性。

(2)调查校园树木的各种功能。

## 六、实验材料

校园内栽培的所有园林树木。

## 七、实验用具

相机、温湿度记录仪、照度仪、测高仪、卷尺、pH 计、放大镜、噪声检测仪、高等植物图鉴等书籍、记录本、标签纸。

## 八、实验方法和步骤

一般校园的绿化面积都比较大,可以分区域进行调查,每一个区域的调查也可以安排多个小组同时进行,独立完成,有利于降低调查的误差。

(1)对选定区域内的园林树木进行形态特征观察、识别,确认树木科、属、种。

(2)对确认的树种进行生物学与生态学习性的观察,并参照专业书籍进行核对。

(3)结合树木种植现场,对确认的树种进行功能初步分析与判断。

(4)完成部分现场指标的测定。需要在实验室检测的指标,采集好相关样品(比如土样等)带回实验室检测。

(5)把观察和检测的指标填入表 34-1 中。

(6)统筹实验室检测结果和现场功能初步判断情况,对区域内树木的功能做最后认定。

(7)最终分析确认的功能与设计功能作比较,分析存在差异的原因。

表 34-1　校园树木与功能调查

| 编号 | 树名 | 分布区域 | 种植方式 | 数量 | 生物学习性 | | | 生态学习性 | 主要功能 | | |
|---|---|---|---|---|---|---|---|---|---|---|---|
| | | | | | 乔灌地 | 常绿落叶 | 形态特征 | | 判断功能 | 设计功能 | 分析原因 |
| 1 | | | | | | | | | | | |
| 2 | | | | | | | | | | | |
| 3 | | | | | | | | | | | |
| 4 | | | | | | | | | | | |
| … | | | | | | | | | | | |

## 九、实验注意事项

(1)被调查的树种必须生长健康,受病虫害危害等生长不良的树种应该排除在外。

(2)测定土壤等理化指标必须注意采样的代表性。

(3)现场相关指标的测定需要考虑季节、天气、时间节点。

## 十、学习思考题

### (一)客观题

一般层次

较高层次

### (二)主观题

一般层次

较高层次

## 十一、参考文献

浅谈园林树木的美化功能与观赏特性

德州学院本部校园树种及景观状况的调查

浅谈园林树木的滞尘功能与应用

9 种园林树木固碳释氧生态功能评价

园林树木的造景功能及生物和生态特性研究

海口市城市森林乔木树种结构与环境服务功能分析

# 实验35 校园行道树配置调查

## 一、实验说明

本实验属于演示验证性实验,学生通过老师讲解,了解、熟悉校园行道树的种类与分布,通过调查掌握校园行道树的配置方法。为了保证实验的顺利进行,要求学生按照所列的实验方法和实验步骤认真操作。建议:可以预先学习本实验的教学PPT,熟悉行道树配置要求,了解校园行道树配置调查实验的基本步骤,仔细观察、记录预实验过程中出现的一些新情况,并进行小组讨论,做好实验准备。

## 二、建议学时:3学时

## 三、实验目的

(1)了解校园内主干道现有的行道树树种。

(2)了解校园内现有的行道树的形态特征及配置方式。

(3)为后期行道树配置的改良和提升提供依据。

(4)培养学生求真务实、独立学习的习惯和团队合作精神。

## 四、实验原理

校园行道树的配置是基于校园道路的实际位置、路面场地、道路宽度、周边景观和功能作用等要求来展开的,包括树木种类、规格、配置方式、种植方式的选择。合适的行道树种植在适宜的场地,加上合理的配置方法才能达到完美的配置效果。任何一个方面考虑不周,都会影响校园行道树的配置效果,包括后期的养护管理。

## 五、实验内容

(1)了解校园行道树的种类和分布。

(2)了解校园行道树的配置方式。

## 六、实验材料

校园内主要道路、行政办公区、教学区和宿舍区道路的行道树。

## 七、实验用具

卷尺、测高仪、游标卡尺、相机、工具书、记录表、标签纸。

## 八、实验方法和步骤

采用实地和查阅文献资料等方法进行调查。

(1)预先编制好相应的表格,表格设计如表35-1所示。统计道路所用的行道树名称、科属、习性、高度/冠幅,配置方式等。行道树配置可分为规则式和自然式。

(2)调查内容填入表35-1。

**表35-1　校园行道树配置调查表**

| 道路编号 | 道路名称/走向 | 树名 | 科属 | 树种习性 | 高度/冠幅 | 配置方式 | 其他 |
|---|---|---|---|---|---|---|---|
| 1 | | | | | | | |
| 2 | | | | | | | |
| 3 | | | | | | | |
| 4 | | | | | | | |
| … | | | | | | | |

## 九、实验注意事项

(1)注意调查树种、胸径与种植间距的关系。

(2)注意行道树种植设计与功能的一致性。

(3)调查记载要认真仔细、实事求是。

(4)调查过程注意不要破坏植物。

## 十、学习思考题

### (一)客观题

一般层次

较高层次

### (二)主观题

一般层次

较高层次

## 十一、参考文献

杭州市高校行道树景观调查与分析

广州市高校行道树景观调查与分析

高校校园行道树配置的思考

华南地区大学校园行道树景观营造思考

龙岩学院校园行道树调查分析

城市道路园林绿化的行道树规划配置研究

# 第八章

# “园林树木学”综合探究性实验

## 实验36　校园树木健康状况调查

### 一、实验说明

本实验属于综合探究性实验，学生通过老师讲解、观看相关PPT，了解校园树木健康状况调查的基本方法和测定指标，通过调查了解校园树木真实生长状况。为了保证实验的顺利进行，要求学生按照所列的实验方法和实验步骤认真操作。建议：可以预先学习本实验的教学PPT，熟悉树木健康评价指标，了解树木生长发育的基本过程，开展小组分组调查预实验，仔细观察、记录绿化树木死亡和生长衰弱的状况、原因，并对预实验中碰到的问题进行小组讨论、综合分析，形成较全面的解决方案。

### 二、建议学时：4学时

### 三、实验目的

(1)熟悉校园植物健康评价的指标体系。

(2)掌握树木健康调查的方法。

(3)了解影响树木健康生长的主要因素。

(4)培养学生严谨的逻辑思维能力和综合协调能力。

### 四、实验原理

园林树木是城市绿地的重要组成要素，在改善环境、创造景观等方面起着重要的作用。但当树木出现顶梢枯死、被寄生虫菌侵害、叶色萎黄等不健康的表现时，会影响人们欣赏美景的心情，树木不健康的结构甚至可能威胁到人民的生命与财产安全。

树木遇到病虫侵害或者处于不适宜环境中时，短时间内会表现出对树木生长胁迫的症状，比如叶色不正常、脱叶枯枝、树冠缺失、树皮脱落等，时间一长，就会进一步影响树木的生长发育，比如茎秆的长粗、长高，树冠的长宽，开花结果等，严重的时候，会导致树木死亡。调查校园绿地树木的健康状况，有助于减少树木存在的潜在风险，利于园林树木生态功能的发挥以及园林植物景观的可持续发展。

## 五、实验内容

(1)校园树木健康调查。

(2)校园树木健康评价。

## 六、实验材料

选取校园内任意10种园林树木，注意选取不同科属、不同树木的类型。

## 七、实验用具

放大镜、相机、测高仪、枝剪、高枝剪、卷尺、游标卡尺、记录本、标签纸等。

## 八、实验方法与步骤

### (一)校园树木健康调查

选取校园内5处位置(10种树木及以上)进行详细的实证研究。记录被调查树木的名称、科属、树木类型、习性、生长环境、生长数据、病虫害等内容(见表36-1)。

**表36-1 校园树木健康调查表**

| 序号 | 树名 | 学名 | 习性 | 位置 | 生长环境 | 枝叶生长 | 树高/胸径/冠幅 | 病虫害 |
|---|---|---|---|---|---|---|---|---|
| 1 | | | | | | | | |
| 2 | | | | | | | | |
| 3 | | | | | | | | |
| 4 | | | | | | | | |
| … | | | | | | | | |

### (二)校园树木健康评价

从树冠生长、叶色、病虫害危害、枝条生长等多个维度对校园树木健康状况进行分级评价(见表36-2)。

表 36-2 树木健康分级评价标准

| 健康等级 | 树冠 | 叶色 | 病虫害 | 枝条 |
|---|---|---|---|---|
| 1 级:健康 | 树冠饱满,树冠缺损不超过 5% | 叶色正常 | 病虫危害 <5% | 无死枝、枯枝 |
| 2 级:较健康 | 树冠缺损率为 6% ~ 25% | 叶色正常 | 病虫害率 5% ~ 10% | —— |
| 3 级:生长一般 | 树冠缺损率为 26% ~ 50% | 叶色基本正常 | 病虫害率 11% ~ 20% | —— |
| 4 级:生长差 | 树冠缺损率 51% ~ 75% | 叶色不正常 | 病虫害率 >20% | —— |
| 5 级:生长很差 | 树冠缺损率 >76% ,濒于死亡 | —— | —— | —— |

注:依据长春市园林局的树木养护标准。

3. 校园树木健康分析

分析树木生长状况相关指标与树木健康等级之间的关系,区分影响树木健康的内外因素,并对树木健康状况的恢复提出针对性建议(见表 36-3)。

表 36-3 树木生长指标与树木健康等级对照表

| 编号 | 树木名称 | 绿地类型 | 配置方式 | 种植环境 | 树龄大小 | 生长态势 | 健康状况 | 针对建议 |
|---|---|---|---|---|---|---|---|---|
| 1 | | | | | | | | |
| 2 | | | | | | | | |
| 3 | | | | | | | | |
| 4 | | | | | | | | |
| … | | | | | | | | |

## 九、实验注意事项

(1)树木观察应细致,指标测定要准确。

(2)树木健康等级评价标准有多个版本,可以根据实际需要选用。

(3)树木健康影响因素分析要基于一段时间、连续的观察才能做出。

(4)对同一树种健康等级的调查,最好有不同绿地类型和不同配置方式的比较,以区分内外影响因素。

## 十、学习思考题

### (一)客观题

一般层次

较高层次

**（二）主观题**

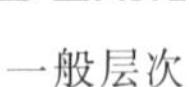
一般层次

较高层次

## 十一、参考文献

咸阳职院校园绿化植物生长情况调查分析

广州市园林绿地树木健康调查与评价

长春市公共绿地园林树木健康状况分析

晋中市城区绿化树木健康评价

上海市行道树土壤理化性质与树木健康的相关性研究

# 实验 37　古树名木的现状调查

## 一、实验说明

本实验属于综合探究性实验，学生通过老师讲解、观看相关资料，熟悉校园古树名木现状调查的基本方法，通过实践了解古树名木的现存情况。为了保证实验的顺利进行，要求学生按照所列的实验方法和实验步骤认真操作。建议：可以预先学习本实验的教学 PPT，熟悉古树名木的基本流程，并结合文献、史籍等资料进行小组校外调查预实验，仔细观察、记录预实验过程中出现的一些新问题，并进行小组讨论、综合分析，形成较全面的解决方案。

## 二、建议学时：4 学时

## 三、实验目的

（1）了解调查区域内古树名木的品种、数量和分布。

（2）了解古树名木的生长现状、保护水平和存在的问题。

（3）掌握古树名木现状调查的基本方法和要求。

（4）培养学生严谨的逻辑思维能力和综合协调能力。

## 四、实验原理

古树名木是在特定的地理条件下形成的生态景观，它是历史的见证、人类文明的象征，是城市人文景观和自然景观的综合载体。

受树种机理性衰落、人为危害、自然危害等多个因素的影响，古树名木的生理机能下降，生命力减弱，加上生存环境越来越恶劣，使树根吸收水分、养分的量越来越不能满足地上部分的需要，从而导致树体内部生理失去平衡，部分树枝逐渐枯萎落败。树体的这种衰落最终会通过树体外在形态的变化表现出来，所以通过古树名木树形树势的观察，能大致判断古树名木的生存现状。调查某个辖区内古树名木的现状，将有助于摸清古树名木家底，了解树木生存现状，为古树名木的保护提供相关资料。

## 五、实验内容

（1）古树名木品种和分布调查。

（2）古树名木生存现状调查。

（3）古树名木衰老原因分析。

## 六、实验材料

学校所在地区古树名木。

## 七、实验用具

测高仪、相机、手机、卷尺、皮尺、游标卡尺、高枝剪、枝剪、放大镜、标本夹、记录本等。

## 八、实验方法和步骤

本实验先期需对学校所在地区古树名木的分布情况有所了解，可以结合文献、史籍、有关部门登记资料展开古树名木信息摸查。了解大致情况后才可以进行实地调查，调查过程要拍摄、记录古树名木生存现状及树体资料的图片，向市民询问了解树木的历史和现状。对目前存在的问题进行分析讨论，提出保护与利用建议。

调查方法参照《全国古树名木普查建档技术规定》，采用每木调查法。调查表（表 38-1）项目包括树种、树高、胸径、冠幅、姿态、生长势、病虫害程度、生长环境、生长状况、树龄、传说记载、保护现状和详细等，并记录调查区域的地形、地貌、海拔、生境等。各参数的调查包括用测高仪测量古树的高度；用卷尺、皮尺测量古树的胸径、孔洞情况等；用高枝剪和标本夹等制作标本；用相机实拍古树情况，根据古树的生长状态、枝叶的繁茂程度等评价古树的适应性、抗性表现及生长势等；树龄可以查看古树名木登记牌，缺少登记牌的可以访问知情群众或看村志、碑文记载等来估算树龄。

表 36-1　古树名木现状调查表

市：　　　　　县（市、区）：　　　　　调查单位：　　　　　编号：

| 树木名称 | 中文名：　　俗名： | 照片编号 | | |
|---|---|---|---|---|
| | 科：　　属： | 级别 | | |
| | 拉丁名： | 雌雄 | ①雌株；②雄株；③雌雄同株 | |
| 地点 | 县（市、区）　乡（镇、街道）　村（居委）　组（号） | | | |
| | 小地名 | | | |
| GPS | E | | N | |
| 树龄 | 传说树龄　　；估测树龄　　年 | | 伴生植物 | |
| 古树群树龄 | 株 | 面积　　亩 | 分布方式 | ①集中分布；②片状分布；③散生 |
| 生长性状 | 树高：　米，　枝下高　米；　胸径　厘米 | | | |
| | 冠幅：东西　　米；　南北　　米 | | | |
| 立地条件 | 海拔：　米；坡向：　　；坡度：　　度；坡位： | | | |
| | 土壤类别：①棕壤；②褐土；③潮土；④盐碱土；⑤其他 | | | |
| | 土壤厚度：　　厘米　　肥力状况：①肥沃；②中等；③贫瘠 | | | |
| 生长状况 | 生长势：①旺盛；②一般；③较差；④濒死 | | | |
| | 开花结实状况：①多；②正常；③很少；④无；⑤其他 | | | |
| | 病虫害情况：①无；②轻；③重； | 病虫害种类： | | |
| 权属 | ①国有；②集体；③个人；④其他 | | | |
| 保护管理现状 | | | | |
| 传说记载 | | | | |
| 管护者 | | 原挂牌号：第　　号 | | |

调查人：　　　　　　　　　　调查日期：

## 九、实验注意事项

(1)拍照要达到一定的清晰度,照片和纸质材料的编号要对应。
(2)要从多个角度对古树名木拍照,要全面准确反映树木生长现状。
(3)树龄判断既要尊重事实,又要多方验证。
(4)调查资料要及时编号、存档,调查记录材料要有专人校对核实。

## 十、学习思考题

### (一)客观题

一般层次

较高层次

### (二)主观题

一般层次

较高层次

## 十一、参考文献

杭州西湖北线古树名木保护现状调查分析

济南市古树名木资源现状和分布特征

云南省芒市古树名木资源调查与特征分析

古树名木生长状况与环境因子关系研究——以浙江省古樟树为例

生态文明背景下城市古树名木保护规划方法及实施机制的思考——以上海的实践为例

台州市古树名木资源特征和空间分布格局研究

# 实验38 彩色树木在园林绿化中的应用调查

## 一、实验说明

彩色树木主要是指以树木各部位色彩(非绿色)作为观赏特性的树木,通常包括观叶、观杆等几种。其中主要是以观叶的树木为主,故又称为彩叶树木。本实验属于综合探究性实验,学生通过老师讲解、观看相关视频,熟悉园林绿化造景中彩色树木的种类,通过实际调查了解彩色树木在园林绿化中的应用形式和生存情况。为了保证实验的顺利进行,要求学生按照所列的实验方法和实验步骤认真操作。建议:可以预先学习本实验的教学 PPT,熟悉彩色树木在园林绿化中的应用调查内容,并进行小组调查预实验,仔细观察、记录实验过程中彩色树木的形态特征、配置形式等内容,分析其在园林绿化中的应用现状,并总结彩色树木在园林绿化应用中存在的问题,并提出解决方案,为本地区彩色树木保护、开发与利用提供借鉴。

## 二、建议学时:4 学时

## 三、实验目的

(1)了解彩色树木的种类和观赏特征。

(2)掌握彩色树木应用的绿地类型、配置方式,了解生存情况。

(3)分析总结彩色树木的应用现状和今后的发展趋势。

(4)培养学生严谨的逻辑思维能力和综合协调能力。

## 四、实验原理

彩色树木是一类在生长季节或生长季节的某些阶段叶片、茎秆的全部或部分呈现非绿色的树木。彩色树木因能为园林景观增添色彩而越来越受到关注。合理利用彩色树木点缀景色,能够起到丰富整体构图、调整景观色彩的重要作用,能够提高人们感官的舒适度,同时能够使园林景观展现出不同的绚丽色彩。

但彩色树木的实际应用也有一些不足,例如存在着不符合彩色树木的生物学习性等现象,一些树木要求全光照才能体现其色彩美,一旦处于光照不足的半阴或全阴条件下,将恢复绿色,失去彩叶效果。另一些树木则要求半阴的条件,一旦光线直射,就会引发生长不良,甚至死亡。因此在配置植物时一定要充分了解彩色树木的生态习性,确保树木成活并展示出良好的长势。要注重运用园林树木栽植的原则和要求,根据实际的园林情况,合理选择彩色树木的栽植形式,才能使彩色树木在景观园林中发挥应有的作用。

## 五、实验内容

(1)实验区域彩色树木的种类和观赏特征调查。

(2)彩色树木应用的绿地类型、配置方式和生存情况调查。

(3)对调查区域彩色树木的应用现状进行总结分析。

(4)提出被调查区域彩色树木应用的相关建议。

## 六、实验材料

学校所在地区有关区域内的彩色树木。

## 七、实验用具

手机、相机、钢卷尺、皮尺、游标卡尺、叶面积仪、叶片厚度仪、测高仪、放大镜、记录本等。

## 八、实验方法和步骤

### (一)文献调查

(1)查阅本市有关彩色树木应用的相关报道和研究资料,确定调查区域。

(2)查阅文献,了解国内外彩色树木应用的现状。

### (二)实地调查

(1)彩色树木的品种、类别和观赏特征调查。内容包括:树木科属种;树木类型(乔木、灌木、藤本、地被);彩色器官(枝杆、叶片、叶脉);枝叶色彩(红、黄、橙)、种类(单色、双色、斑驳色、镶边色、彩脉);观赏季节(春季、秋季、常年)。

(2)彩色树木应用的绿地类型、配置方式和生存情况调查。内容包括:

①绿地类型:道路、广场、公园、校园等。

②配置方式:孤植、丛植、群植或片植、列植、色块。

③生存情况调查:生长势(枝叶是否茂盛,是否有病虫害等)、胸径、树高、冠幅、叶面积、叶片厚度等。

实地调查时需要采集植物标本、拍摄照片,对其枝叶特征、植物生境、观赏特性及应用评价作详细的调查记录;根据其调查数据分析本地区的彩色树木资源的应用价值、应用现状、存在的问题和对策建议。

### (三)填表

调查相关信息及时填入表38-1。

**表38-1 某地区引种彩叶树木数量统计表**

调查日期: 调查区域: 调查人:

| 序号 | 植物名称 | 植物学名 | 树木类型 | 观赏特征 | 绿地类型 | 配置方式 | 生长状况 | 分析建议 |
|---|---|---|---|---|---|---|---|---|
| 1 | | | | | | | | |
| 2 | | | | | | | | |
| 3 | | | | | | | | |
| 4 | | | | | | | | |
| 5 | | | | | | | | |
| … | | | | | | | | |

## 九、实验注意事项

(1)调查区域需要有代表性。

(2)调查树木也需要有代表性,或者调查多棵同类树木,取平均值。

(3)调查指标要根据树木种类适当调整,以符合树木特征。

(4)调查时不要影响、破坏原有树木景观。

## 十、学习思考题

### (一)客观题

一般层次

较高层次

### (二)主观题

一般层次

较高层次

## 十一、参考文献

彩色植物在大学校园的应用浅谈——以郑州四所院校为例

宝鸡地区彩色植物及园林利用

彩色树木在园林绿化中的应用原则及方式探讨

彩色树木在园林绿化中的应用

园林新优观赏、彩色树木引种适应性研究

浅谈园林绿化中彩色树木的作用

浅谈彩色树木在园林绿化中的应用

# 实验39 园林树木电子标本制作

## 一、实验说明

本实验属于综合探究性实验，学生通过老师讲解、观看相关课件，了解、熟悉园林树木电子标本制作的基本内容和要求，通过实践了解园林树木电子标本制作的基本方法和流程。为了保证实验的顺利进行，要求学生按照所列的实验方法和实验步骤认真操作。建议：可以预先学习本实验的教学PPT，熟悉树木电子标本制作的相关知识，开展小组预实验，仔细观察、记录预实验过程中出现的一些新问题，并进行小组讨论、综合分析，形成较全面的解决方案。

## 二、建议学时：4学时

## 三、实验目的

(1)进一步熟悉常见园林树木的形态特征。

(2)掌握相似树木的主要形态识别点。

(3)学会园林树木电子标本制作的方法和要求。

(4)培养学生严谨的逻辑思维能力和综合协调能力。

## 四、实验原理

园林树木电子标本是利用数码设备(如照相机、扫描仪、摄像机等)采集并利用电脑等电子设备进行后期编辑处理的数字化植物图像，是一组体现植物分类学特性的树木图片。电子标本能很好地反映植物的原始色泽、形态和细微特征，与传统的实物标本相比，对植物无损，植物形态自然、色彩真实，保真度高，可长期保存，电子资料可复制、可传输，有利于保存和交流。

另外，电子标本可以承载更多信息，能够从宏观和微观两个方面对树木进行扩展描述。一是可以展示高大植物的全株形貌乃至其生活环境；二是可以借助微焦镜头或解剖镜等装置展现肉眼难以观察的细微结构；三是可以把形态相近的树木进行放大、集中排列，进行特征比较。因此，电子标本反映的植物形态和结构信息可以更全面、更具体，更有助于对树木的认知和识别。

## 五、实验内容

(1)树木电子标本的采集。

(2)树木电子标本的后期编辑加工。

(3)树木电子标本的拓展应用。

## 六、实验材料

校园常见园林树木,包括形态相近的部分园林树木。

## 七、实验用具

工具书、数码相机、高枝剪、枝剪、锄头、解剖针、镊子、号牌、标签等。

## 八、实验方法和步骤

### (一)树木电子标本的采集

树木电子标本主要包括器官形态(含物种特征)、个体形态、分布区或采集地环境、解剖结构显微图片、等。

在电子标本采集时,一般取其具有代表性的枝条(尽量带有花和果),藤本树木应视其茎的长度和粗细进行选择性采集,粗而长的藤本植物可分段采集其具有代表性的部分(包括繁殖器官),细而短的采集全株。

1. 保证采集的原始图像质量,便于后期编辑加工

采集时,优先采用高像素、高放大倍数的数码相机,像素要求在500万像素以上,推荐800万像素。最好带有微距照相功能,便于对小型植物或重要的分类特征部位进行微距拍摄特写。光线选择自然光背景,视情况选择是否外加补光灯,拍摄时尽量防止画面抖动发虚;对那些体色对比度不高、颜色较透明的植物材料,拍摄时要适当增加一些侧逆光,使其轮廓明晰,质感增强。

2. 图像的主题要明确,构图要合理

图像可以是器官形态、个体形态、分布区或采集地环境等。

(1)全株。一般原则是必须有全株影像,花、叶等有重要分类学意义的部位要重点表现,如鹅掌楸的典型特征是叶形似马褂。

(2)叶片。叶片的图像十分重要。对于某些细微的特征部位,必要时作微距拍摄特写,如香樟叶离基3出脉,近叶基的第一对或第二对侧脉长而显著,背面微被白粉,脉腋有腺点,叶子三出脉及基部的腺点需要重点表现。

(3)生境。对生境有特殊要求的植物,如沙生植物、水生植物等,需要拍摄植物的生长环境,寄生植物应连寄主一起采集图像。

(4)特殊性形态。树木的特殊性决定了形态的特殊性。不同的植物,有不同的要求,比如银杏,雄株主枝与主干间的夹角小,树冠稍瘦,且形成较迟;叶裂刻较深,常超过叶的中部;秋叶变色期较晚,落叶较迟;着生雄花的短枝较长(1~4cm)。雌株主枝与主干间的

夹角较大，树冠宽大，顶端较平且形成较早；叶裂刻较浅，未达叶的中部；秋叶变色期及脱落期均较早；着生雌花的短枝较短（1～2cm）。根据上述特点，采集的图像至少应该分别包括雌株或雄株的全株、局部（主干与主枝间夹角、短枝）、花、叶片等不同层次。

3. 适当选择参照物，体现实物大小信息

电子标本不能像实物标本那样直接体现物体的实际大小，一般情况下，拍摄者有时很难仅仅根据孤立的图像或文字描述来感知原始物体实际大小。因此，在不影响构图的情况下，拍摄时如果能恰当地选择参照物，则可以给人如见其物的感觉，对拍摄对象的真实大小有比较接近的认知。

（1）参照物一定要为人们所熟知，且大小基本固定。比如人体的全部或部分（如手、手臂等）、较小的生活或实验用品（如刻度尺、铅笔、硬币等）都可以在适当的情况下选作参照物。

（2）拍摄距离要近。参照物与拍摄物体距离要非常贴近，太远则失去参照效果，最好从拍摄者的角度观察时参照物能和拍摄物在同一拍摄平面，特别是用有刻度的物体（刻度尺、卷尺）作参照时，要做到拍摄的刻度清晰可辨。

（3）协调拍摄物和参照物。参照物的选择既要注意体现其参照效果，又要注意与目标拍摄物之间的协调，较大的植物选择较大的参照物，较小的植物或局部特写，选择较小的参照物。根据图像表现的主题进行构图，构图要合理，有美感，一般充满画面的80%左右。

（4）附加标尺。如果现场难以选择合适的参照物或选择参照物后拍摄效果不好，可以先不附加参照物，但最好能记下拍摄目标的真实大小，便于后期编辑时加注标尺。

### （二）树木电子标本的后期编辑加工

1. 图片筛选

将拍摄好的原始图像导入电脑，查看图像的质量并从中筛选优质图像，质量较差的尽可能不用。

2. 图片处理

用Photoshop、Coreldraw、光影魔术手等常用图形图像处理软件进行编辑，包括亮度、对比度、色彩、构图等简单图像处理方法，注意不要做深层加工，不要改变植物的原有形貌和色彩特征。处理时要兼顾图像质量和文件大小的平衡，以质量优先为原则，在确保图像质量的前提下，适当调整文件大小。不推荐在图像处理时为电子图像附加文字说明，比如植物的学名、分类特征等信息，这样会影响图片的美观度。

### （三）形态相近树木的特征对比

对于一些形态相近、较难以识别的园林树木，可以把相关识别点拍摄成高清图片，集中排列，针对性地进行比较，可以添加一些标识和相关文字说明，帮助加深对这些树木的识别。

### (四)电子标本库的标注

除了电子标本展示的图像信息外,还可以附加描述性文字信息,其中包括传统植物标本的文字记录项目,如中文名、学名、科名、采集号、采集者、采集时间、采集地点、鉴定者、鉴定日期、标本室号等信息,还可以包括电子标本扩展的信息,如植物的形态特征、生态习性、产地分布、繁殖栽培、品种和类型、经济用途、备注等。

## 九、实验注意事项

(1)采集前应温习植物分类学相关知识。

(2)确定实验树木后要查询资料,加深对实验对象的形态学认识。

(3)采集或拍摄的树木原始图像质量要好,清晰度要高。

(4)要及时做好拍摄图片的编号、标注工作。

(5)选择植物模式拍摄,一般不建议使用闪光灯,应选择其他补光方式。

(6)特写镜头可以借助三脚架拍摄。

## 十、学习思考题

### (一)客观题

一般层次

较高层次

### (二)主观题

一般层次

较高层次

## 十一、参考文献

天山北坡荒漠藜科植物电子标本库的构建

电子标本采集在保护区植物学野外实习中的应用

园林植物标本的采集制作技术与实验教学应用

植物电子标本库建设的若干问题探析

# 实验40 园林树木的冬态识别

## 一、实验说明

在冬季,落叶树种在休眠期内没有叶子,而园林中诸如假植、出圃、修剪、春植等工作均在落叶后、发芽前进行,因此识别树木冬态对于从事园林绿化工作的人员具有重要意义。

本实验属于综合探究性实验,学生通过老师讲解、观看相关资料,熟悉冬季树木的形态特征,通过实践,掌握冬季基于树皮、枝条、叶痕的形态观察识别园林树木的方法。为了保证实验的顺利进行,要求学生按照所列的实验方法和实验步骤认真操作。建议:可以预先学习本实验的教学PPT,熟悉冬季识别园林树木的形态指标种类,开展小组预实验,仔细观察、记录预实验过程中出现的一些新问题,再进行小组讨论、综合分析,形成较全面的解决方案。

## 二、建议学时:4学时

## 三、实验目的

(1)熟悉树木冬态术语。

(2)了解冬态识别园林树木的指标类别。

(3)掌握冬季识别园林树木的方法。

(4)熟悉冬季树木的生长特点。

(5)培养学生严谨的逻辑思维能力和综合协调能力。

## 四、实验原理

树木的冬态是指落叶树种进入休眠时期,树叶脱落,露出树干,枝条和芽苞外观上呈现出和夏季完全不同的形态。园林树木入冬落叶后营养器官保留着可以反映和鉴定为某种树种的某些形态特征,如树皮、枝条、叶痕、叶迹等冬态特征,成为主要的识别依据。通过园林树种的冬态观察、鉴定,识别各种园林树木,可以为冬季园林绿化施工奠定基础。

## 五、实验内容

冬季落叶树木形态特征观察,包括:树形和树干、枝、叶痕、叶迹、皮孔、髓、冬芽、枝干附属物及枝条的变态、宿存的果实、枝叶以及秋季形成的花序等特征。

## 六、实验材料

自选校园落叶树木10种。

## 七、实验用具

工具书、手机(相机)、测高仪、高枝剪、枝剪、卷尺、放大镜、解剖针、镊子、记录本等。

## 八、实验方法和步骤

冬态识别树种一般遵循从整体到局部、由表及里的原则,主要观察如下一些特征:树形和树干、枝、叶痕、叶迹、皮孔、髓、冬芽、枝干附属物及枝条的变态、宿存的果实、枝叶以及秋季形成的花序等。

### (一)树形和树干观察

1. 树形观察

由于园林树木在休眠期树叶大多枯落,杆枝外观显露,不同树种呈现出各异的分枝状貌。

(1)塔形:如毛白杨、鹅掌楸、法桐不截干树等。

(2)圆柱形:如钻天杨、新疆杨、窄冠杨等。

(3)卵圆形:如加拿大杨老树、旱柳、银中杨、蒙古栎老树等。

(4)圆球形:如白榆、杏树、李子树、栾树等。

(5)盘伞形:如合欢、桃、龙爪槐嫁接种等。

(6)垂枝形:如垂枝榆嫁接种、绦柳、金丝垂柳等。

(7)半圆形:如小叶朴、山桃稠李、梓树老树、山梨等。

(8)灌木类:主干低矮或不明显,树体高度在6m以下,如榆叶梅、紫丁香、接骨木等。

(9)丛木类:没有主干,所有干茎都自地面呈多数状生出,如红瑞木、东北连翘、辽东水蜡、珍珠绣线菊等。

(10)铺地类:干枝均匍地生长,如铺地柏等。

(11)灌木类、丛木类和铺地类:可以分为分枝直立型和分枝拱形下垂型。

①分枝直立型的灌木有榆叶梅、紫丁香、疣枝卫矛等。

②分枝直立型的丛木有红刺玫、黄刺玫、珍珠梅、东北连翘、东北山梅花等。

③分枝拱形下垂型的灌木有金银忍冬、朝鲜接骨木、垂枝碧桃等。

④分枝拱形下垂型的丛木有金钟连翘、垂枝连翘、枸杞、毛果绣线菊等。

(12)藤木类:干枝不能直立生长,需攀附或缠绕于他物向上生长的树种。

①缠绕茎类,如紫藤、北五味子、软枣子猕猴桃等。

②吸附茎类,如五叶地锦、凌霄、炮仗树等。

③钩攀茎类,如蔓生蔷薇、雷公藤等。

④卷须茎类,如山葡萄、蛇白敛等。

2. 树干观察

树皮是树木冬态识别中最为直观明显的特征之一,也是我们在工作中最常用到的识别特征。可以通过干皮的颜色、开裂形式、皮孔的大小与形状等细部特征来分辨树木的种类。主要观察干皮颜色、质地。①干皮灰绿色,如毛白杨、新疆杨等;②古铜色者,如山桃等;③干皮光滑,如山桃等;④干皮粗糙不开裂,如臭椿等;⑤干皮浅纵裂者,如槐树、皂角等;⑥干皮深纵裂者,如刺槐、榆、垂柳等。

### (二)枝的粗细、姿态、颜色观察

(1)枝条粗细:粗的如臭椿、香椿等;细的如垂柳、馒头柳等。

(2)枝条姿态:“之”字形折曲的如枣树、紫荆等;枝条扭曲的如龙爪柳等。

(3)枝条颜色:红色者如红端木等,紫红色者如紫叶李、杏、山杏、紫叶桃等,棕色者如棣棠、槐树等,古铜色者如山桃等。

(4)分枝方式:

①单轴分枝,如杨树、山毛榉等。

②合轴分枝,如枣树、核桃树、苹果树等。

③假二叉分枝,如丁香、接骨木、茉莉等。

### (三)叶痕观察(着生方式)

(1)互生,如槐树、杨柳类、栾树、榆叶梅等。

(2)对生,如元宝枫、丁香、连翘、金银木等。

(3)轮生,如楸、灯台树等。

### (四)叶迹观察

叶迹的观察应依据叶迹数量的不同。1 个或 1 组:杜仲、紫薇、石榴等;2 个或者 2 组:银杏等;3 个或 3 组:槐树、刺槐、枫杨、文冠果、珍珠梅、棣棠、黄檗、垂柳等;4 个(组)及以上:桑树、臭椿、木槿、悬铃木等。

### (五)皮孔形状观察

(1)山桃、臭椿、枫杨等树种皮孔为透镜形。

(2)槐树、紫丁香、栾树、垂柳等皮孔呈圆形或近圆形。

(3)地锦等皮孔呈纵椭圆形。

### (六)髓观察

髓位于枝条中心部位,各种树种的小枝髓心状貌有所不同,鉴别树木冬态时,经常会依据髓心的断面形状、大小、颜色以及实心与否、是否是片状分隔等特征来判断树木种类。

(1)实心髓:髓心充实,大多数的树种都为此种类型。

(2)空心髓:髓心中空,如连翘、金银木、毛泡桐等。

(3)片状髓:髓心分隔呈片状,如杜仲、枫杨、胡桃楸、金钟花等。

### (七)冬芽

1. 着生的位置

(1)有顶芽:如胡桃、白蜡、银杏、玉兰、梧桐、文冠果、元宝等。

(2)无顶芽:如臭椿、杜仲、槐树、刺槐、泡桐、旱柳等。

(3)假顶芽:有些树种靠近枝端部分节间缩短,近枝端的侧芽萌发抽条,乍看好像有顶芽,这种侧芽称为假顶芽。栾树、柿树、山杏等的芽均为假顶芽。

2. 着生方式

(1)多数单生。

(2)并生:2~3个芽左右并列而生,如碧桃、山杏、胡枝子等。

(3)叠生:2~3个芽上下叠生,如紫珠、紫荆、海州常山、皂荚、胡桃的雄花芽、紫穗槐等。

(4)叠并生:如连翘等。

(5)多枚芽簇生:榆叶梅、毛樱桃的冬芽除并生外,短枝及近枝端常有多枚芽簇生。

(6)叶柄下芽:有些树种的芽为叶柄基部覆盖,落叶以后才显露,称为叶柄下芽,如悬铃木、槐树、盐肤木、太平花、刺槐等。

3. 芽的形状

不同树种冬芽的形状也多不相同,有冬芽呈圆球形的,如梧桐、雪柳等;有呈圆锥形的,如樱花、毛樱桃等;有呈卵形的,如毛白杨、杜仲、椴树、栾树等;有扁三角形的,如柿树等。

4. 芽的大小

(1)有些树种的冬芽大而明显,如毛白杨、紫薇、七叶树、紫丁香等。

(2)也有些树种的冬芽小而不太明显,如刺槐、槐树、山皂角等。

5. 芽的颜色

多数树种冬芽的颜色为褐色或暗褐色;也有少部分树种的冬芽颜色较有特色,如鸡爪槭、紫叶李、山杏、黄刺玫等的冬芽为紫红色,碧桃的冬芽为锈褐色,椴树的冬芽为紫褐色,柳树的冬芽为淡黄褐色,紫丁香的冬芽为绿色。

6. 有无芽鳞

(1)鳞芽:如杨树、松树等。

(2)裸芽:如枫杨、胡桃等。

### （八）刺、毛被和宿存物

（1）有皮刺：如月季、黄刺玫等。

（2）有叶刺：如小檗、刺槐、枣等。

（3）有枝刺：如贴梗海棠、山楂、皂荚等。

（4）宿存的果实：

①浆果类：如石榴芽。

②蒴果类：如丁香、连翘、木槿、锦带花等。

③翅果类：如白蜡等。

④核果类：如女贞、棕榈等。

⑤荚果类：如刺槐、槐等。

### （九）填表

把相关观察信息填入表40-1中，再查阅工具书进行仔细核对。

**表40-1　园林树木冬态观察记录表**

<table>
<tr><th colspan="2">特征/树种</th><th>树种1</th><th>树种2</th><th>树种3</th><th>树种4</th><th>树种5</th><th>树种6</th><th>……</th><th>……</th></tr>
<tr><td colspan="2">树形</td><td></td><td></td><td></td><td></td><td></td><td></td><td></td><td></td></tr>
<tr><td colspan="2">树干</td><td></td><td></td><td></td><td></td><td></td><td></td><td></td><td></td></tr>
<tr><td rowspan="9">枝条</td><td>有无短枝</td><td></td><td></td><td></td><td></td><td></td><td></td><td></td><td></td></tr>
<tr><td>刺类型</td><td></td><td></td><td></td><td></td><td></td><td></td><td></td><td></td></tr>
<tr><td>叶痕特征着生方式</td><td></td><td></td><td></td><td></td><td></td><td></td><td></td><td></td></tr>
<tr><td>叶迹数目</td><td></td><td></td><td></td><td></td><td></td><td></td><td></td><td></td></tr>
<tr><td>髓心</td><td></td><td></td><td></td><td></td><td></td><td></td><td></td><td></td></tr>
<tr><td>脱叶痕</td><td></td><td></td><td></td><td></td><td></td><td></td><td></td><td></td></tr>
<tr><td>分枝方式</td><td></td><td></td><td></td><td></td><td></td><td></td><td></td><td></td></tr>
<tr><td>有无顶芽</td><td></td><td></td><td></td><td></td><td></td><td></td><td></td><td></td></tr>
<tr><td>……</td><td></td><td></td><td></td><td></td><td></td><td></td><td></td><td></td></tr>
<tr><td rowspan="3">冬芽</td><td>芽类型</td><td></td><td></td><td></td><td></td><td></td><td></td><td></td><td></td></tr>
<tr><td>着生方式</td><td></td><td></td><td></td><td></td><td></td><td></td><td></td><td></td></tr>
<tr><td>……</td><td></td><td></td><td></td><td></td><td></td><td></td><td></td><td></td></tr>
<tr><td>其他</td><td></td><td></td><td></td><td></td><td></td><td></td><td></td><td></td><td></td></tr>
</table>

## 九、实验注意事项

（1）必须熟悉冬态术语的丰富内涵。

（2）形态观察时要排除外界因素对树木形态的影响。

（3）指标观察时尽可能详尽记录。

## 十、学习思考题

### （一）客观题

一般层次

较高层次

### （二）主观题

一般层次

较高层次

## 十一、参考文献

园林树木的冬态识别要点

吉林省园林落叶树木冬态识别方法的研究

园林树木的冬态识别

商丘市常见落叶树种的冬态识别

观赏树木形态识别技能之冬态识别技术研究

# 第九章

# “园林树木学”开放开发性实验

## 实验41　校园树木四季配置调查

### 一、实验类别

本实验属于开放开发性实验，只设定实验目的和实验要求，实验的材料、方法和步骤等细化方案以及实验条件都由同学自行设计完成。

建议学生认真听老师讲解，观看相关资料，熟悉树木配置的基本原则，了解四季中具有观赏价值的树木种类及其特点，也可以预先踏看校园，了解校园树木四季配置情况，在此基础上进行实验设计。

为了确保设计方案的合理性、科学性，小组方案要经过所有成员积极研讨并不断完善，应充分论证，获得通过后才能实施。

### 二、建议学时：4学时

### 三、实验目的

(1)从季相设计出发，熟悉每季可配置树木的种类、习性和季节观赏特点。

(2)从生态学、艺术学设计出发，掌握树木配置的组合方式和种植方法。

(3)验证和内化树木配置的基本原则。

(4)探索季相与文化间的关系。

(5)培养学生求真务实的工作作风、科学严谨的逻辑思维和紧密合作的团队精神。

### 四、实验原理

各种树木的发芽、展叶、开花、结实、落叶等现象属植物物候现象。季相是群落在一年中因各种树木的不同物候进程在不同季节里表现出来的不同外貌。植物的季相变化年复一年重复出现，是植物生长过程中适应环境的自然节律。树木季相的变化，反映着景观的时序美。因此，掌握植物物候变化规律在指导植物季相景观设计等方面具有重要意义。

植物随着季节的不同而发生形态和颜色的变化。在园林绿地中常利用较突出的色彩变化增加园林艺术效果，它是园林设计中必须考虑的重要内容之一。完美的植物景观，必须具备科学性与艺术性两方面的高度统一，既要满足植物与环境的统一，又要通过艺术构图原理体现出植物个体与群体的形式美。当然在园林设计中对季相变化的利用需要考虑植物配置和地区性的差异等因素。

## 五、实验内容

(1)季相调查与分析。

(2)色相调查与分析。

(3)树木配置方式调查。

(4)树木季相设计与文化间的关系调查。

## 六、推荐材料与用具

### (一)植物材料

校园树木(选择四季景观中部分代表性树木)。

### (二)实验用具

工具书、相机(手机)、卷尺、皮尺、测高仪、记录本等。

## 七、实验设计要求

(1)查找相关文献和资料，了解树木四季配置的基本原则、发展趋势和存在问题，确定实验调查对象、内容和目的。

(2)查找相关资料与文献，针对性地了解调查对象的生物学习性、生态学习性、生态功能以及景观应用特点，特别是四季景观效果。学习借鉴前人在景观设计上对此类树木的开发应用和设计经验，做好调查前的准备。

(3)细化调查内容、具体指标和调查方法，评估调查可能面临的困难，做好问题解决预案，并经小组讨论后定稿。

(4)确定完成此实验所需要的条件、人员、场地要求和时间节点。

(5)调查方案应该借鉴相关文献和相关资料介绍的前沿思想，在此基础上大胆设计，突出调查的创新性、科学性和实用性。

(6)通过现场踏看、人物访谈，了解校园树木四季配置设计中的文化元素和艺术思想。

## 八、调查参考内容和指标

### (一)季相调查和分析

1. 叶的季相

(1)校园春彩色树种。

(2)校园秋彩色树种。
(3)校园常彩色树种。
(4)校园冬彩色树种。
2. 花的季相
(1)校园春花树种调查。
(2)校园夏花树种调查。
(3)校园秋花树种调查。
(4)校园冬花树种调查。
3. 果的季相
(1)校园春季结果树种调查。
(2)校园夏季结果树种调查。
(3)校园秋季结果树种调查。
(4)校园冬季结果树种调查。
4. 其他季相
树木的其他季相包括茎秆和宿存物季相。

### (二)色相调查与分析

1. 叶的色相
(1)金黄色树种。
(2)红色树种。
(3)紫色树种。
(4)异色系的彩色树种(两种及其以上颜色的树种)。
2. 花的色相
(1)红色系花。
(2)黄色系花。
(3)白色系花。
(4)蓝紫色系花。
3. 果实的色相
(1)红色系果实。
(2)白色系果实。
(3)黄色系果实。
(4)蓝紫色系果实。
(5)黑色系果实。
4. 其他色相
树木的其他色相包括茎秆和宿存物色相。

### (三)其他调查

(1)自然式:孤植、丛植、群植。

（2）规则式：对植、列植、环植。

（3）季相设计与文化间的关系调查。

（4）根据调查内容，设计相关表格，并把调查内容填入表中，并进行分析。

## 九、实验注意事项

（1）设计方案之前，必须对校园四季景观有一个初步的了解。

（2）建议以小组形式来完成，调查方案必须经过充分讨论。

（3）充分考虑调查的内容和完成这些内容的周期。

## 十、学习思考题

### （一）客观题

一般层次

较高层次

### （二）主观题

一般层次

较高层次

## 十一、参考文献

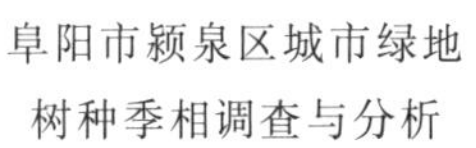

阜阳市颍泉区城市绿地树种季相调查与分析

郑州市紫荆山公园植物季相景观浅析

园林植物叶色季相色彩与审美关系研究

丽水市公园绿地植物景观季相美学分析

植物形态季相变化对园林景观的影响

中国计量科学院实验基地植物景观及其季相特征解析

植物物候相在植物季相景观设计中的应用——以呼和浩特市 40 种园林树木为例

# 实验42 园林树木造型设计调查

## 一、实验类别

本实验属于开放开发性实验，只设定实验目的和实验要求，实验的材料、方法和步骤等细化方案以及实验条件都由同学自行设计完成。

建议学生认真听老师讲解，观看相关资料，熟悉树木造型的美学原理，了解造型树木种类、特点，也可以预先踏看校园，了解校园树木造型应用情况，在此基础上进行调查方案设计。

为了确保设计方案的合理性、科学性，小组方案要经过所有成员积极研讨并不断完善，应充分论证，获得通过后才能实施。

## 二、建议学时:4 学时

## 三、实验目的

(1)熟悉造型树木的种类、习性。

(2)熟悉树木造型的基本方法、造型特点。

(3)了解造型树的造景方式。

(4)培养学生求真务实的工作作风、科学严谨的逻辑思维和紧密合作的团队精神。

## 四、实验原理

园林树木造型就是把景观设计艺术巧妙地渗透在树木栽培技术中，用精益求精的理念与意志优化园林树木品质，使一成不变的苗木旧貌换新颜，并经过长期的栽培管理，不断整形修剪，打造出符合园林树木特点、适合环境要求、具有艺术形象的造型树木，使之比之前更为靓丽美观，更加引人注目。

通过树木造型调查，近距离接触造型树木，有利于熟悉、掌握树木造型方法，更好地开发利用园林树木。

## 五、实验内容

(1)造型树资源、习性调查。

(2)造型树造型方式调查。

(3)造型树造景形式调查(动物、雕塑、建筑、图案)。

(4)造型树的文化内涵调查。

## 六、推荐材料与用具

### (一)植物材料

城市园林绿地中的造型树木。

### （二）实验用具

工具书、相机（手机）、测高仪、卷尺、皮尺、放大镜、记录本等。

## 七、实验设计要求

（1）查找相关文献和资料，了解树木造型的基本方法、发展趋势和存在的问题，确定实验调查对象、内容和目的。

（2）查找相关资料与文献，针对性地了解被调查造型树的生物学习性、生态学习性、生态功能以及景观应用特点。学习借鉴前人在树木造型领域的工作经验，做好调查前的准备。

（3）细化调查内容、具体指标和调查方法，评估调查可能面临的困难，做好问题解决预案，并经小组讨论后定稿。

（4）确定完成此实验所需要的条件、人员、场地要求和时间节点。

（5）调查方案应该借鉴相关文献和相关资料介绍的前沿思想，在此基础上大胆设计，突出调查的创新性、科学性、实用性。不允许把实验设计演变成验证性实验或简单的拼装式实验。

（6）通过现场踏看、人物访谈，了解城市绿地树木造景中的文化元素和艺术思想。

## 八、调查参考内容和指标

（1）调查地点和内容。选择校园周边，有较多造型树景观的城市绿地进行造型树设计调查，调查内容包括但不限于以下部分：树木名称、科属、习性、树木规格（胸径、地径、冠幅、高度等）、造型方式（动物、雕塑、人物等）、造型技法（修剪、盘扎、编扎等）、造景应用的绿地类型（城市公园、湿地公园、植物园、道路两侧等）、应用形式（孤植、丛植等）、季节性强弱、观赏期长短、年度主要修剪任务等。

（2）调查结果记录。把以上调查的内容登记在表 42-1 中。

表 42-1　园林树木造型设计调查登记表

| 调查内容 | 树种 1 | 树种 2 | 树种 3 | 树种 4 | 树种 5 | …… |
|---|---|---|---|---|---|---|
| 树名科属 | | | | | | |
| 习性 | | | | | | |
| 树木规格 | | | | | | |
| 造型方式 | | | | | | |
| 造型技法 | | | | | | |
| 绿地类型 | | | | | | |
| 应用形式 | | | | | | |
| 季节性 | | | | | | |
| 观赏期 | | | | | | |
| 修剪任务 | | | | | | |
| …… | | | | | | |

(3)分析调查结果,总结树木造型现状。

## 九、实验注意事项

(1)设计方案之前,必须对校园造型树有一个初步的了解。
(2)建议以小组形式来完成,调查方案必须经过充分讨论。
(3)充分考虑调查的内容和完成这些内容的周期。

## 十、学习思考题

### (一)客观题

一般层次

较高层次

### (二)主观题

一般层次

较高层次

## 十一、参考文献

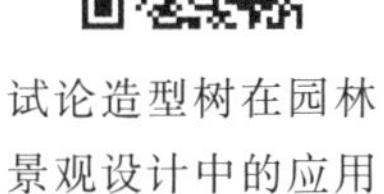
试论造型树在园林景观设计中的应用

园林观赏树木动物形艺术造型研究

园林艺术造型树木种类的评价与筛选

小叶女贞造型树的造型、养护及应用

园林景观设计中造型树的应用

造型树在湖南省城市园林绿化中的应用

造型树在石家庄市街道绿化中的应用调查

# 实验43 园林树木凋落叶的化感作用

## 一、实验类别

本实验属于开放开发性实验，只设定实验目的和实验要求，实验的材料、方法和步骤等细化方案以及实验条件都由同学自行设计完成。

建议学生认真听老师讲解，观看相关资料，熟悉植物化感作用的概念、影响因素及对其他植物生长发育的影响，也可以预先熟悉植物化感实验的基本方法、步骤，在此基础上进行内容或方法创新，完成实验设计。

为了确保实验设计的针对性、实验方案的合理性、实验效果的有效性，小组方案要经过所有成员积极研讨并不断完善，学生自行设计的最终方案应在实验前充分论证，获得通过后才能实施。

## 二、建议学时:4 学时

## 三、实验目的

(1)了解植物化感的作用、化感的表现形式。

(2)熟悉化感物质的作用机理及影响因素。

(3)掌握植物化感实验方法，探索园林树木凋落叶对植物(如草坪种子)的影响。

(4)培养学生求真务实的工作作风、科学严谨的逻辑思维和紧密合作的团队精神。

## 四、实验原理

植物化感作用的本质，是植物通过向周围环境释放化感物质抑制邻近的其他生物的生长与发育。化感作用是指一种植物(包括微生物)通过其本身产生的，并释放到周围环境中去的化学物质对另一种植物(或微生物)产生直接或间接的相互排斥或促进的效应。植物化感作用是一种自然现象，是植物对环境的一种适应和防御机制，是植物与周围的生物群落以次生代谢物质为媒介建立起的稳固的化学作用关系。

生化抑制物质大多属酚化合物和萜烯类，它们几乎存在于所有植物体中，它们可以通过枯落物分解等途径释放到周围环境中去，影响着包括自身在内的一些植物的生长发育。

## 五、实验内容

(1)植物化感作用物质的分离、提取。

(2)受体植物的培养及相关指标的测定。

(3)树木凋落叶化感作用结果分析。

## 六、推荐材料与用具

### （一）植物材料

校园树木的凋落叶。

### （二）备选实验用具

根据实验设计方案需要测定的指标、方法而定。备选用具：烘箱、电子天平、培养皿、培养箱、分光光度计、研钵、恒温水浴锅、离心机、冰箱、烧杯、容量瓶、量筒、叶面积仪、卷尺、游标卡尺等。

## 七、实验设计要求

(1)通过查找文献和资料，弄懂树木化感作用的基本物质、释放途径、作用方式，化感作用测定的技术手段、相关指标，确定实验内容和目标。

(2)选择研究对象，查找相关资料与文献，了解此植物化感作用的研究进展，学习借鉴前人对于同类型植物的研究做法和经验，做好前期实验准备。

(3)确定完成此实验所需要的药剂和实验条件，评估现有实验设备和条件的成熟情况，完成并细化实验设计、完成实验技术路线图。

(4)细化凋落叶处理浓度梯度，根据实验要求，确定测定指标；根据专业所学内容，选择合适的测定方法。

(5)小组讨论、分析实验方案，对于实验可能出现的问题进行预估并提出解决方案。

(6)实验设计应该借鉴相关文献和网络学习资料介绍的先进的技术手段和科学思想，在此基础上大胆设计，突出实验的创新性、科学性、应用性。

## 八、实验参考方法和步骤

### （一）供体植物浸出液获得

(1)采集某种树木凋落叶，用清水洗净，并用吸水纸吸干叶子表面水分。

(2)将叶片剪成小于 2cm 的碎片，取 20g 凋落叶放入试剂瓶内。

(3)在瓶内加入 150mL 蒸馏水，室温下摇床浸提 24h。

(4)用纱布过滤浸提液，获得供体植物浸出液，定容备用。

### （二）受体植物的培养

1. 种子萌发实验

(1)取某种（几种）常见草坪种子做试验，每 30 颗一组，分别均匀地放在培养皿内，并给每个盘子标上标签（对照组 1、对照组 2、对照组 3、实验组 1、实验组 2、实验组 3）。

(2)对照组培养皿内加入适量矿泉水，实验组培养皿内加入不同浓度供体植物浸出液。

(3)每日记录各组种子萌发情况，并在实验的最后一天测定根长和苗高。

(4)计算每组的萌发率(GR)、发芽指数(GI)、化感效应指数(RI)。

(5)测定数据(包括计算值)填入表43-1。

**表43-1 树木凋落叶提取液对草坪种子萌发的影响**

| 测定指标 | 处理1 | 处理2 | 处理3 | …… | CK |
| --- | --- | --- | --- | --- | --- |
| 发芽率/% | | | | | |
| 发芽指数 | | | | | |
| 化感指数1 | | | | | |
| 胚轴长/cm | | | | | |
| 胚根长/cm | | | | | |
| 化感指数2 | | | | | |
| …… | | | | | |
| 化感抑制率 | | | | | |
| 化感作用综合效应 | | | | | |

2. 其他实验

小组自行补充。

### (三)实验结果与分析

根据实验测得的指标数值进行统计分析。

## 九、实验注意事项

(1)设计方案之前,必须对现有实验条件有充分的了解。

(2)建议以小组形式来完成,方案经过充分讨论。

(3)充分考虑实验完成的周期。

(4)注意实验细节,排除非实验因素干扰。

(5)本实验用到很多设施设备,要注意用电安全。

## 十、学习思考题

### (一)客观题

一般层次

较高层次

### (二)主观题

一般层次

较高层次

## 十一、参考文献

化感作用的研究意义及发展前景

植物化感作用研究进展

桉树化感作用研究进展

火炬树化感作用研究进展

林木化感物质研究进展

林(果)粮间作中树木枯落叶对小麦发芽期和苗期的化感效应

马尾松林窗常见植物对马尾松种子萌发的化感作用

雪松枝叶挥发性物质的化感作用及其化学成分分析

# 实验44 园林树木的移栽

## 一、实验说明

本实验属于开放开发性实验,只设定实验目的和实验要求,实验的材料、方法和步骤等细化方案以及实验条件都由同学自行设计完成。

建议学生认真听老师讲解,观看相关资料,熟悉树木移栽水分平衡原理、树木移栽成活影响因素、人为干预措施等,也可以预先了解树木移栽的前期准备、移栽具体操作步骤和后期管理要求,在此基础上进行技术创新,完成实验设计。

为了确保实验设计的针对性、实验方案的合理性、实验实施的有效性,小组方案要经过所有成员积极研讨并不断完善,学生自行设计的最终方案应在实验前充分论证,获得通过后才能实施。

## 二、建议学时:6 学时

## 三、实验目的

(1)熟悉树木移栽土球挖掘的方法和要求。

(2)掌握树木移栽的关键技术。

(3)熟悉树木移栽全流程及影响树木成活的因素。

(4)培养学生求真务实的工作作风、科学严谨的逻辑思维和紧密合作的团队精神。

## 四、实验原理

地下根系吸水能力：树木挖掘、移栽过程中根系损伤严重，特别是具有主要吸水功能的须根大量丧失，使得树木移栽后根系不再马上吸取大量水分，以满足地上部分枝叶蒸腾所需的水分需求。

地上枝叶水分蒸发：树木移栽后，根系吸收水分较少，枝叶所需水分主要依靠存储在树体中的水分，树体保留的枝叶越多，蒸发的水分就越多，树体消耗的水分也越多。

为保证树木移栽成活，一方面需要移栽树木尽快长出根系，恢复吸水功能，而根的再生又是依赖消耗树干和树冠下部枝叶中储存物质的水平；另一方面在根系吸水能力恢复之前尽可能减少枝叶水分蒸发。当枝叶水分损失超越生理补偿点后，枝叶即干枯、脱落，芽亦干缩，所以树木移栽后要进行枝叶修剪。所以，树木栽植成活的关键是维持和恢复地上部分和地下部分的水分平衡。

## 五、实验内容

(1)树木挖掘、修剪。

(2)树木包装、运输。

(3)放样、树穴挖掘、树木移栽。

(4)树木养护。

## 六、推荐材料与用具

### (一)植物材料

考虑人工搬运方便，选择校园内高度不超过3m、胸径(地径)不超过5cm树木作为移栽实验的材料。

### (二)备选实验用具

铁锹、镐头、剪枝剪、手锯、杆桩、草绳、铁丝($\Phi=8$mm)、钳子。

## 七、实验设计要求

(1)按照要求提前进行校园踏看，初步选择好实验材料，了解该树木的习性及移栽成活率大小。

(2)查找文献和资料，了解树木移栽技术现状，新技术、新材料的应用情况。

(3)提前准备好移栽工具、材料等，做好实验前期准备工作。

(4)根据提前了解的树木移栽流程，制定树木移栽操作路线图，完成本实验设计。

(5)评估季节、天气对树木移栽的影响，并做好相关预案。

(6)实验设计应该充分借鉴相关文献和网络学习资料介绍的先进的技术手段和科学思想，综合所有资料，从创新角度大胆设计，同时考虑科学性、实用性和安全性。

## 八、实验参考方法和步骤

### (一)移植前的准备

1. 明确设计意图,了解栽植任务

园林树木栽植中树木种类的选择、树木规格的确定以及树木定植的位置,都受设计思想的支配。在栽植前必须对工程设计意图有深刻的了解,准备好必要的栽植用具等。

2. 地形和土壤准备

(1)地形准备。依据设计图纸进行种植现场的地形处理,并清理有碍树木栽植和植后树体生长的建筑垃圾和其他杂物。

(2)土壤准备。栽植前对土壤进行测试分析,明确栽植地点的土壤特性是否符合栽植树种的要求,是否需要采用适当的改良措施。

3. 定点放线,树穴开挖

(1)定点放线。

(2)树穴开挖。树穴的平面形状以便于操作为准,多以圆、方为主,没有硬性规定,可根据具体情况灵活掌握。树穴的大小和深浅应根据树木规格和土层厚薄、坡度大小、地下水位高低及土壤墒情而定。

4. 树木准备

对从苗圃购入或从外地引种的树木,应要求供货方在树木上挂牌列出种名,必要时提供树木原产地及主要栽培特点等相关资料,以便了解树木的生长特性。

同时,应加强植物检疫,杜绝重大病虫害的蔓延和扩散,特别是从外省(区、市)或境外引进树木,更应注意树木检疫、消毒。

### (二)园林树木的移植

1. 冠根修剪

在定植前,必须对树木树冠进行不同程度的修剪,以减少树体水分的散发,维持树势平衡,以利树木成活。修剪量依不同树种及景观要求有所不同。

2. 树木定植

定植前要检查树穴的挖掘质量,并根据树体的实际情况给予必要的修整。树穴深浅的标准,以定植后树体根茎部略高于地表面为宜,切忌因栽植太深而导致根茎部埋入土中,影响树体栽植成活和其后的正常生长发育;同时应注意将树冠丰满完好的一面朝向主要的观赏方向,如入口处或主行道。若树冠高低不匀,应将低冠面朝向主面,高冠面置于后面,使之有层次感。

定植时将混好肥料的表土,取其一半填入坑中,培成丘状。裸根树木放入坑内时,务必使根系均匀分布在坑底的土丘上,校正位置,使根茎部高于地面 5 ~ 10cm,珍贵树种或根系欠完整树木应采取根系喷布生根激素等措施。其后将另一半掺肥表土分层填入坑内,每填 20 ~ 30cm 土踏实一次,并同时将树体稍稍上下提动,使根系与土壤密切接触。

最后将新土填入植穴,直至填土略高于地表面。

引进树木,更应注意树木检疫和消毒。

3. 筑围堰

树木栽植后,应在略大于种植穴直径的周围,筑成高 10 ~ 15cm 的灌水土堰,土堰应筑实不得漏水。

4. 立支架

(1)栽植胸径 5cm 以上的乔木、树高超过 2m 的常绿树都应立支架固定。可选用通直的木棍、竹竿作支架。支撑点以树体 1/3 ~ 1/2 处为宜。

(2)支架应有一定的长度和粗度,确保支撑稳固。

(3)立支架时,支架与树干接触部分应用草绳垫好,防止磨损树皮。

(4)不能用带有病虫害的木板、木棍等做支架。

5. 浇水

植后灌水是提高树木栽植成活率的主要措施,新栽植的树木应在当日浇透第一遍水,以后根据土壤墒情及时补水。北方地区种植后灌水不少于 3 遍。

6. 扶正培土

定植灌水后,因土壤松软沉降,树体极易发生倾斜倒伏现象。一经发现,需立即扶正,并将出现空隙或下沉的地方用土填平。

## 九、实验注意事项

(1)设计方案之前,必须对移栽树种有充分的了解,特别是根系再生能力、枝叶的再生能力、根系对水的需求特性等。

(2)不同的树木因为生态学习性、生物学习性不同,移栽时采取的措施也应该有所不同。

(3)挖掘树木之前,应了解树木原生长土壤的质地结构,预判挖掘树木打土球的可能性,以及土球的大小和深度。

## 十、学习思考题

### (一)客观题

一般层次

较高层次

### (二)主观题

一般层次

较高层次

## 十一、参考文献

园林绿化树木移栽技术探讨

园林绿化树木移栽技术

林业园林绿化树木移栽技术分析

绿化施工中提升树木移栽成活率的措施

浅析园林树木移栽成活的关键因素及措施


# 实验45 彩叶树木的叶色调控

## 一、实验类别

本实验属于开放开发性实验,只设定实验目的和实验要求,实验的材料、方法和步骤等细化方案以及实验条件都由同学自行设计完成。

建议学生认真听老师讲解,观看相关资料,了解彩叶树木叶片变色的内在机理、影响因素以及叶片色彩调控的手段,也可以预先查资料熟悉彩叶树木叶片色彩调控相关的指标、测定方法、步骤,在此基础上进行技术创新,自主设计实验。

为了确保实验设计的针对性、实验方案的合理性、实验实施的有效性,小组方案要经过所有成员积极研讨并不断完善,学生自行设计的最终方案应在实验前充分论证,获得通过后才能实施。

## 二、建议学时:6学时

## 三、实验目的

(1)掌握彩叶树木叶片色彩调控的基本方法。

(2)熟悉彩叶树木叶片调控相关指标的测定方法及其内在变化规律。

(3)培养学生求真务实的工作作风、科学严谨的逻辑思维和紧密合作的团队精神。

## 四、实验原理

植物叶片的呈色与体内色素的种类、分布和比例密切相关。其中,大部分植物叶片中均因含有大量的叶绿素,而呈现出绿色。但彩叶植物的鲜艳颜色,主要是由花色素苷决定的。花色素苷的主要成分是花青素,花青素一般条件下是不稳定的,易于发生糖苷化,以较为稳定的花色素苷的形式存在于植物体内。

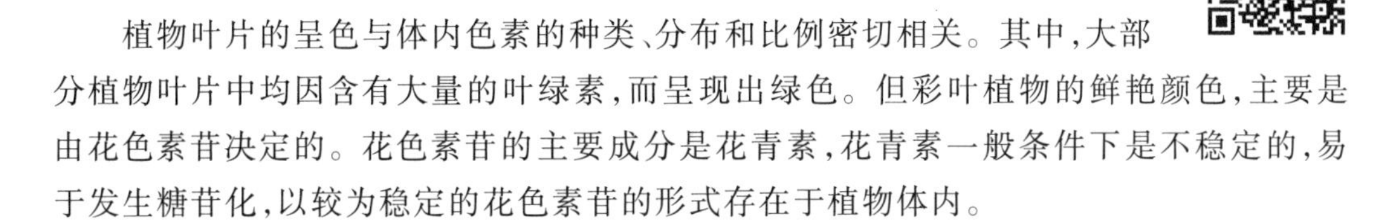

叶片的色彩变化，实质上就是叶片内部各种色素的含量发生了变化，其中环境变化是一个相当重要的影响因素。人类可以通过调控树木生长环境，实现对彩叶树木叶色的调控。

## 五、实验内容

(1)彩叶树木叶片调控方法的设计。

(2)彩叶树木叶片调控相关指标的测定方法。

(3)分析彩叶树木叶片调控相关指标的内在变化规律。

## 六、推荐材料与用具

(1)植物材料：根据实验内容自主选择。

(2)实验试剂和实验用具：根据实验设计方案需要测定的指标、方法而定。

①推荐试剂：蒽酮、浓硫酸、蔗糖、考马斯亮蓝 G-250、无水乙醇、磷酸二氢钠、磷酸氢二钠、聚乙烯吡咯烷酮、过氧化氢、浓盐酸、石英砂、柠檬酸、邻苯二酚、乙酸乙酯、浓硝酸、高氯酸、硼酸、偏磷酸、巯基乙醇、L-苯丙氨酸、脯氨酸(L-蛋氨酸)、愈创木酚等。

②推荐实验用具：数码相机、电热恒温水浴锅、紫外分光光度计、高速离心机、电子天平、电热恒温水浴锅、电导率仪、pH 计、冰箱、冷冻离心机等。

## 七、实验设计要求

(1)查找相关文献和资料，了解目前彩色树木叶片调控的研究重点、技术方法、发展趋势，确定实验内容和目标。

(2)选择研究对象，查找相关资料与文献，了解此彩叶树木及相关树木叶片调控的研究进展，学习借鉴前人对于同类型植物的做法和经验，做好前期实验准备。

(3)确定完成此实验所需要的药剂和实验条件，评估现有实验设备和条件的成熟情况，完成并细化实验设计，完成实验技术路线图。

(4)根据专业所学内容，选择合适的测定方法。如果选用外源植物生长调节剂调控叶色，需要确定外源生长调节剂种类、处理浓度、处理方法和测定指标。

(5)小组讨论、分析实验方案，对于实验可能出现的问题进行预估并提出解决方案。

(6)实验设计应该借鉴相关文献和网络学习资料介绍的先进的技术手段和科学思想，在此基础上大胆设计，结合生产实践，突出实验的创新性、科学性和实用性。

## 八、实验参考方法和步骤

下面以外源喷施蔗糖溶液对彩叶树木叶色的调控实验为例。

### (一)选材

选定某种彩色树木，先选取 3 棵长势一致，健康、分枝均匀的彩色树木作为试验材料，从每棵树上选取 2 枝长势一致的健壮枝条分别进行编号 CK(对照枝)和 T(试验组)。

### (二)外源物质喷施

先配置合适的蔗糖溶液1000mL,试验时间为当天下午4:00—6:00,先用材料盖住枝条,阻止喷施时溶液的外溅,再用小型喷壶将蔗糖溶液(试验组)或蒸馏水(对照组)均匀喷施于对应枝条的叶面,直至叶面完全湿润,且刚好有水滴滴下,每次每个处理约喷施200mL溶液,设3个重复。从实验开始起,每间隔一定时间(具体各小组定)对北美红枫喷施一次蔗糖溶液,若遇特殊天气,如连续下雨,可提前或推后1~2天喷施。喷施后4小时内无降水,则认为此次喷施成功,否则于第二天重新喷施。从开始喷施至叶片完全变色,共成功喷施4次,喷施后若干天(小组确定)采集叶片测定指标。

### (三)取样及测定

进行指标测定的早晨8:00—9:00采集叶片,每次均从上至下螺旋状、均匀采集目标树或者目标枝上健康、无损伤的叶片,采后立即装于事先备好的无纺布袋中带回实验室。先用脱脂棉蘸自来水洗净叶片表面污垢,然后用卫生纸巾擦干叶面水分,再用数码相机进行图片信息采集。将拍照之后的叶片去除主脉,剩余组织剪碎混匀,用于生理指标的测定。

1. 叶色直接相关指标的测定

(1)花色素苷含量的测定。

(2)叶绿素与类胡萝卜素含量的测定。

(3)叶色 Lab 值的测定。

2. 氧化酶活性的测定

(1)过氧化物酶(POD)活性的测定。

(2)苯丙氨酸解氨酶(PAL)活性的测定。

(3)多酚氧化酶活性的测定(PPO)活性的测定。

3. 其他生理指标的测定

(1)可溶性糖含量的测定。

(2)可溶性蛋白含量的测定。

(3)叶片溶液 pH 值的测定。

(4)类黄酮含量的测定。

(5)叶片矿质元素的测定。

### (四)结果与分析

(1)叶色参数变化规律。

(2)叶片光合色素变化。

(3)叶片花色素苷和类黄酮变化。

(4)叶片可溶性蛋白和可溶性糖变化。

(5)叶片过氧化物酶活性变化。

(6)其他参数的变化。

(7)叶色变化的生理机制。

## 九、实验注意事项

(1)需要选择典型的树木作为实验材料。

(2)实验需要排除其他因素的干扰(比如实验进行时恶劣天气的影响)。

(3)充分考虑,选择好实验开始的时间节点。

(4)实验方案注意考虑常彩叶树和季节彩叶树的不同。

## 十、学习思考题

### (一)客观题

一般层次

较高层次

### (二)主观题

一般层次

较高层次

## 十一、参考文献

植物叶色形成调控机制研究进展

植物叶色呈色机理及化学物质的调控

北美红枫呈色生理机制及叶色调控

外源喷施化学物质对榉树叶色变化的影响

延长观赏植物花期的技术对策

植物生长调节剂对观赏植物开花的调控作用

花卉植物紫竹梅观赏性状的化学调控

植物生长延缓剂在观赏植物上的应用研究

延长冬红果盆景果实观赏期的调控技术

# 第四篇

# “园林花卉学”实验

通过本篇的实验训练，学生应掌握花卉繁殖、栽培管理、花期控制的基本技术，具备应对各种气候条件和复杂种植环境要求、创新栽培管理方式、调整设计种植方案、合理应用花卉的技能和素质。

通过实验教学，这达到以下课程目标：

（1）掌握园林花卉的繁殖、栽培、管理以及室内外应用的技术。

（2）利用所学知识，分析园林花卉繁殖、栽培、应用及管理过程中出现的一些复杂问题，并总结问题关键。

（3）具有对园林花卉应用过程中出现的一些复杂问题开展学术研究的能力，包括研究方案设计、问题解决报告等。

“园林花卉学”实验由3章15个实验组成，演示验证性实验部分主要学习和验证花卉种子播种、无性繁殖中比较简单的分生繁殖、压条繁殖内容和扦插繁殖，以及花卉栽培的一般技术；综合设计性实验部分主要学习花卉栽培和花卉应用的综合类实验技能；开放开发性实验部分主要开展创新性能力的培养和锻炼，鼓励个性化学习，在总的实验要求和目标框架内，由同学自行设计完成具体实验方案，培养学生的科研素养和综合素质。

# 第十章

# “园林花卉学”演示验证性实验

## 实验46　种子千粒重、发芽率、发芽势测定

### 一、实验说明

本实验属于验证性实验，通过预习、讨论、老师辅导、观看相关教学素材，了解并熟悉种子千粒重、发芽率和发芽势的基本概念，通过实际操作掌握花卉种子千粒重、发芽率和发芽势的测定方法。为了保证实验的顺利进行，要求学生按照所列的实验方法和实验步骤认真操作。建议：可以预先学习本实验的教学PPT，熟悉实验材料的习性，了解种子千粒重、发芽率和发芽势测定实验的基本过程，并进行预实验，仔细观察、记录预实验过程中出现的一些新情况、突发的一些问题，并进行小组讨论，形成解决方案，在此基础上可以进一步开展有关种子千粒重、发芽率、发芽势的测定实验。

### 二、建议学时：3学时

### 三、实验目的

熟悉花卉种子的形态特征，掌握花卉种子的品质标准和相关指标测定方法，包括种子的千粒重、发芽率以及发芽势测定。根据不同花卉种子的千粒重、发芽率和发芽势能准确计算花卉种子的播种量。

种子千粒重、发芽率和发芽势测定是种子品质检测的一项基本技术，也是一项花卉育苗生产前的基本功。按照园林及相近专业本科生毕业指标要求，在园林植物栽培管理以及园林养护技术中，培养同学综合能力和创新能力时，需要借助这些扎实的专业基本功，比如检验花卉种子品质、确定播种量等基本技能，才能更好地进行园林植物栽培及养护管理。完成本实验后，要求同学掌握种子千粒重、发芽率和发芽势测定的规范操作流

程和技术要领，养成求真务实、客观公正的科学态度和良好的团队合作精神。

## 四、实验原理

千粒重是以克表示的1000粒种子的重量，它是体现种子大小与饱满程度的一项指标，是检验种子品质的主要内容。一般测定小粒种子千粒重时是随机数出3个1000粒种子，分别称重，求其平均值。大粒种子可取3个100粒分别称重，取其平均值，称为百粒重。

种子收获后，随着贮藏期的延长，胚部细胞会发生不同程度的衰老，种子活力（发芽率和发芽势）会随着种子的衰老程度加深而降低。发芽率是指测试种子发芽数占测试种子总数的百分比，一般统计发芽率规定的天数为7～10天。发芽势是指在发芽过程中日发芽种子数达到最高峰时，发芽的种子数占供测样品种子数的百分率，一般以发芽试验规定期限的最初1/3期间内的种子发芽数占供验种子数的百分比为标准，发芽势体现测试种子的发芽速度和整齐度，种子发芽势高，表示种子生命力强，发芽整齐，出苗一致。

一般当一个种子群体的发芽率降低到50%以下时，说明整个种子群体生活力已显著衰退，不能再作大规模播种用种子。种子品质是影响花卉是否出苗早、全、齐、壮的重要条件。因此，测定种子活力的最终目的是在播前评定种子品质，为确定是否可以播种、需播种多少提供依据。

## 五、实验内容

（1）种子千粒重。

（2）种子发芽率、种子发芽势。

## 六、实验材料

（1）百粒法材料：茑萝种子、牵牛花种子、诸葛菜种子、桂花种子、无患子种子。

（2）千粒法材料：黑麦草、白三叶、三色堇种子、矮牵牛种子、波斯菊种子、千日红种子。

（3）种子发芽率、发芽势测定材料：千粒重测定后的种子。

## 七、实验用具

恒温培养箱、电子分析天平、直尺、毛刷、胶匙、镊子、小尺、培养皿、滤纸等。

## 八、实验方法和步骤

### （一）种子千粒重测定（以诸葛菜种子和茑萝种子为例）

百粒法和千粒法选择其一。

1. 百粒法

百粒法是指从纯净种子中随机取出100粒种子为一组，重复取八组称重，并由此计算出每100粒种子的重量。多数种子应用百粒法测定种子重量。

(1)抽取测定样品。将种子充分混匀后倒在光洁的桌面上,用四分法随机(一定要注意避免人为的舍弃)取100粒为1组,点数时,将种子每5粒放在一堆,两个小堆合并成10粒的一堆,取10个小堆合并成100粒。共取8组,即为8个重复。

(2)称重。将计数后的测定样品称重(g),记入种子千粒重测定记录表。各重复称重精度同净度分析时的精度。

(3)计算。根据8个重复的重量读数按以下公式计算八个组平均重量(),然后计算标准差($S$)及变异系数($C$),填入表46-1。公式如下:

$$标准差(S) = \sqrt{\frac{n(\sum X^2) - (\sum X)^2}{n(n-1)}}$$

式中:$X$为各重复组的重量(g);$n$为重复次数;$\sum$为总和。

$$变异系数(C) = S/\bar{X} \times 100$$

式中:$\bar{X}$ = 100粒种子的平均重量(g)。

通过测定和计算,如种粒大小悬殊的种子,变异系数不超过6.0,一般种子的变异系数不超过4.0,则可按测定结果计算百粒重。如变异系数超过这些限度,应再数取8个重复称重,并计算16个重复的标准差。凡与平均数相差超过2倍标准差的各重复,均略去不计。将8个或8个以上的100粒种子的平均重量乘以10(即10×)即为种子千粒重,其精度要求与称重相同。

(4)实验数据表(见表46-1)

**表46-1 种子千粒重(百粒法)**

| 组号 | 1 | 2 | 3 | 4 | 5 | 6 | 7 | 8 |
|---|---|---|---|---|---|---|---|---|
| $X$(g) | | | | | | | | |
| $X_2$ | | | | | | | | |
| $\sum X^2$ | | | | | | | | |
| $\sum X$ | | | | | | | | |
| $(\sum X)^2$ | | | | | | | | |
| 标准差 | | | | | | | | |
| 平均数 $\bar{X}$ | | | | | | | | |
| 变异系数 | | | | | | | | |
| 千粒重($10 \times \bar{X}$) | | | | | | | | |

2. 千粒法(以黑麦草、三色堇种子为例)

对种粒大小、轻重极不均匀的种子可用千粒法。以净度分析后的全部纯净种子作为测定样品。纯度分析后,将整个测定样品通过数粒器,并在数粒器上读出显示的种子粒数,也可以人工计数。

将全部纯净种子用四分法分成4份，从每份中随机取250粒，共1000粒为一组，取2组即为2个重复。将计数后的测定样品称重，称量精度与净度测定相同。称重后，计算两组平均数。当2组种子重量之间差异大于此平均数的5%时，则应重做。如仍超过，则计算四组的平均数，并结果填入表47-2。

**表47-2 种子千粒重(千粒法)**

| 重复号 | 1 | 2 | 3 | 4 | 5 | 6 |
|---|---|---|---|---|---|---|
| $X$,g | | | | | | |
| 标准差(S) | | | | | | |
| $\overline{X}$ | | | | | | |
| 变异系数 | | | | | | |
| 千粒重,g $\overline{X}$ | | | | | | |

### (二)发芽率测定(以诸葛菜为例)

取千粒重测定后的种子50粒放入培养皿(培养皿中预先放好滤纸)，加入适量的蒸馏水(以蒸馏水覆盖种子为度)。然后在培养皿上贴好标签(包括姓名、班级、学号、日期)，放入恒温箱中。温度调到25℃，重复两次。

每天记载已发芽种子数目，填入表47-3中，并将已发芽种子用镊子取走。每天给培养皿中的种子换新水。7天后发芽试验结束，清理未发芽的种子，计算发芽率。发芽记录标准：种子幼根达种子长度，幼芽达种子长度的一半时为发芽。

$$种子发芽率=\frac{发芽种子粒数}{测试种子总粒数}\times 100\%$$

**表47-3 发芽试验记录**

| 种子类别 | | 第1天 | 第2天 | 第3天 | 第4天 | 第5天 | 第6天 | 第7天 | 发芽率 |
|---|---|---|---|---|---|---|---|---|---|
| 种子1 | Ⅰ | | | | | | | | |
| | Ⅱ | | | | | | | | |
| 种子2 | Ⅰ | | | | | | | | |
| | Ⅱ | | | | | | | | |

### (三)发芽势测定(以诸葛菜为例)

根据花卉种子发芽试验记录结果(见表47-3)，统计前3天发芽种子数量，计算发芽势。

$$种子发芽势=\frac{发芽种子粒数(前3天累计)}{测试种子总粒数}\times 100\%$$

## 九、实验注意事项

(1)必须对实验材料有充分的了解。
(2)取样注意均匀性。
(3)正确使用分析天平。
(4)发芽率、发芽势测定时注意及时换水,防止霉变。

## 十、学习思考题

### (一)客观题

一般层次

较高层次

### (二)主观题

一般层次

较高层次

## 十一、参考文献

不同来源知母种子千粒重及发芽率比较分析及相关性研究

环境因子对木棉种子萌发的影响

新西兰玫瑰种子发芽率研究

环境因子对黄顶菊种子萌发的影响

江孜沙棘种子萌发特性研究

诸葛菜种子品质研究和不同浓度 $GA_3$ 及盐胁迫对萌发的影响

# 实验 47　花卉的有性繁殖

## 一、实验说明

本实验属于验证性实验,花卉有性繁殖又名种子繁殖,以播种方式来实现。学生通过预习、讨论、老师辅导、学习相关教学素材方式来展开学习。为了保证实验的顺利进行,要求学生按照所列的实验方法和实验步骤认真操作。建议:可以预先学习本实验的教学 PPT,熟悉实验材料的习性,了解种子播种的基本流程、技术关键,仔细观察、记录预实验过程中出现的一些新情况、突发的一些问题,进行小组讨论,形成解决方案,在此基础上可以进一步开展有关种子播种的实验。

## 二、建议学时:4 学时

## 三、实验目的

有性繁殖是利用雌雄受粉相交而结成的种子来繁殖后代的方法,是一项将种子按一定数量和方式,适时播入一定深度基质中的作业,分大田播种、花盆播种和育苗盘播种等。播种适当与否直接影响花卉的出芽、生长和发育,以花盆播种为例,为提高播种质量,播种前除精选花盆、基质外,还要做好播种种子预处理等工作,是一项花卉繁殖、栽培的基本能力。按照园林及相近专业本科生毕业指标要求,在开展园林复杂工程设计和建设,培养同学综合能力和创新能力时,需要借助这些扎实的专业基本功,比如草坪生产、花镜、花海的布置、花卉反季栽培等,都必须掌握种子播种方法,才能更好地实现花卉应用的目的。有性繁殖是许多苗圃,特别是花卉以及森林苗圃最主要的育苗方法。

本实验完成需要同学了解花卉播种期、播种方法、播种措施及技术等基本原理,通过实际操作掌握花卉种子播种的方法和技术要点,同学们能熟练、独立地开展种子播种工作,同时在实验中培养严谨的科研态度、工作作风、思维方法和团队精神。

## 四、实验原理

花卉有性繁殖是指将花卉种子播种在相应的基质上,培育花卉后代的一种繁殖方法。用种子繁殖的花卉称为播种苗或实生苗,有性繁殖质量受到播种期、播种环境、播种方式和种子本身质量的影响,每一种花卉都有适宜的播种期、播种环境和播种方式。对于特定的种子、在特定的时间点,可以通过人工干预、调控环境等适宜的方法来提高花卉种子的播种质量。

## 五、实验内容

本实验主要学习正常季节播种方法和技术。

播种时期:根据花卉生长习性的不同,适宜春天播种的是春播花卉,适宜秋天播种的是秋播花卉。播种之前必须了解花卉的原产地特性,确认是春播花卉还是秋播花卉。以长江中下游地区为例,春播以每年二、三月为宜,秋播以九、十月为宜。花卉播种包含的工作主要有:

基质配制:根据花卉对水、气需求的不同,调配花卉播种基质的团粒结构、理化性质、pH 值和土壤肥力。

(1)种子预处理:种子必须是检验合格的种子,未经检验不得用于育苗。播种前要进行种子精选、消毒、晒种和浸种等工作。

(2)播种方法:常用的有条播、点播和撒播。条播是把种子均匀地播成长条行,行与行之间保持一定距离,且在行和行之间留有隆起,供人走路、踩踏。撒播是指把种子均匀地撒在基质上。点播即穴播,一般每穴放入一粒或几粒种子。花卉播种方法因花卉特性、场地条件、育苗技术和要求不同而不同,本次实验应借助育苗盘播种,采用点播。

(3)播种管理:播种一般在通风、不受暴雨冲刷的地方进行,需不需要太阳光应根据种子特性选择,播种时需加强水气管理,不施速效肥,以培育壮苗。

## 六、实验材料

有性繁殖可选用的花卉材料有向日葵种子、诸葛菜种子、桂花、无患子、白三叶、三色堇、矮牵牛、千日红。

其他材料:营养土、多菌灵、高锰酸钾等。

## 七、实验用具

铁锹、耙子、水壶,穴盘等。

## 八、实验方法和步骤

以育苗盘播种繁殖为例。

### (一)播种穴盘及基质

(1)用盆:选用黑色聚乙烯穴盘。穴盘要洗干净。

(2)基质:要求用富含腐殖质、疏松、肥沃的壤土或砂质壤土。也可用园土 2 份、草炭土 2 份混均匀,消毒处理后备用。

### (二)播种方法

(1)播种床准备

穴盘填入培养土至八成满,拔平轻轻压实,待用。

(2)浸种处理

可用常温水浸种一昼夜,或用温热水(30 ~ 40℃)浸种几小时,然后除去漂浮杂质以及不饱满的种子。取出种子进行播种。太细小的种子不经过浸种这一步骤;包衣种子不能浸种处理;冷藏种子在浸种前建议进行晒种处理。

(3)播种及覆盖、镇压

①细小种子如金鱼草等可渗混适量细沙撒播,然后用压土板稍加镇压。

②其他较大种子如向日葵等可点播,播后用细筛筛一层培养土覆盖,以不见种子为度。

③需见光种子可以不覆土。

(4)浇水

采用“盆浸法”,将播种盆放入另一较大的盛水容器中,入水深度为盆高的一半,由底孔徐徐吸水,直至全部营养土湿润。播细粒种子时,可先让盆土吸透水,再播种。

### (三)播后管理

播种盆宜放在通风、没有太阳直射的地方以及不受暴雨冲刷的地方。盆面上盖上玻璃片或者塑料薄膜保持湿润,不必每天淋水,但每天要翻转玻璃片,湿度太大时玻璃片要架一侧,以透气。

草花种子一般 3 ~ 5 天,最长 1 ~ 2 个星期即萌动,这时要把覆盖物除去,逐步见阳光,并加强水分管理,使幼苗茁壮成长。太密时应间苗,间完苗后要淋一次水。出苗后还要密切注意病虫害发生的情况。一般出苗后 15 ~ 30 天进行移苗。

## 九、实验注意事项

(1)必须对实验材料有充分的了解。

(2)选择植物材料时注意播种时间和播种条件要求。

(3)浇水时要注意,不要冲掉小型种子。

(4)注意播种后期管理。

## 十、学习思考题

### (一)客观题

一般层次

较高层次

### (二)主观题

一般层次

较高层次

## 十一、参考文献

播种方法对湖南山核桃种子发芽的影响

不同基质配比对香草播种及扦插育苗的影响试验初报

红叶小檗温室有性繁殖试验调查

万寿竹种子有性繁殖技术规程

紫丁香有性繁殖及移栽试验

紫毛野牡丹有性繁殖及栽培试验

# 实验48 花卉的分生繁殖

## 一、实验说明

本实验属于验证性实验，通过老师讲解、观看相关视频，了解和熟悉分生繁殖的特点和技术要点，通过实践，掌握花卉分生繁殖方法。为了保证实验的顺利进行，要求学生按照所列的实验方法和实验步骤认真操作。学习建议：可以预先学习本实验的教学PPT，熟悉实验材料的习性，了解分生繁殖的基本过程，并进行小组预实验，仔细观察、记录预实验过程中出现的一些新情况、突发的一些问题，进行小组讨论，形成解决方案，在此基础上可以进一步开展有关分生繁殖的实验。

## 二、建议学时：3学时

## 三、实验目的

分生繁殖是花卉无性繁殖方法中一种常用的繁殖方法，该方法操作相对简单，易成活、成苗快，是一项花卉繁殖、栽培的基本功。按照园林及相近专业本科生毕业指标要求，在开展园林复杂工程设计和建设，培养同学综合能力和创新能力时，需要借助于这些扎实的专业基本功，比如花镜、花海的设计和施工等，都必须掌握花卉的分生繁殖方法，才能更好地实现花卉种植的整体设计效果。

本实验完成需要同学利用所学知识，通过视频、PPT学习，熟悉分生繁殖的操作流程和技术要领，培养学生严谨的科研态度、工作作风、方法技能和团队精神。

## 四、实验原理

分生繁殖是人为地将植物体分生出来的幼植物体（如吸芽、珠芽等），或者将植物营养器官的一部分（如走茎及变态茎等）与母株分离或分割，另行栽植而形成独立生活的新植株。自然界中很多植物本身就具有自然分生能力，并借以繁殖后代。

## 五、实验内容

分生繁殖包括分株繁殖和分球繁殖两大类。其所产生的新花卉能保持母株的遗传性状。

（1）分株繁殖。实验时可以利用易获得的丛生型花卉（文竹、吊兰、绿萝、常春藤等），把原本生长比较旺盛、株型较大的花卉分解成若干个带有母体部分茎叶和根系的小份花卉，并分别栽种，形成新的独立的一株花卉。此方法一般常年都可以进行。

（2）分球繁殖。实验时可以利用易获得的球茎类、鳞茎类花卉的地下部分分生出来的子球(郁金香、百合、美人蕉等的子球),选择合适的种植季节进行单独种植的一种繁殖方法。分球繁殖具有季节性。

## 六、实验材料

(1)分株繁殖可选用的花卉材料:文竹、吊兰、绿萝、常春藤、玉簪、菊花等。

(2)分球繁殖可选用的花卉材料:百合、郁金香、美人蕉、香雪兰、唐菖蒲等。

## 七、实验用具

枝剪、培养土、浇水壶、利刀、杀菌剂、木炭粉、花盆等。

## 八、实验方法和步骤

### (一)分株

(1)将待分株的植物从盆中取出,用枝剪剪去枯、残、病、老根,并抖落部分附土。

(2)将根际发生的萌蘖与母株分开,并作适当修剪。

(3)按新植株的大小选用相应规模的花盆,用碎盆片盖于盆底的排水孔上,将凹面向下,盆底用粗粒或碎砖块等形成一层排水物,上面再填入一层培养土,以待植苗。

(4)用左手拿苗放于盆口中央深浅适当位置,填培养土于苗根的四周,用手指压紧,土面与盆口应留适当距离。

(5)栽植完毕后,用喷壶充分喷水,置阴处数日缓苗,待苗恢复生长后,逐渐放于光照充足处。

### (二)分球

可将新产生的美人蕉球茎自然分离(或借力分离,有伤口的应涂抹木炭粉等消毒剂),选择合适的花器和基质,在合适的种植季节另行栽植,种植后一定要浇透水,并在通风阴凉的地方放置,待缓苗时间到后,置于光照充足处,新种球就会慢慢生长,长成一独立的新植株。分球种植时间因不同种类而异,一般在春、秋两季植株休眠期进行。

## 九、实验注意事项

(1)必须对实验材料有充分的了解。

(2)分生繁殖一般于休眠期进行,非休眠期要注意防强光,防高温。

(3)分开的新植株体量不宜过小,以免影响开花。

(4)分离植株时要小心操作,以免伤及植株茎、叶;分株时注意保留块根上的发芽点,若发芽点不明显,可先于温室催芽。

(5)注意用刀安全。

(6)分株花卉栽植时尽量避免窝根。

(7)分球花卉种植需要选择松软基质。

## 十、学习思考题

### (一)客观题

一般层次

较高层次

### (二)主观题

一般层次

较高层次

## 十一、参考文献

德国鸢尾的分株繁殖试验

阔叶箬竹分株繁殖和埋鞭繁殖技术优化

独蒜兰分株繁殖增殖系数影响因素试验

兰花分株繁殖与盆栽护理技术

鼓槌石斛分株繁殖研究

金边阔叶麦冬的生产价值及分株繁殖栽培技术

草莓葡萄茎分株繁殖技术

盆栽墨兰快速分株繁殖技术

花卉的分株繁殖——四月花事

名贵切花鹤望兰分株繁殖技术

# 实验 49 花卉的压条繁殖

## 一、实验说明

本实验属于验证性实验，通过老师讲解、观看相关教学视频，熟悉压条繁殖的操作流程和技术要点，通过实践掌握花卉压条繁殖技能。为了确保实验的顺利进行，取得预期的效果，建议同学预先学习本实验的教学PPT和视频，熟悉实验材料的生物学习性，了解压条繁殖的原理，并进行小组预实验。实验时可以参照所列的实验方法和实验步骤进行,预实验过程中出现的一些新情况、新问题,要通过小组讨论,形成解决方案。当然,在此基础上可以从方便操作、提高成活率角度进一步思考压条繁殖的实验改进方法。

## 二、建议学时:3 学时

## 三、实验目的

压条繁殖是花卉无性繁殖方法中的一种。压条繁殖看似简单,但也可以研究得很深入。普通压条法操作比较简单,而且成活率比扦插繁殖高,非常适合花卉栽培初学者,但高空压条对栽培基质、激素处理品种和浓度、包扎方式都有一定的要求,其能锻炼学生的综合能力。按照园林及相近专业本科生毕业指标要求,通过园林复杂工程的设计和建设,培养同学综合能力和创新能力,而压条特别是高空压条就是这样一个很好的学习载体。

本实验完成需要同学利用所学知识,通过视频、PPT 学习,熟悉压条繁殖的操作流程和技术要领,把看似简单的压条繁殖做深做透,通过实践—研究—实践—研究,把学习兴趣激发出来,把科研意识培养起来。

## 四、实验原理

压条繁殖又称压枝繁殖,即将植物的枝条或茎蔓刻伤,并把刻伤部位埋压土中,创造黑暗的环境,利用被刻伤部分筛管内养分无法继续输送,从而堆积在伤口,促进创伤部位组织细胞分生繁殖,逐渐发育产生不定根,最终形成带根、带茎叶的新植株。对于远离地面的直立枝条,可以在枝条合适的地方环割树皮,在伤口处用泥土或其他基质包裹,使之生根后再割离,成为独立的新植株。这种方法常用于木本花卉的繁殖,如月季、米兰等。

## 五、实验内容

压条繁殖包括曲枝压条法、高空压条法和直立压条法三类。新植株有根有茎叶,且遗传母株的性状。

曲枝压条法是将植株基部的枝条弯成圆弧形,将圆弧部分埋入土中,再将土压实或埋土上压一块砖头或石块,以免枝条在生根前弹出土外。埋入土中的部分也要刻伤或作环状剥皮,充分生根后剪离母株。

高空压条,亦称中国压条法,适用于木质坚硬不易弯曲的枝条,或树冠较高枝条无法压到地面的树种。园林上还常用于繁殖一些珍贵花木,如含笑、米兰、杜鹃山茶、月季榕树、广玉兰、白兰花、红花紫荆等。

直立压条法,又称培土压条法、堆土压条法。一般在春季萌芽前,在地面上 2cm 左右将母株枝条短截,促发萌蘖。当新梢长达 20cm 时,在新生枝条上刻伤或环状剥皮,并将土壤松散地培在新梢伤口部位,一般培土后 20d 左右开始生根,休眠期可扒开土堆进行剪断起苗,单独种植。此法适用于萌蘖性强及丛生性强的树种,如悬钩子、杜鹃、红叶李、贴梗海叶、栀子、八仙花等。

## 六、实验材料

曲枝压条法可选用的花卉材料：葡萄、茉莉、凌霄、垂柳、迎春花等。直立压条法可选用的花卉材料：月季、石榴、无花果、樱桃、法国梧桐等。高空压条法可选用的花卉材料：三角梅、一品红、铁线莲、木槿、夹竹桃、紫荆、茶花、金橘等。

## 七、实验用具

枝剪、环割刀、高压繁殖盒、薄膜、各类基质、绳子等。

## 八、实验方法和步骤

### （一）实验前准备

大多数植物为了促进压条繁殖的生根，压条前一般在芽或枝的下方发根部分进行创伤处理后，再将处理部分埋压于基质中。这种前处理有环剥、绞缢、环割等，是将顶部叶片和枝端生长枝合成有机物质和生长素等向下疏松的通道切断，使这些物质积累在处理口上端，形成一个相对的高浓度区。

（1）机械处理：主要有环剥、环割、绞缢等。一般环剥是在枝条节、芽的下部剥去 2～3cm 宽的枝皮；绞缢使用金属丝在枝条的节下面进行环缢；环割则是环状割 1～3 周，应深达木质部，并截断韧皮部的筛管通道，使营养和生长素积累在切口上部。

（2）黄化处理：又叫软化处理，是用黑布、黑纸包裹或培土包埋枝条使其黄化或软化，有利于根原体的生长。如早春压条，发芽前将母株地上部分压伏在地面，覆 2～3cm 厚土，待新梢黄化长至 2～3cm 再加土覆盖。待新梢长至 4～6cm 时，至秋季黄化部分长出相当数量的根，将它们从母株割离单独种植。

（3）激素处理：促进生根的激素处理（种类和浓度）与扦插基本一致。IBA、IAA、NAA 等生长素能促进压条生根。尤其是空中压条用生长素处理对促进生根效果很好。

（4）基质处理：不定根的产生和生长需要一定的湿度和良好的通气条件。良好的生根基质，必须能保持不断的水分供应和良好的通气条件，尤其是开始生根阶段。松软土壤和锯屑混合物，或泥炭、苔藓都是理想的生根基质。若将碎的泥炭、苔藓混入在堆土压条的土壤中也可以促进生根。

### （二）曲枝压条

（1）选取健壮的枝条，在枝条切开一个 2～3cm 宽的环状切口。

（2）将带切口的部分枝条压到土壤中，也可以是一个装满疏松土壤的花盆，枝条压到盆土中，覆盖一些泥土。为使枝条与土壤充分接触，用重物压住，等这段枝条长出新的根系后再切断移栽。

（3）固定枝条时也可以用 U 形的铁丝将枝条压到土壤中，上面再适当覆一点土，这样可以更好观察枝条发芽生根的状况。

（4）少量多次浇水，保持土壤湿润。大概两个月，枝条切口的位置就会生根发芽，此时将枝条剪断，另外栽种。

**（三）空中压条**（以桂花为例）

（1）选植株强壮的枝条，进行环状剥皮，要求切口完整，将青色的外皮全部剔除。为了提高成功率，可以在枝条的切口处涂上生根粉，有利于更快促进生根。

（2）用湿润的苔藓、锯木屑、培养土等保湿透气的填充材料包覆伤口，外围用塑料薄膜、塑料瓶子、花盆或竹筒等包裹，两端扎紧，防蒸发、防雨水进入，但要预留日常补水口子。

（3）压条繁殖之后就要保持填充材料的微润，所以要经常给填充材料进行补水。观察是否生根，等根系长满之后就可以进行移栽。

（4）用干净锋利的枝剪剪断长满根系的压条枝条，剪断的位置是在压条下面的 2～3cm，一口剪，剪口要平整。剪断的位置不能留太长或太短，剪下来的植株可以直接栽种。

（5）新栽种植株的土壤应选择疏松透气的肥沃土壤，栽种的枝条要保持稳定，不能摇晃，不能过多触碰。

（6）栽种好之后浇透水，后面养护时要少量多次，不能太干或太湿，掌握好尺度。栽种的地方，应避免强光直射，散射光就行。

## 九、实验注意事项

压条繁殖的时间最好选择春秋季节，气候温暖微润，不能在天气炎热或寒冷的时候进行，当然空气也不能过于干燥。温暖天气，植物容易生根，同时土壤要保持微微的湿润。可以在植物休眠期压条，而常绿树一般在春天进行。

**（一）直立压条（堆土压条）**

（1）适用直立压条法的树种为枝条较硬的花木，如花石榴、贴梗海棠、栀子、杜鹃、木瓜海棠等。

（2）压条做完之后，待新梢长至 20cm 后，可于基部培以肥土，以后注意灌水、施肥等，以促其生根。

（3）盆栽时间，宜在晚秋或春季。将各枝自基部剪离母株，上盆或移植。

**（二）曲枝压条**

（1）树种选择：选取枝条柔软的花木，如夹竹桃、桂花、蜡梅、迎春、茉莉等。

（2）将植株基部的枝条弯成圆弧形。应注意要将圆弧部分埋入土中，再将土压实或埋土上压一块砖块或石块，以免枝条在生根前弹出土外。

（3）埋入土中的部分也要刻伤或作环状剥皮，待充分生根后再剪离母株。

**（三）高空压条**

（1）选择生长良好，无病虫害的枝条作为高压枝。

（2）时间：室外栽培的花木一般在 5～7 月，不超过 8 月。常温下室内栽培的花木一般不受时间的影响，在整个生长期都可进行。

（3）对外皮层和形成层的剥离不彻底、环剥间距小或植物长势旺盛等原因会发生上下切口连在一起的情况，枝条不会再生根，应及时进行二次压条（压条一般在 2 个月即可生根，注意通过透明塑料膜观察）。

（4）用塑料薄膜包卷成圆筒状包裹枝条。

## 十、学习思考题

### （一）客观题

一般层次

较高层次

### （二）主观题

一般层次

较高层次

## 十一、参考文献

榛子压条繁殖技术引进与创新

金花茶高空压条繁殖技术

高空压条繁殖技术研究进展

欧洲椴树分段压条繁殖技术的研究

日本樱花高空压条繁殖技术研究

几种基质和NAA处理对橙红龙船花空中压条繁殖的影响

6种金花茶的空中压条繁殖试验

生长素处理对新疆榛压条繁殖效果的研究

植物生长调节剂对无花果高空压条繁殖的影响

山茱萸压条繁殖技术试验

# 实验50　花卉的扦插繁殖

## 一、实验说明

本实验属于演示验证性实验。扦插繁殖是植物繁殖的方式之一，是通过截取一段植株营养器官，插入疏松润湿的土壤或细沙中，利用其再生能力，使之生根抽枝，成为新植株的一种花卉无性繁殖方式。学生通过预习、讨论、老师辅导、学习相关教学素材的方式来展开学习。为了保证实验的顺利进行,要求学生按照所列的实验方法和实验步骤认真操作。建议:可以预先学习本实验的教学 PPT,熟悉实验材料的习性,了解扦插繁殖的基本流程、技术关键,开展小组预实验,仔细观察、记录预实验过程中出现的一些新情况,并进行小组讨论,分析问题所在。

## 二、建议学时:4 学时

## 三、实验目的

本实验完成需要同学了解扦插原理、扦插类型、插床管理等方面知识,通过实际操作掌握花卉扦插繁殖的方法和技术要点,能熟练、独立地开展花卉的扦插繁殖工作,同时在实验中培养学生严谨的科研态度、工作作风、思维方法和团队精神。

## 四、实验原理

每个细胞都具有相同的遗传物质。在适宜的环境条件下,具有潜在的形成相同植株的能力。同时植物体具有再生机能,即当植物体的某一部分受伤或被切除而使植物整体受到破坏时,能表现出弥补损伤和恢复协调的功能。

在插枝扦插后的生根过程中,枝插与根插的生根原理是不同的。其中,枝插生根是在枝条内的形成层和维管束鞘组织,形成根原始体,从而发育生长出不定根,并形成根系;而根插生根是在根的皮层薄壁细胞组织中生长不定芽,而后发育成茎叶。

插枝扦插后,通常是在插枝的叶痕以下剪口断面处,先产生愈合组织,而后形成生长点。在适宜的温度和湿度条件下,插枝基部发生大量不定根,地上部萌芽生长,长成新的植株。

## 五、实验内容

(1)枝插(硬枝扦插、嫩枝扦插)。

(2)叶插(全叶插、片叶插)。

## 六、实验材料

### (一)植物材料

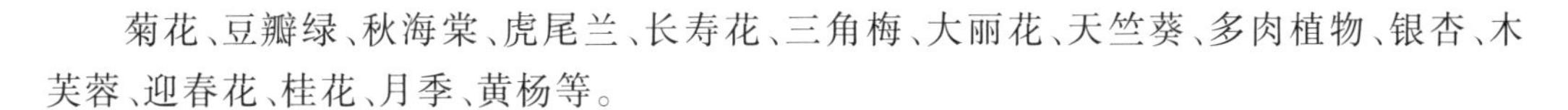

菊花、豆瓣绿、秋海棠、虎尾兰、长寿花、三角梅、大丽花、天竺葵、多肉植物、银杏、木芙蓉、迎春花、桂花、月季、黄杨等。

### (二)试剂

高锰酸钾、甲醛、尿素、磷酸二氢钾、ABT 生根粉、萘乙酸、吲哚乙酸等。

### (三)其他材料

河沙、泥炭、珍珠岩、锯末、蛭石、薄膜、竹棒、杀虫杀菌剂、遮阳网等。

## 七、实验用具

枝剪、高枝剪、扦插床、烧杯、量筒、喷雾器、加湿器等。

## 八、实验方法和步骤

依选材不同,扦插的种类及方法也不同。

### (一)硬枝扦插,以银杏为例

1.基质的准备

硬枝扦插常用的基质有河沙、沙壤土、沙土等。沙壤土、沙土生根率较低,多用于大面积春季扦插;河沙生根率高,材料极易获得,被广泛应用于扦插育苗。

2.插床的准备

插床长10~20m,宽1~1.2m,插床上铺一层厚度在20cm左右的细河沙,插前一周用0.3%的高锰酸钾溶液消毒,每平方米用5~10kg药液,与0.3%的甲醛液交替使用效果更好。喷药后用塑料薄膜封盖起来,两天后用清水漫灌冲洗2~3次,即可扦插。

3.采集穗条

秋末冬初落叶后采条,春季在扦插前一周或结合修剪时采条,要求枝条无病虫害、健壮、芽饱满。一般选择20年生以下的幼树上的1~3年生枝条作穗条。

根据试验,1年生的实生枝条的生根率最高,可达93%。枝龄越大生根率越低,实生树枝条的生根率高于嫁接树枝条的生根率。

4.插条的处理

将枝条剪成15~20cm长,含-3个以上饱满芽,剪好的插条上端为平口,下端为斜口。注意芽的方向不要颠倒,每50枝一捆,下端对齐,浸泡在100ppm的萘乙酸液中1小时,下端浸入5~7cm。秋冬季采的枝条,捆成捆进行沙藏越冬。

5.扦插

常规扦插以春季扦插为主,一般在3月中下旬扦插,在塑料大棚中春插可适当提早。扦插时先开沟,再插入插穗,地面露出1~2个芽,盖土踩实,株行距为10cm×30cm。插后喷洒清水,使插穗与沙土密切接触。湿度控制在85%~90%。

6.管理

(1)遮荫:可用黑色遮阳网或人工搭棚遮阴,有条件的以塑料大棚为好,使苗圃地保持阴凉、湿润的小气候。

(2)喷水:露地扦插,除插后立即灌一次透水外,连续晴天的要在早晚各喷水一次,1个月后逐渐减少喷水次数和喷水量。

(3)追肥:5~6月份插条生根后,用0.1%的尿素和0.2%的磷酸二氢钾液进行叶面喷肥,1个月1~2次。

(4)移栽:露地扦插的,落叶后至第二年萌芽前直接进行疏移;大棚扦插苗要经炼苗后再移栽。

(5)防治病虫害:银杏扦插育苗苗圃地的主要病虫害有地下害虫、食叶类害虫和茎腐病等。可选用相关农药进行防治。

### (二)嫩枝扦插

嫩枝扦插一般是在夏季进行,如金叶女贞、水杉、黄杨、龙柏、雪松、桧柏、紫叶小檗、刺槐、银杏等,都可以在夏季进行嫩枝扦插。但夏季气温高、光照强、温度和湿度不好掌握,若技术不到位,容易造成扦插育苗失败。因此,夏季嫩枝扦插育苗,应抓住技术要点。

1. 苗床

准备同上一条。

2. 采条

一般从 4 ~ 6 年生母树上采集枝条,扦插成活率较高。实践证明,对难生根的树种年龄越小越好,基部萌生枝、徒长枝一般比普通枝生根率高。采条宜在高生长停长前后,嫩枝达半木质化时为宜,采条时应避开中午时间,宜在早晚进行,为防止枝条失水,采后要立即将枝条基部浸入水中 2 ~ 3cm,并置于阴凉处剪截。

3. 制穗

嫩枝插穗的长短取决于树种特性和枝条节间的长短。嫩枝插穗一般需要 2 ~ 4 个节,长度 6 ~ 15cm,要尽量保留芽眼和叶片,以利进行光合作用,促进生根发芽。一般阔叶树留 2 ~ 3 片叶,叶片较大的树种要将所保留的叶片剪去二分之一或三分之一,以减少蒸腾。插穗上端要在芽上 2cm 处平剪,插穗下端在叶片或腋芽之下剪成马耳形斜切口,注意不要撕裂表皮,插穗下端可用 200ppm 的萘乙酸液浸 5min,然后用湿润材料包好备用。

4. 扦插方法

夏季嫩枝扦插宜在新梢生长处于缓慢时期到新梢停止生长之前进行。一般从 5 月底至 9 月初,雨季扦插有利于插穗生根。穗条扦插的深度宜浅,一般为插穗长度的三分之一左右。扦插后要使插穗直立,扦插密度一般掌握针叶树种为 3 ~ 10cm。阔叶树可适当稀些,以叶间不重叠为度,插后喷一次透水。

5. 插后

管理同上一条。

### (三)草本花卉枝条扦插

以菊花为材料,相同内容参考上述 2 条。

(1)选合适的菊花母株,用小刀或剪刀截取长 5 ~ 10cm 的枝梢部分为插穗;切口平且光滑,位置靠近节下方。

(2)去掉插穗部分叶片,保留枝顶 2 ~ 4 片叶子。

(3)整理繁殖床,要求平整、无杂质,土壤含水量 50% ~ 60% 。

(4)将插穗插入提前准备好的河沙(或者其他配方基质,下同)中 2 ~ 3cm。

(5)打开喷雾龙头或者增湿器,以保证空气及土壤湿度。

(6)给予合适生根环境(光照、温度等条件)。

### （四）叶插

1. 全叶插

（1）以豆瓣绿为材料。以完整叶片为插穗。将叶柄插入河沙中，叶片立于沙面上，叶柄基部就发生不定芽（直插法）。

（2）以秋海棠为材料。切去叶柄，按主脉分布，分切为数块，将叶片平铺沙面上，以铁针或竹针固定于沙面上，下面与沙面紧接。而自叶片基部或叶脉处产生新植株（平置法）。

2. 片叶插

以虎尾兰为材料。将一个叶片分切为数块，分别扦插，使每块叶片上形成不定芽。将叶片横切成5cm左右小段，将下端插入沙中。注意上下不可颠倒。

## 九、实验注意事项

（1）必须对扦插材料有充分的了解。

（2）选择扦插材料时注意扦插时间和扦插条件的要求。

（3）注意浇水与增湿的不同。

（4）防止倒插。

（5）插穗与土壤要密接。

## 十、学习思考题

### （一）客观题

一般层次

较高层次

### （二）主观题

一般层次

较高层次

## 十一、参考文献

花卉扦插繁殖技术

花卉扦插繁殖中应注意的几个问题

植物生长调节剂对芳樟大树扦插生根的影响

牵牛花的扦插繁殖

不同茶树品种（系）扦插发根能力比较研究

# 第十一章

# “园林花卉学”综合探究性实验

## 实验51 花卉的上盆、换盆、转盆和翻盆

### 一、实验说明

本实验属于综合探究性实验，通过老师讲解、观看相关教学视频，了解花卉上盆、换盆、转盆和翻盆的基本流程，熟悉花卉栽培的操作规范，通过实践掌握花卉上盆、换盆等相关技能。为了确保实验的顺利进行，取得预期的效果，建议预先学习本实验的教学PPT和视频，熟悉实验材料基本的生物学习性，了解上盆、换盆、转盆、翻盆的原理，开展小组预实验，仔细观察、记录预实验过程中出现的一些新问题，并进行小组讨论、综合分析，形成较全面的解决方案。

### 二、建议学时:4学时

### 三、实验目的

花卉的上盆、换盆、转盆和翻盆是花卉盆栽的一项基本功，花卉从无到有，从小到大，伴随花卉的不断生长，盆栽花卉的管理也要及时跟上，才能满足花卉继续生长的需要，才能有利于后续的开花、结果。按照园林及相近专业本科生毕业指标要求，通过园林复杂工程的设计和建设，培养同学综合能力和创新能力。花卉栽培是花卉应用的基础，盆栽花卉具有广泛的园林应用范围，特别是在花卉室内组合应用、立体栽培等工程中，盆栽花卉是此类工程的基本材料，非常重要。

本实验完成需要同学利用所学知识，通过视频、PPT学习，熟悉花卉上盆、换盆、转盆和翻盆的原理和技术要领，把花卉栽培的这项基本功掌握好，并熟练应用。

## 四、实验原理

花卉苗床育苗后，根系生长快速，需要移栽到容器中栽培。在容器中生长一段时间后，由于花卉地上部分体量的增加，地下根系也相应增多，原来的花盆已经不适合花卉的生长，或原盆土长期种植，营养缺乏，土质变劣，根部生长不良等，或盆栽花卉在室内摆放时间过长，植株因趋光性而树冠生长偏移等，都需要采取上盆、换盆、转盆、翻盆等栽培管理措施。

## 五、实验内容

上盆是将苗床中繁殖的幼苗或露地栽植的花卉移到花盆中种植的过程，一般用于小苗的盆栽。

换盆是把盆栽的花卉换到另一盆中去的过程，大多是因为花卉种植一段时间后，植株变大，花盆太小，因此需要移栽到大一号的新盆中。换盆时附带除去部分老根、烂根，添加一些新土补充营养。一般用于生长期盆栽花卉的管理。

转盆就是在花卉生长期间经常变换盆花的方向。由于花卉植物具有向光性，如果不经常通过转盆调整光照，花卉就会出现偏冠等现象，影响观赏价值。

翻盆是将盆栽植株从盆中倒出，剪除部分老根、弱根、病根，去掉部分外围培养土，然后添加新的营养土，并将花卉种回原盆的过程。一般适合处于生长稳定期花卉的管理。

## 六、实验材料

实验材料因地制宜，就地取材，没有特殊要求，对于初学者可以选择价格相对便宜、易成活的花卉。

## 七、实验用具

枝剪、普通剪刀、花铲、花盆、基质（粗粒、细粒）、碎瓦片等。

## 八、实验方法和步骤（以国兰换盆为例）

### （一）倒盆

将兰盆放倒，盆身侧对人面，盆口的下缘触地；左手握住盆后部，右手食指的拇指住盆口的上缘，其余三指伸开挡住盆土；两手将盆身稍往上提，再向下以盆口的下缘轻撞地面，让盆土在花盆内松动，离间；转动盆身，改变盆口与地面的接触点，继续轻撞，让盆土逐渐脱出，右手掌张开，托住兰花植株，左手将花盆取掉。

### （二）去土

左手托住兰花植株的基部，右手将根间泥土细心剔除，其间切不可伤芽和根。

### (三)分篼

一手持兰,一手执剪,看准易于分离的自然缝隙,从两个最老的假鳞茎的连生处剪开,两手分捏二丛基部,轻摇慢拉,将其分离。注意不可分得太零碎,每丛至少应有3苗,一般情况下不要强行将“祖孙三代”分家。

### (四)修剪

将空根、腐根、断根、残花、枯叶、病叶和干瘪、腐朽的假鳞茎剪去,切勿损伤新芽和根尖。

### (五)消毒

用加800倍水的甲基托布津药液或加1000倍水的高锰酸钾药液浸蘸剪刀、刀子和锯子;或者在修剪后将兰根部浸入药液中10~15min,然后取出晾干,或者用草木灰涂抹根茎、叶的伤口,以避免细菌感染。

### (六)吹晾

将修剪、消毒后的兰花植株排列在兰架或其他便于放置的器具上,让根叶舒展,置阴凉通风处,吹晾半天左右,至根部发软时即可栽植。

### (七)垫盆

花盆的下半部用利于排水和透气的填充物加以铺垫,即先用一块瓦片盖住盆底排水孔,再用瓦片、碎砖、炭渣或贝壳等物逐层铺垫,接着铺泥粒或豆石以堵住大的缝隙。垫层高度约为盆内的1/2~2/3(具体应根据兰株根的情况而定)。

### (八)栽植

在垫层上撒一些经过处理的碎骨,再填一层培养土,厚约2~3cm,用手稍压、中央应略高,根据花盆大小安排株丛多少,三丛以上可栽成品字形,四方形、五梅花形,摆布合适后,一手择叶、一手添土,捉住兰花植株的基部稍往上提,使根伸展,并摇动兰盆,让培养土深入根际,继续添土并从盆边挤压培养土,直至离盆口2~3cm的高度为止。注意盆土表面的中部应高于四周。

### (九)铺面

在栽植完毕的盆面上铺上一层小石、碎瓦、青苔或翠云草,既整洁美观,又可调节水分,可在春季或秋季进行,先在盆面呈散开布点,稍压,再洒水。

### (十)浇水

栽植完毕后第一次浇水必须让盆土湿透。

## 九、实验注意事项

### （一）上盆、换盆、翻盆后不能马上见强光

新移栽（栽培）的花卉，放到阳光底下，水平衡会打破。因为换盆必然会伤根，根系吸收养分和水分的功能减弱，伤根了的花卉放到太阳底下去，因光照过强就会造成水分、营养吸收小于消耗，导致叶片打蔫、植株打蔫，光合作用降低后，反过来影响根系生长，最终会导致缓苗失败。

### （二）浇水要得当

除了多肉植物要潮土上盆或是干土上盆外，其他的花卉，尽可能换盆以后接着给它浇水，定植后的第一次浇水方式是浇定根水。新栽种的花卉它的根系换到新的盆土里，新的土壤不一定能够跟根系结合在一起，我们浇上水以后要让土壤充分地跟根系接触在一起，这样才能够有利于长根。如果浇水的时候加点生根液进去，能促进它快速长根；加点多菌灵进去，可防止根系腐烂。

### （三）要保证通风

新换盆的植物要放到一个通风好的环境中去缓苗，这样才能够快速地生长，盆土不会出现淤积烂根的情况。如果放到一个不通风的地方，浇上水以后盆土长时间不干，由于花卉本身没有多少新根，加上老的根系上有伤口，必然会造成烂根的情况。通风好，盆土能够快速干掉一部分，保持一个湿润的状态，这种状态是比较适合根系生长的，有利于快速长出新的根系来。新的根系长出来了以后就能够恢复正常的生长，就可以进行正常的养护了。

## 十、学习思考题

### （一）客观题

一般层次

较高层次

### （二）主观题

一般层次

较高层次

## 十一、参考文献

兰花的选盆与上盆

塑料大棚规模化商品盆花栽培技术(下)上盆与上盆后管理

茶花介质苗的选育与上盆技术

蝴蝶兰老苗换盆新技术

盆栽艺术_摘辑__换盆换土技术

仙客来剪根换盆术

兰花翻盆分株操作规程

观赏植物翻盆换土 ABC

# 实验 52　不同基质对花卉生长的影响

## 一、实验说明

本实验属于综合探究性实验,通过老师讲解、观看相关资料,熟悉不同基质的理化性质,通过实践,掌握不同花卉生长基质的配制方法和相关实验原理。为了保证实验的顺利进行,要求学生按照所列的实验方法和实验步骤认真操作。建议:可以预先学习本实验的教学 PPT,提前熟悉各类基质,了解基质对花卉生长影响实验的基本步骤,开展小组预实验,仔细观察、记录预实验过程中出现的一些新问题,并进行小组讨论、综合分析,形成较全面的解决方案。

## 二、建议学时:4 学时

## 三、实验目的

(1)了解不同基质的吸水特性。

(2)掌握混合基质的配制方法。

(3)掌握不同基质对花卉生长影响的实验方法,了解不同花卉对栽培基质的要求。

(4)培养学生严谨的逻辑思维能力和综合协调能力。

## 四、实验原理

土壤或基质是花卉生长发育的基本条件,选用适宜的基质是基质栽培的重要因子。

盆栽用土因容积有限，花卉的根系生长受到局限。因此要求培养土必须含有足够的营养成分，具有良好的物理结构，一般要求基质容量小、粒径适当、总孔隙度较大、吸水、持水力强，颗粒内小孔隙多，颗粒间大孔隙少，基质水汽比例协调，化学稳定性强，酸碱度适当，且不含有有毒物质。基质的选用原则可以从适应性和经济性两方面考虑。生产上应用较多的基质有泥炭、蛭石、蛙石、珍珠岩、烟道灰、腐殖土、炉渣、锯末、碳化稻壳等。

## 五、实验内容

(1)不同基质的吸水率测定。

(2)混合基质的配制及吸水率测定。

(3)不同配方基质对花卉生长的影响。

## 六、实验材料

(1)植物材料：孔雀草、向日葵小苗等。

(2)栽培基质：泥炭、蛭石、珍珠岩等。

(3)其他材料：50%多菌灵、复合肥等。

## 七、实验用具

花卉种植工具、分析天平、台秤、烘箱、水分测定仪、游标卡尺、卷尺、叶面积仪、放大镜、量筒、量杯、烧杯、透明容器、种植穴盘、底托、喷雾器、水勺、标签纸。

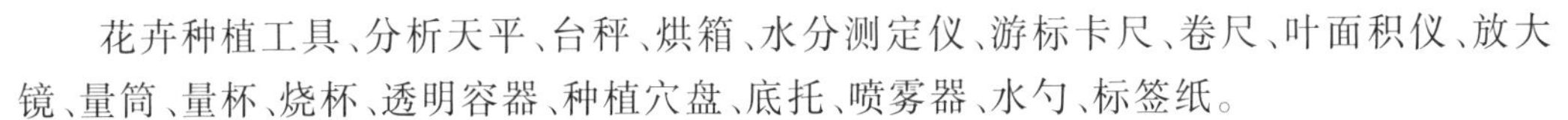

## 八、实验方法和步骤

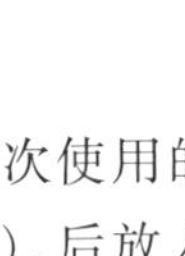

### (一)单一基质的吸水实验

栽培基质种类很多，每种基质的吸水性能差异很大，本实验以泥炭、珍珠岩、蛭石为材料进行吸水性能比较。

1.3种基质初次使用且风干时的吸水性能观察，计算吸水率

取1个干净、透明的盛水容器(能观察底部是否有积水)，称量($T_1$)，取初次使用的干燥泥炭，体积为$V_0$(自然状态下的体积，用已知体积的容器量取)，并称量($G$)，后放入透明容器中，用喷雾器慢慢地从上面给泥炭补水，一直到底部有较多的积水停止补水，静置。实验中观察泥炭吸水过程中的变化、吸水速度的快慢。如果实验过程中发现底部没有积水，需要继续补水。静置一段时间后，底部水位没有明显变化，用滤纸过滤掉多余的水分，称取吸足水分后的含基质的容器重量($T_2$)，计算体积吸水率。体积吸水率是指材料吸水饱和时，所吸水分的体积占干燥材料自然体积的百分数，公式表示为：

$$W_v = \frac{(T_2 - T_1) - G}{V_0 \times g_w} \times 100$$

式中：$W_v$为体积吸水率，以%为单位；$G$为基质干燥时的重量，以g为单位；$T_2$为基质饱含水分以后的容器重量，以g为单位；$T_1$为基质未吸水之前的容器重量，以g为单位；$V_0$为干燥基质自然体积，单位$cm^3$；$g_w$为水的密度，单位$g/cm^3$。

初次使用且风干的蛭石、珍珠岩的体积吸水率参照上述方法进行。

2.3 种基质多次使用后的吸水性能观察,计算吸水率

取1个干净、透明的盛水容器(能观察底部是否有积水),称量($T_1$),取适量多次使用过的泥炭,并称量($G$),后放入透明容器中,用喷雾器慢慢地从上面给泥炭补水,一直到底部有较多的积水,停止补水,静置。实验中观察泥炭吸水过程中的变化、吸水速度的快慢。如果实验过程中发现底部没有积水,需要继续补水,静置一段时间后,底部水位没有明显变化,用滤纸过滤掉多余的水分,称取吸足水分后的含基质的容器重量($T_2$),计算重量吸水率。重量吸水率是指材料吸水饱和时,所吸水分的重量占干燥材料重量的百分数,公式表示为:

$$W = \frac{(T_2 - T_1) - G}{G} \times 100$$

式中:$W$ 为重量吸水率,以%为单位;$G$ 为基质干燥时的重量,以g为单位,$T_2$ 为基质饱含水分以后的容器重量,以g为单位;$T_1$ 为基质未吸水之前的容器重量,以g为单位。

多次使用后的蛭石、珍珠岩的重量吸水率参照上述方法进行。

3.混合基质的吸水性能观察,计算吸水率

实验选用初次使用且风干的泥炭、蛭石、珍珠岩三种基质。

(1)基质的配制:体积比配方

泥炭:蛭石:珍珠岩=5:3:2

泥炭:蛭石:珍珠岩=5:1:2

泥炭:蛭石:珍珠岩=5:1:4

(2)各配方基质吸水性能观察、比较

具体实验方法参照“3种基质初次使用且风干时的吸水性能观察,计算吸水率”进行。

### (二)不同基质配方对花卉生长的影响

(1)按照上述3个混合配方的比例要求均匀混合基质后,用50%多菌灵可湿性粉剂800倍液喷雾消毒后备用。试验采用55cm×29cm、50个孔的穴苗盘,每一个花卉品种(孔雀草、向日葵)分别用3个混合基质配方种植一盘,一盘种植一个品种,一穴一株。定期喷药、浇水进行日常管理,花卉含水量保持在最大含水量的80%左右。

(2)生长指标测定。定植2周以后,每隔5天分别测定孔雀草和向日葵花卉各处理组的根长、根粗、根数、生根率、株高,基茎粗、叶面积、叶片的长度和宽度、地上部鲜重、地上部干重、地下部鲜重和地下部干重。

(3)进行统计分析,比较不同基质配方对花卉生长的影响。

## 九、实验注意事项

(1)对于干燥的、初次使用的基质的吸水试验必须要有足够的耐心,加水速度要慢。

(2)因为要阶段性地测定地上部分和地下部分干鲜重,所以实验的数量必须要有保证。

(3)实验过程要尽量排除其他因素对实验的影响。

## 十、学习思考题

### (一)客观题

一般层次

较高层次

### (二)主观题

一般层次

较高层次

## 十一、参考文献

几种无土栽培代用基质对花卉种子萌发的影响

混合基质对大花蕙兰组培苗生长的影响

不同混合基质对钟花樱容器苗生长的影响

5个百合品种在混合基质栽培下的生长差异

木薯渣等有机废弃物作为花卉栽培基质的效果研究

不同基质对几种花卉扦插生根及生长的影响

# 实验53 花卉的水肥管理

## 一、实验说明

本实验属于综合设计性实验,通过老师讲解、观看相关PPT,熟悉花卉水肥管理的基本理论和基本知识,通过实践掌握水肥管理的基本技术。为了保证实验的顺利进行,要求学生按照所列的实验方法和实验步骤认真操作。建议:可以预先学习本实验的教学PPT,熟悉实验材料的习性,了解花卉水肥管理的基本要求,开展小组预实验,仔细观察、记录预实验过程中出现的一些新问题,并进行小组讨论、综合分析,形成较全面的解决方案。

## 二、建议学时:4学时

## 三、实验目的

(1)了解花卉各生长阶段水肥需求的特点。

(2)掌握园林花卉浇水施肥的基本方法与技术要点。

## 四、实验原理

植物体内绝大部分是水,水分占植物鲜重的75%~90%,盆栽花卉主要靠浇水供给水分,所以浇水是否合适至关重要。如果浇水不当,不仅不能达到预期的效果,而且会对园林花卉产生伤害,因此需要进行科学合理的浇水。

施肥具有提供花卉必需营养元素和改变土壤性质、提高土壤肥力功能的作用,合理施肥才能促进花卉健康生长。肥料包括无机肥料(化学肥料)和有机肥料。根据花卉生长期不同,一般可分为播种前、植物生长期、生长后期的施肥,其施肥方式有种肥、基肥和追肥等。各种肥料配合施用植物生长期不同,管理措施不同,施肥方式也不同。

## 五、实验内容

(1)浇水对花卉的影响。

(2)施肥对花卉的影响。

## 六、实验材料

(1)植物材料:盆栽孔雀草。

(2)其他材料:泥炭、蛭石、珍珠岩、复合肥、有机肥、叶面肥。

## 七、实验用具

烘箱、土壤水分测定仪、叶面积仪、游标卡尺、卷尺、花盆、托盘、喷雾器、量筒、烧杯、玻璃棒、分析天平、台秤、铝盒、细针、一次性塑料杯、竹棒、硫酸纸、标签纸。

## 八、实验方法和步骤

### (一)实验花卉准备

提前分批播种孔雀草种子,种子出苗后选择生长健康、无病虫、大小基本一致的苗用于实验。

### (二)种植基质准备

选用泥炭土、珍珠岩、蛭石三种基质,并按照3:1:1混合作为种植基质配方。

### (三)基质最大持水量测定

(1)取上述混合基质若干,混匀。将铝盒洗净,烘干,编号,称重,装上述混匀的基质土样,在电子天平上称重并记录(注意:重量不要超过100g),精确至0.01g。揭开盒盖,放在盒底下,置于已预热至105±2℃的干燥箱中烘烤10h。取出,盖好,在干燥器中冷却至室温(约需30min),立即称重并记录;然后在相同条件下再烘2h,冷却称重并记录。如果同一铝盒土壤前后质量几乎无差别时,即可计算土壤水分含量;否则,要继续烘烤至恒重。土样水分的测定应做3个重复。

(2)取3个一次性塑料杯,用细针针尖在杯底扎上细孔,杯底分别放上一层硫酸纸,杯外壁用记号笔标上1、2、3,分别称重并记录杯重 $W_1$、$W_2$、$W_3$。每个杯中分别加入50g烘干的土壤,然后加入过量的水,直至浸透后土壤表面仍有液态水存在,置于无强光直射的疏松土壤或吸水纸上(注意:不要在太阳光下直射),24h后称重,记为 $T_1$、$T_2$、$T_3$。

$$土壤最大持水量(\%)=\frac{T_i-W_i-50}{50}\times 100$$

取均值即可。也可直接用土壤水分含量测定仪测定。

### (四)基质含水量梯度设置

取底部有孔花盆(大小要和苗相配套),剪取大小相等的硫酸纸置于底部,以防土壤漏出。花盆装土量应相等,可用台秤称重测定。设定各组的土壤含水量分别为土壤最大持水量的110%、80%、40%和10%,分别记录需要加入的水量。

### (五)不同营养梯度设置

实验选用无机肥料,以追肥方式进行。选用纯硫酸钾型复合肥(N:P:K=15:15:15),设4个肥料浓度,每次处理分别施入复合肥30g、50g、100g和150g,以不施任何肥料作对照。

### (六)幼苗移栽

分批进行孔雀草幼苗移栽,移苗时先用玻璃棒(或竹棒)在土壤表层上插孔,用于将幼苗移入栽植孔中,再用玻璃棒轻轻挤压根系两边土壤,按土壤最大持水量80%的水量缓慢加入上述花盆,切忌加水过快,使根系与土壤充分接触,注意不要伤害胚根。每个花盆中移入幼苗一棵,每天根据当地蒸发量适当补充水分。

### (七)幼苗培养和水肥处理

(1)浇水对花卉的影响

分别选择2片真叶幼苗和6片真叶幼苗进行水分梯度处理。根据事先设定的土壤水分梯度采用称重的方法进行水分补充。也可以用土壤水分测定仪对花盆内的土壤进行水分检测。每次处理5盆,重复2次。水分处理3周后进行相关生长指标测定,取均值。

(2)施肥对花卉的影响

分别选择2片真叶幼苗和6片真叶幼苗进行施肥梯度处理。根据事先设定的营养梯度进行营养补充,施肥总量分别为30g、50g、100g和150g,各处理的施肥浓度均为1/1000,每次施肥量为10mL(水分按照实际情况补充),每2天进行1次营养补充,直到最后处理组的营养量加完为止。每次处理5盆,重复2次。每周进行相关生长指标测定,取均值。

### (八)相关生长指标测定

生长指标包括植物株高、基径、根长、真叶片数和叶面积。

(1)每种处理(浇水处理和施肥处理)至少选择10株孔雀草进行株高、基径、根长、真叶片数和叶面积的测定。

(2)叶面积测定:使用叶面积测定仪,选择成熟叶片进行测量。

(3)根长的测量:将整个花盆放入水中,浸透后轻轻来回晃动花盆,使根系附近的土壤疏松并慢慢脱落,待整个主根系全部暴露,测量主根长。注意操作时不要用力过大,否则会导致断根。

**54-1 表 1 不同浇水、施肥处理对孔雀草生长的影响记录表**

| 处理 | 均值 | 株高/cm | 基径/cm | 根长/cm | 真叶数 | 叶面积/$cm^2$ |
|---|---|---|---|---|---|---|
| 浇水处理 | 处理 1 | | | | | |
| | 处理 2 | | | | | |
| | 处理 3 | | | | | |
| | 处理 4 | | | | | |
| | CK | | | | | |
| 施肥处理 | 处理 1 | | | | | |
| | 处理 2 | | | | | |
| | 处理 3 | | | | | |
| | 处理 4 | | | | | |
| | CK | | | | | |

## 九、实验注意事项

(1)实验要在孔雀草适宜的生长环境下进行,避免环境因素对实验结果的干扰。

(2)浇水实验时,一定要给基质均匀浇水,而且速度要慢,避免水分渗漏影响实验结果。

(3)施肥实验以水溶液形式进行补充,动作要轻、要慢,避免肥液加到盆外或渗漏盆底。

(4)观察时尽量选择同一时间。

## 十、学习思考题

### (一)客观题

一般层次

较高层次

### (二)主观题

一般层次

较高层次

## 十一、参考文献

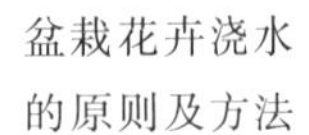
盆栽花卉浇水的原则及方法

浅谈花卉营养与施肥

盆栽花卉浇水与施肥技术

花卉合理施肥要四看

不同肥料对花卉幼苗生长的影响

田力宝微生物肥料对几种花卉生长和开花的影响

# 实验 54　植物生长调节剂的配制和应用

## 一、实验说明

本实验属于综合探究性实验，通过老师讲解、观看相关资料，熟悉植物生长调节剂的种类和功能，通过实践，掌握植物生长调节剂的配制和使用方法。为了保证实验的顺利进行，要求学生按照所列的实验方法和实验步骤认真操作。建议：可以预先学习本实验的教学 PPT，熟悉所用仪器设备，了解实验的基本过程，开展小组预实验，仔细观察、记录预实验过程中出现的一些新问题，并进行小组讨论、综合分析，形成较全面的解决方案。

## 二、建议学时：4 学时

## 三、实验目的

(1)了解植物生长调节剂的种类和功能。
(2)掌握植物生长调节剂配制方法、使用方法和技术要领。
(3)培养学生严谨的逻辑思维能力和综合协调能力。

## 四、实验原理

植物生长调节剂是指用于促进或抑制发芽、生根、花芽分化、开花、结实、落叶等植物生理机能的人工合成药剂。高等绿色植物体内有一种起促进和抑制作用的代谢产物，是植物生命活动中不可缺少的物质。这种由植物本身合成的有机物叫植物生长素。为提高农作物的产量和质量，用人工方法合成了一系列具有类似植物生长素活性的化学药剂，以控制植物的生长发育及其他生命活动，称为植物生长调节剂。

植物生长调节剂的种类繁多，其作用方式各异，根据它们的主要生理效应大体上可分为生长促进剂、生长延缓剂、生长抑制剂和激素型除草剂等。这类物质已被广泛地应用于观赏植物科研和生产中，在人工打破球根和种子休眠、促进发芽、控制花期、矮化栽培、扦插生根、嫁接愈合、延长切花寿命以及在组织培养和远缘杂交等方面均取得了较好效果。

## 五、实验内容

（1）植物生长调节剂的配制。

（2）植物生长调节剂的应用。

## 六、实验材料

（1）植物材料：盆栽向日葵。

（2）实验试剂：95% 乙醇，分析纯氢氧化钠，生物生长调节剂（赤霉素、萘乙酸、吲哚乙酸、吲哚丁酸、细胞分裂素、生根粉、多效唑、矮壮素、烯效唑等）。

## 七、实验用具

分析天平、叶面积仪、游标卡尺、卷尺、直尺、量筒、烧杯、容量瓶、试剂瓶、玻璃棒、喷雾器、称量纸、钥匙、吸水纸、标签纸。

## 八、实验方法和步骤

### （一）植物生长调节剂的配制

1. 溶剂选择

不一样的植物生长调节剂需要不一样的溶剂来溶解，大多数植物生长调节剂不溶于水，而溶于有机溶剂。具体参考表 54-1。

**表 54-1 各类植物生长调节剂配制对应溶剂表**

| 生长调节剂 | 溶解剂 |
|---|---|
| 萘乙酸（NAA） | 溶于丙酮、乙醚和氯仿等有机溶剂，溶于热水；可将原药溶于热水或氨水后再稀释使用 |
| 吲哚乙酸（IAA） | 溶于热水、乙醇、丙酮、乙醚和乙酸乙酯，微溶于水、苯、氯仿；在碱性溶液中稳定 |
| 吲哚丁酸（IBA） | 溶于醇、醚和丙酮等有机溶剂，不溶于水和氯仿；使用时先溶于少许乙醇，而后加水稀释到所需浓度，假设溶解不全可加热。冷却后加水 |
| 2,4 – D | 溶于乙醇、乙醚和苯等有机溶剂，难溶于水；配时先用 1mol/L 氢氧化钠溶液溶解再加水 |
| 防落素（PCPA） | 溶于醇、酯等有机溶剂，微溶于水；使用前先用少许乙醇或氢氧化钠溶液滴定溶解，再加水稀释到所需浓度，水溶液较稳固 |

续表

| 生长调节剂 | 溶解剂 |
| --- | --- |
| 6－苄基胺基嘌呤（6－BA） | 溶于碱性或酸性溶液，在酸性溶液中稳固，难溶于水；使用时加少许 1mol/L 盐酸溶液溶解，再加水稀释到所需浓度 |
| 赤霉素（GA） | 溶于甲醇、丙酮、乙酸乙酯和的磷酸缓冲液，难溶于水、氯仿、苯、醚、煤油 |
| 乙烯利 | 溶于水和乙醇，难溶于苯和二氯乙烷，在酸性介质（$pH \leq 3.5$）中稳定；在碱性介质中分解，很快放出乙烯 |
| ABT 生根粉 | 溶于乙醇，用 95% 以上工业乙醇溶解后再加水 |
| 多效唑（PP333） | 溶于甲醇、丙酮 |
| 矮壮素（CCC） | 易溶于水，不溶于苯、乙醚和无水乙醇，遇碱分解 |

为了方便大家使用，很多厂家生产出了“可湿性粉剂”型、“乳油”型植物生长调节剂，可以用水稀释后使用。

2. 用药量的计算方法

（1）例题 1：应用生长延缓剂控制桃、山楂、葡萄、黄瓜等新梢或枝蔓生长，一般可叶面喷施 1000mg/L 的多效唑，配制 15kg 或 15L（背负式喷雾器容积）的该溶液需要多少多效唑？

①先求出其 15kg（15L）1000mg/L 多效唑溶液中含纯多效唑的质量：

$$x = 1000\text{mg/L} \times 15\text{L} = 15000\text{mg} = 15\text{g}$$

②一般商品多效唑为 15% 可湿性粉剂，即含量只有 15%，15g 纯多效唑相当于 15% 的多效唑多少克？

$$x = 15/15\% = 100\text{g},$$

即需用 15% 含量的多效唑 100g。

（2）例题 2：用 ABT 生根粉（100% 原药）促进番茄、黄瓜等枝蔓插条生根，设定浸泡浓度为 50mg/L、100mg/L、200mg/L、500mg/L 和 1000mg/L。配制时 1g（1000mg）ABT 生根粉溶解在 50mL 浓度为 95% 的工业酒精中溶解后，再加蒸馏水或冷水稀释定容至 1000mL，即配成 1000mg/L 的 ABT 原液。原液配好后，用时再稀释至所需浓度。计算公式以下：

$$\frac{A}{a} = \frac{b}{x}, \quad x = \frac{a \times b}{A}$$

式中：$A$ 为原液浓度；$a$ 为所需溶液浓度；$b$ 为所需浓度溶液的体积；$x$ 为配成所需溶液需要的原液的体积。假设要将 1000mg/L 的原液稀释到浓度为 100mg/L 的溶液 500mL，问需要多少原液？

$A = 1000\text{mg/L}$；$a = 100\text{mg/L}$；$b = 500\text{mL}$；求 $x =$，则：

$x = a \times b/A = 100 \times 500/1000 = 50(\text{mL})$

即 50mL 原液，加水 450mL 即为浓度 100mg/L、体积为 500mL 的溶液。

### (二)植物生长调节剂的应用

1. 植物生长调节剂的使用方式

(1)溶液喷洒。溶液喷洒是植物生长调节剂常使用的一种方法。首先根据浓度要求配制好药液,然后进行喷洒。在喷洒的时候,药液要保证细小,且喷洒均匀,保证喷洒部位湿润等。同时,为了保证药液能够良好地附着在植株上,可在其中添加适量的乳化剂,例如洗衣粉或者是一些表面活性剂等,以此来提高药剂的附着力,同时在喷洒的时候要注意将其喷洒在作用部位上。

(2)浸泡法。浸泡法主要是用于作物的扦插繁殖上,即用于提高插穗的生根率而使用的方法。同时也可用于处理种子,对果实进行催熟等。例如一些有叶片的木本科插穗,可将其放在吲哚丁酸中浸泡 10 ~ 20h,然后直接插入苗床中。也有着快速蘸根法,使用萘乙酸与滑石粉混合,然后将插条下部浸湿,再蘸取适量的粉剂插入苗床中。

(3)涂抹法。涂抹法就是将植物生长调节剂涂抹在作物的一个部分上。其中常用的有羊毛脂等,其直接将有药剂的羊毛脂涂抹在需要处理的地方,一般是以伤口为主,能够促使伤口愈合,同时还有着促进生根的作用;然后还可以涂抹在芽处。这种方法被广泛应用于花卉的压条繁殖。首先在枝条上环割到韧皮部,然后再涂抹含有生长素的羊毛脂,包裹一层湿润的细土,再用薄膜包裹住,防止水分蒸发。

(4)拌种种衣法

拌种种衣法主要是用来处理的种子的。拌种就是不管是使用杀菌杀虫剂还是微肥,都可以在里面添加适量的生长调节剂。将其与种子充分混合均匀,保证种子外表沾上药剂。也可使用喷壶将药剂喷洒到种子上,不过需要一边搅拌一边喷洒,喷洒均匀之后播种。而种衣的话,就是使用专用剂型种衣剂,将其包裹在种子外,促使形成薄膜,不仅能够提高种子的萌发率,还能够起到病虫害的防治效果。

2. 植物生长调节剂的实际应用

(1)药剂处理:以盆栽向日葵为试验材料,使用不同浓度多效唑(150mg/L,300mg/L,600mg/L)进行叶面喷施,每次处理 10 盆,重复 3 次,观察喷施不同浓度多效唑后向日葵植株性状的变化。

(2)测量、计算指标。

①株高:卷尺测定盆土水平面至植株最高点的高度。

②茎粗:游标卡尺以十字交叉法测定盆土水平面以上 1cm 处茎秆的直径,即茎径。

③冠幅:卷尺以十字交叉法测定植株叶片展开幅度。

④茎干比:茎粗和株高两个测量数值的比值。

⑤叶面积:将单株向日葵所有成龄叶分别用叶面积仪测定面积,取平均值。

⑥叶长和叶宽分别为叶基至叶尖的长度和叶片最宽处的长度,均采用卷尺测量。

⑦单叶重:将单株向日葵所有成龄叶用电子天平称重,取平均值。

(3)统计分析实验数据,比较多效唑各浓度的使用效果。

## 九、实验注意事项

(1)不论溶于水还是溶于乙醇都必须将计算出的用量放进较小的容器内先溶解,然后再稀释至所需要的量,并要随用随配,以免失效。

(2)为了增强药效,可在稀释好的药液中加入少量的展着剂,如西维因可加入0.2%的豆浆作展着剂。

(3)注意均匀喷施,无漏喷。

(4)做好标记,定期观察,写好记录。

## 十、学习思考题

### (一)客观题

一般层次

较高层次

### (二)主观题

一般层次

较高层次

## 十一、参考文献

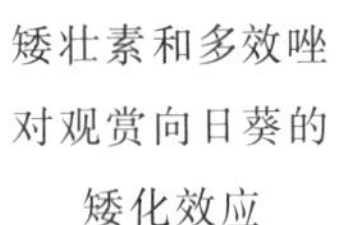

矮壮素和多效唑对观赏向日葵的矮化效应

不同植物生长延缓剂对姜荷花的矮化效果

六种植物生长调节剂对烟草幼苗生长发育的影响

植物生长调节剂对猕猴桃枝条生根的影响

植物生长调节剂对萱草叶片性状及繁殖特性的影响

# 实验55 水培花卉诱导

## 一、实验说明

本实验属于综合设计性实验，通过老师讲解、观看相关PPT，了解水培花卉的特点和栽培管理要求，比较花卉水培与常规栽培的不同。建议：可以预先学习本实验的教学PPT，熟悉水培花卉诱导的操作流程，开展小组预实验，仔细观察、记录预实验过程中出现的一些新问题，并进行小组讨论、综合分析，形成较全面的解决方案。

## 二、建议学时：4学时

## 三、实验目的

(1)了解水培花卉诱导关键因素。

(2)掌握水培花卉诱导的方法与技术。

(3)比较花卉水培与常规栽培的不同，熟悉水培花卉管理的要点。

(4)培养学生严谨的逻辑思维能力和综合协调能力。

## 四、实验原理

水培花卉是采用现代生物工程技术，运用物理、化学、生物工程手段，对普通的花卉进行细胞组织结构驯化，使其能够在水中长期生长的那一类花卉。

通过水培花卉诱导使植物根系的组织结构、生理性状发生变化，将陆生花卉的组织结构转变成水生的组织结构，形成大量的通气组织，诱导成能完全适宜水环境生长的水生根系，使它对水环境具有较强的适应性。

## 五、实验内容

(1)绿萝、红掌和发财树等的水培诱导。

(2)植物生长调节剂在花卉水培诱导上的应用。

## 六、实验材料

(1)植物材料：绿萝、红掌、发财树小苗。

(2)其他材料：无水乙醇、消毒液(高锰酸钾、多菌灵)、驯化液(吲哚乙酸、吲哚丁酸、萘乙酸、生根粉等)。

## 七、实验用具

分析天平、容量瓶、枝剪、种植工具、剪刀、量筒、放大镜、烧杯、钥匙、称量纸、玻璃棒、泡沫板、种植容器、定植篮、海绵、陶粒、鹅卵石、标签纸。

## 八、实验方法和步骤

本实验选用土培红掌为植物材料，用萘乙酸溶液进行诱导驯化。

### （一）洗根、消毒

（1）洗根。将红掌上的泥土洗干净，根系上不能带一点泥土，防止日后烂根。

（2）消毒。土培红掌根系上带有病菌，必须严格消毒，一般消毒 15～20min。可以选择用 0.1% 高锰酸钾溶液浸泡或多菌灵等药剂。

### （二）修根

根据花卉生根的难易程度，分别采取不去根、去根 1/3～1/2、完全去根等 3 种方法，对花卉生根情况不太熟悉时，建议把洗好的根用锋利的剪刀去掉根系的 1/3～1/2。本实验材料红掌属于易生根花卉，可以去根 1/3～1/2。

### （三）催根

将修根后的红掌种植到以珍珠岩为主的基质中进行催根，使红掌重新长出新根，在珍珠岩基质中形成发达的不定根根系。

### （四）诱根

经过催根环节后，红掌在 10～15d 会长出不定根根系的初生根系，然后把根系从珍珠岩基质中取出，经过驯化液（植物生长调节剂，见下一条）处理，放到相对密闭的水环境中诱导根系。

（1）不同浓度生长调节剂对花卉水培根的诱导作用

称取适量的萘乙酸（NAA）原粉，先用少量酒精溶解，再用水稀释，配成 20mg/L、50mg/L、100mg/L、150mg/L 驯化溶液，分别浸泡催根后的红掌，浸泡时间 10h，以清水做对照，处理完后均用清水培养。用泡沫板种植的，中间掏个小洞，把植株用海绵包裹起来，固定在泡沫板上；用定植篮种植的，把植株放在定植篮里，里面放些小石子用于固定种植在种植容器中。每次处理 10 株，重复 3 次，试验处理期为 20d。第 1 周每天换 1 次水，将其伤流液洗去，以后每隔 7d 换 1 次水，每天进行相同次数的振动增氧，保证氧气供应，每次换水时用清水洗去根部的黏液。保证白天温度为 18～22℃，夜晚温度为 15～17℃，并有适量的散射光。

（2）观察记录红掌根系生长情况（生根速度、生根数量等），记录在表 55-1。

表 55-1　不同浓度萘乙酸处理对红掌生根的影响

| 处理浓度 | 第一根长出天数/d | 水根数量/根 | 根原基数/个 | 平均根长/cm |
| --- | --- | --- | --- | --- |
| 20mg/L | | | | |
| 50mg/L | | | | |
| 100mg/L | | | | |
| 150mg/L | | | | |
| CK | | | | |

注：根原基标准为根部新生根长约 0.1cm。

## 九、实验注意事项

(1)水培时注意环境光照,建议把水培花卉放在散射光条件下。

(2)满足花卉对温度的要求。

(3)配制萘乙酸溶液时,在用水稀释前,所有器皿都必须是干燥的,操作过程不能碰到水。

(4)催根用的珍珠岩必须是干净、无菌的,否则要提前进行消毒。

## 十、学习思考题

### (一)客观题

一般层次

较高层次

### (二)主观题

一般层次

较高层次

## 十一、参考文献

花卉室内水培技术研究

花卉水培的机理与应用

水培花卉技术

草本与木本水培植物根系诱导技术研究

萘乙酸对水培龟背竹根系的影响

不同浓度 NAA 对彩叶芋水培扦插繁殖的影响

深液流水培设施及种植技术

# 第十二章

# “园林花卉学”开放开发性实验

## 实验56　花卉的嫁接繁殖

### 一、实验说明

本实验属于开放开发性实验，只设定实验的范围和总体要求，实验的材料、方法和步骤等细化方案由同学自行设计完成，鉴于花卉嫁接繁殖的多样性和复杂性，方案设计要突出创新性。建议：由多个学生组成小组来完成。为了确保实验设计的针对性、实验实施的有效性，小组方案要经过所有成员积极研讨，不断修订完善，学生自行设计的最终方案应在课堂上充分论证，获得通过后才能实施。

### 二、建议学时：6学时

### 三、实验目的

(1)熟悉嫁接的种类和各自的应用场景。
(2)了解影响嫁接成活的影响因素。
(3)掌握嫁接的基本流程和基本技能。
(4)了解嫁接的多种用途。
(5)培养学生求真务实的工作作风、科学严谨的逻辑思维和紧密合作的团队精神。

### 四、实验原理

花卉嫁接是否成功主要取决于砧木和接穗能否通过相互密接产生愈伤组织，并进一步分化产生新的输导组织而实现相互连接。嫁接后接穗和砧木结合，两者形成层的薄壁细胞加速分裂，形成愈合组织，愈合组织细胞进一步分化，将砧木与接穗的形成层连接起来,向内形成新的木质部,向外形成新的韧皮部,两者的木质部导管与皮部筛分别联通,实现输导组织联通,使水分和养分输送成为可能,使暂时破坏的平衡得以恢复,从而形成一个新的整体。

## 五、实验内容

(1)枝接。

(2)靠接。

(3)插接。

## 六、推荐材料与用具

(1)植物材料:根据实验内容自主选择。

(2)实验用具:枝剪、嫁接刀、专用嫁接工具、嫁接膜、嫁接夹、嫁接绳。

## 七、实验设计要求

(1)初步选择好实验材料,确认彼此亲缘关系的远近。

(2)查找文献和资料,了解有关砧木和接穗的嫁接现状,采用的技术方法、嫁接条件和所需设备、注意事项和嫁接效果。

(3)最终确认实验材料,并做好实验材料的前期准备工作。

(4)确定完成此嫁接实验所采用的技术手段和所需的实验条件,论证现有实验设备和条件的成熟情况,完成本实验设计、操作路线图。

(5)评估季节、气候、实验场所对实验效果的影响,并做好相关预案。

(6)考虑嫁接实验的丰富性、多样性和不确定性,实验设计应该充分借鉴相关文献和网络学习资料介绍的先进的技术手段和科学思想,综合所有资料,从创新角度大胆设计,同时考虑科学性、实用性和安全性,本实验不只是基于验证性实验的一个简单设计。

## 八、实验参考方法和步骤

从以下 4 种嫁接方法中选取至少 2 种方法进行实验,实验砧木和接穗根据实际情况选择。

### (一)枝接

使用劈接法。砧木劈口长度 3 ~ 5cm。接穗插接部位削成的“楔头”长 2 ~ 3cm,要求平直光滑,两斜面等长或略有差别。插接时要求接穗一侧的皮层要与砧木皮层对齐;接穗插入深度以一个削面刀口与砧木剪口对齐为准,接穗留芽 2 ~ 3 个。接插后绑缚要严紧,可先用塑料带包裹,然后用细绳扎紧。

具体步骤:①剪砧→②劈砧→③削接穗→④包扎(注意形成层对齐)。

### (二)芽接法

使用 T 字接法。在芽下 1cm 处斜向上削,连同木质部削到芽的上方,然后在芽上方横切 1 刀,取下单芽。砧木开口通用方式为“T”字形开口,还有“一点一横”式,以及直接在砧木剪口端纵划 1 刀开口的方法。插接后绑缚同劈接法,单芽嫁接的要露出芽眼,否则，芽会因为挣脱不了薄膜的束缚被闷死在里面。芽分为叶芽、花芽以及混合芽（叶芽和花芽都有），桃的芽是花芽和叶芽分开的，嫁接时就不要花芽，梨的芽是混合芽，只要长得好就可以用了。

具体步骤：①剪砧→②切 T 字形切口并剥开→③取芽。

### （三）插接法

黄瓜嫁接苗一般以黑子南瓜为砧木。黄瓜插接法的嫁接适期为接穗 2 片子叶完全展平，第 1 片真叶露出至展平前，即播种后 10d 左右。砧木第 1 片真叶展开，2～2.5cm 大小，即播种后 14d 左右。插接法要求接穗苗要小，苗茎比砧木略细些。嫁接时，接穗从苗床挖出洗净备好后，先处理砧木，用与接穗苗茎粗细相同的竹签（竹签尖端长约 10mm，宽 2～3mm，厚 1mm 以下）先把砧木生长点及真叶挑去，从右侧子叶的内侧向左侧子叶方向朝下斜插入一孔，深约 5mm，注意竹签尖端不可插破茎表皮，竹签暂不拔出，砧木苗放在工作台上，然后选取接穗苗，苗茎粗细与竹签相同，把黄瓜苗从子叶下约 0.5cm 处下刀，向下斜切至茎粗 1/2 以上，刀口长 5mm 左右，紧接着从另一侧向下切第二刀，把接穗切成楔形，然后从砧木苗上拔出竹签，把削好的接穗苗插入砧木孔内，两者要密切结合，4 枚子叶交叉呈“十”字。

### （四）靠接

在易于互相靠近的茎部都削去部分皮层，随即相互接合，待愈合后，将砧木的上部和接穗的下部切断，成为独立的新植株。此法适用于切离母株后不易接活的植物。这种嫁接方法成活率高，植株生长健壮。

### （五）嫁接效果检查

1. 判断是否成活所需时间

枝接完成后，细心养护 20～30d，可以确定植株是否成活。芽接完成后，一般 10～15d 可确定植株成活的情况。当然，不同的季节温度不同，所以植株生长的速度也不同。若是在春季期间嫁接，一般 20～30d 后可检查植株的生长情况。若是在夏季嫁接，一般在 10－20 天后可检查植株是否成活。在秋季嫁接的树木，一般 30 天左右可以查看植株的成活情况。

2. 判断是否成活

若是接条上的芽点正常萌发，说明树木嫁接成功，可以将塑料薄膜慢慢拆掉，给植株解绑。在检查期间，若发现植株的幼芽变干发黑，没有继续生长，说明嫁接失败。

## 九、实验注意事项

（1）设计方案之前，必须对接穗、砧木有充分的了解。

（2）建议以小组形式来完成，方案经过充分讨论。

（3）充分考虑实验完成的周期。

（4）嫁接用刀必须锋利，最好提前用酒精消毒，嫁接面刀口要平，但要注意用刀安全。

（5）砧木和接穗的形成层必须平整，而且要严格对齐。

（6）砧木和接穗要求粗壮健康。

## 十、学习思考题

### (一)客观题

一般层次

较高层次

### (二)主观题

一般层次

较高层次

## 十一、参考文献

文冠果嫁接繁殖技术

植物生长调节剂对油茶芽苗砧嫁接愈合的影响

植物嫁接技术机理研究进展

不同嫁接时间对无患子嫁接苗生长的影响

香榧定砧嫁接建园技术

蓝莓夏季高位嫁接技术研究

外源激素处理接穗对海南油茶高接换冠的影响

利用植物激素调控嫁接形成的初步研究

# 实验57 花卉设施栽培

## 一、实验说明

本实验属于开放开发性实验，只设定实验目的和实验要求，实验的材料、方法和步骤等细化方案以及实验条件都由同学自行设计完成。设施栽培是花卉周年供应或者反季供应的必要条件，是现代花卉产业发展的必然要求。建议：由多个学生组成小组来完成，为了确保实验设计的针对性、实验实施的有效性，小组方案要经过所有成员积极研讨，不断修订完善，学生自行设计的最终方案应在课堂上充分论证，获得通过后才能实施。

## 二、建议学时:6 学时

## 三、实验目的

花卉设施栽培需要具备花卉栽培的知识、技能,以及设计、安装、改装相关设施、设备的能力,是一项综合技能的考验和锻炼,能实现专业能力和通识能力的有机融合。按照园林及相近专业本科生毕业指标要求,基于园林复杂工程建设需要,充分利用所学知识,通过文献、互联网学习,收集相关资料,开展创新设计,培养学生统筹应对园林各类复杂环境开展花卉栽培环境条件调控、花卉有序种植、订单供应的能力。花卉设施栽培是花卉行业人才必备的一项技能,通过实验也能很好地培养学生的即时应变能力和综合实践能力。

## 四、实验原理

传统的花卉栽培“靠天吃饭”,会受到季节、天气等多种因素的影响,但是花卉采用设施栽培后,始终让花卉生长在一个良好的环境中,温度、光照、水分能够随着花卉的不同阶段需求随时供应满足,免受外界恶劣天气的影响,避免了不良因素的影响。花卉设施栽培首先可以有效地降低自然灾害,有利于花卉的生长发育,并能进行及时调整,满足生长发育的需求。其次可以促进花卉质量的提高,让花卉种植获得更加丰厚的经济效益。

## 五、实验内容

(1)熟悉花卉栽培设施:

①外围系统:外围种植设施搭建形式,包括连栋温室、简易大棚,温控大棚、日光温室等。

②内部种植设施:包括浇水施肥系统、喷雾系统、补光系统、降温系统、加热系统、保温系统、温度光照湿度实时显示系统、土壤肥力监测系统等。

(2)熟悉相关设施配件组装和联网运行的流程和规范。

(3)设施设备运行检修、小型零配件的更换。

(4)根据花卉生产的需要,搭建相关种植设施,能根据花卉生长的变化情况或者外界环境的变化及时调整设施设备的运行。

## 六、推荐材料与用具

### (一)花卉材料

根据实验内容自主选择。

### (二)实验用具

温室、自建大棚、滴管系统、水帘系统、喷雾系统、遮阳系统、保温系统、LED 植物补光灯,温湿度调控设备(空调、加热器、加湿器等)、温湿度光照自动记录仪、家庭用大棚及各类配件、薄膜、遮阳网、保温被,施工用手套、榔头、老虎钳、扣绳、压风沙袋。

## 七、实验设计要求

（1）选择研究对象，了解此花卉的生物学习性和生态学习性，特别是原产地习性。通过与实验地环境条件比对，总结需要通过设施栽培来调控的主要环境因子。

（2）查阅相关文献和资料，了解此花卉生长、发育的基本规律，学习借鉴前人设施栽培此花卉的做法和经验，主要是普适性的有效做法。

（3）制定花卉设施栽培的工作计划，列出所需的设备、配件清单、设施搭建的外围面积、内部种植区域和工作区域，画出整个区域草图。熟知花卉设施栽培的重点和难点，以及相关应对预案，对花卉种植阶段性发展有一个基本预估。

（4）实验设计既要借鉴学习，更要创新设想。超前设计，要突出经济实用、操作性强等优点，要有适应性、针对性，一花一设计，一环境一设计。

（5）充分考虑花卉设施栽培的风险，设施栽培下管理不当有可能导致病虫害暴发，或者由于高温、高湿影响花卉质量，必须做好风险防范。

## 八、实验参考方法和步骤

根据实验花卉生长习性以及后期生长需要，领取足够的家庭用温室钢管架及配件（实验室提供），搭建15～20m$^2$小型温室，外部要考虑遮阳、保温需要，内部要考虑智能浇水、施肥、智慧补光、调温等设施，预先画出效果图和施工图，附上设施使用说明书，经充分讨论后施工。

## 九、实验注意事项

（1）设计方案之前，必须对现有实验条件有充分的了解。

（2）建议以小组形式来完成，方案经过充分讨论。

（3）充分考虑设备运行的稳定性，花卉生长调控的简便性。

（4）既要考虑使用自动化系统，也要考虑人工辅助系统。

（5）本实验用到很多设施设备，要注意用电、用水安全。

## 十、学习思考题

### （一）客观题

一般层次　　较高层次

### （二）主观题

一般层次

较高层次

## 十一、参考文献

LED在植物设施栽培中的应用和前景

我国花卉的设施栽培现状分析

花卉设施栽培研究进展

云南省花卉设施栽培的现状及建议

我国花卉的设施栽培现状及发展对策

花卉设施栽培中的光控制

花卉设施栽培中的温度控制

# 实验58 花卉立体栽培

## 一、实验类别

本实验属于开放开发性实验，只设定实验目的和实验要求，实验的材料、方法和步骤等细化方案以及实验条件都由同学自行设计完成。建议学生老师讲解，观看相关资料，熟悉花卉立体栽培的基本原理和基本种植形式，也可以预先实验熟悉花卉立体栽培的基本方法，在此基础上进行技术创新，自主设计实验。

为了确保实验设计的针对性、实验方案的合理性、实验实施的有效性，小组方案要经过所有成员积极研讨并不断完善，学生自行设计的最终方案应在实验前充分论证，获得通过后才能实施。

## 二、建议学时:6学时

## 三、实验目的

(1)了解花卉立体栽培的原理和形式。

(2)掌握花卉立体栽培技术。

(3)学会花卉立体栽培的应用。

(4)培养学生求真务实的工作作风、科学严谨的逻辑思维和紧密合作的团队精神。

## 四、实验原理

花卉立体栽培是把栽培钵垒叠成一定高度，然后在上面栽植花卉，通过营养液自动循环浇灌，来满足花卉生长对光、水、气、肥需求的一种栽培方式。花卉立体栽培提高了空间利用率，不仅可用于花卉的生产，也可用于城市节日装点、公园绿化美化等。

花卉立体栽培设计要根据花卉的特性、景观设计要求，构建适合花卉生长、具有良好艺术效果、结构牢固稳定的种植立体架，以及方便后续管理的智能化水肥灌溉系统。

## 五、实验内容

### （一）立体架搭建

利用现有（或购买）的花卉立体栽培配件，进行花卉立体栽培架的搭建，也可根据种植要求，利用 PVC 管材设计、构建花卉立体栽培架、内部水肥供给系统一并完成设计。

### （二）花卉立体栽培

（1）购买或者利用现有立体栽培架的，需要选择合适的种植花卉，并进行合理的设计，然后种植。

（2）自行设计、安装的花卉立体栽培架，因为可以提前预设种植花卉，并结合立体栽培架的设计提前做好种植花卉和立体栽培架的对接，并最终完成花卉的种植。

（3）花卉立体栽培的应用。结合周边环境，协同其他花卉和道具，尝试多种布局，开展花卉立体栽培应用，以期达到良好、合理的种植效果。

## 六、推荐材料与用具

（1）花卉材料：根据实验内容自主选择。

（2）种植基质：根据实际情况配置混合基质。

（3）实验用具：立体种植架、智能浇水系统、花卉修剪工具等，自行设计安装立体架的应根据设计方案选择立体架建造材料。

## 七、实验设计要求

（1）了解花卉立体栽培基本理念和基本造型。

（2）查找文献和资料，弄懂花卉立体栽培技术，选择合适的基质，掌握定植技术，以及营养液调配管理技术。

（3）查找文献和资料，结合花卉学知识，掌握立体花卉适合品种，结合 PVC/PP 管材和成品种植板，进行花材组合的创新。

（4）实验设计应该借鉴相关文献和网络学习资料介绍的先进的技术手段和科学思想，在此基础上大胆设计，要突出实验的创新性、科学性、实用性，不允许把实验设计演变成验证性实验或简单的拼装式实验。

（5）自制立体栽培架时需要画出草图，标明基本尺寸，熟悉搭建步骤，防止随意切割造成材料的大量浪费。

（6）水肥系统需要隐蔽设计，整个作品应美观大方。

## 八、实验参考方法和步骤

花卉立体栽培可以选用节水型立体容器：PVC/PP管、花球、花柱、花塔、组合盆等；滴管、微灌；基质。

选校园一处场地，进行开放式花卉立体栽培计，墙体、造型、花坛花境皆可，形式多样、大小不限。

## 九、实验注意事项

(1)设计方案之前，必须对现有实验条件有充分的了解。

(2)建议以小组形式来完成，方案经过充分讨论。

(3)充分考虑实验完成的周期。

(4)注意节约材料，防止浪费。

(5)本实验如有用到切割设备，请注意用刀、用电安全。

## 十、学习思考题

**(一)客观题**

一般层次

较高层次

**(二)主观题**

一般层次

较高层次

## 十一、参考资料及文献

适宜立体栽培的花卉品种

时令花卉在立体景观造型中的应用

浅析节日花坛的植物配植与设计

几种模块化立体绿化设计分析

一种立体绿化景观设计装置发明

我国阳台管道栽培技术发展研究与探讨

立体栽培技术研究现状与发展对策

用于阳台农产品种植装配式立体栽培共生装置

# 实验59 花期调控

## 一、实验类别

本实验属于开放开发性实验，只设定实验目的和实验要求，实验的材料、方法和步骤等细化方案以及实验条件都由同学自行设计完成。建议学生认真听老师讲解，观看相关资料，了解植物开花的影响因素、花期调控的常用方法等基本知识，也可以预先进行相关实验探索，在此基础上进行技术创新，自主设计实验。

为了确保实验设计的针对性、实验方案的合理性、实验实施的有效性，小组方案要经过所有成员积极研讨并不断完善，学生自行设计的最终方案应在实验前充分论证，获得通过后才能实施。

## 二、建议学时：6学时

## 三、实验目标

(1)熟悉花期调控相关设施设备的使用。

(2)掌握花期调控的一般方法和技术。

(3)培养学生求真务实的工作作风、科学严谨的逻辑思维和紧密合作的团队精神。

## 四、实验原理

花期调控的基本依据包括：一是通过对植物成花与开花机制的了解，改变或干预一些已经清楚的、与成花时间和开放过程有关的内因或生态因子，比如调整播种期、开花前的营养生长、养分供应情况、体内水分状况、温度、光照（光周期）和生长调节物质。不同的花卉决定开花的主导因子不同。二是通过对植物休眠机制的了解，控制影响休眠的内外因子，延迟或打破休眠，控制生长节律，实现花期控制。影响开花过程和休眠的主要外部因子有温度、光周期、生长调节等。

## 五、实验内容

利用现有（或购买）的未开花植物，根据该种花卉的生物学习性，特别是开花习性，分析此植物开花的主要影响因子，通过人为调控和设计花卉生长环境和生长过程，主要包括温度、光照、水分、植物激素、微量元素等因子的调控，来实现花期的调控。

另外也可以选择花卉种子作为研究对象。从播种开始，进行选择性调控（播种期调控或环境因子调控）来达到花期调控的目的。

花期调控的常用方法有：

(1)通过定植调控花期。

(2)通过光照调控花期。

(3)通过温度调控花期。

(4)通过修剪调控花期。

(5)通过生长调节剂调控花期。

## 六、推荐材料与用具

(1)花卉材料:根据实验内容自主选择。

(2)种植基质:根据实际情况配置混合基质。

(3)实验用具:LED 植物补光灯(Red/Blue = 3/1 等各种类型),反光膜,时控开关,冷库,温湿度调控设备(温室、空调、加热器、加湿器等),温湿度光照自动记录仪等。

## 七、实验设计要求

(1)选择好研究对象,确认此花卉正常情况下能在实验所在地正常开花(或通过保护地栽培能正常开花),避免因地区气候局限性使得实验花卉客观上无法开花,导致实验没有必要性、可能性。

(2)通过查找文献和资料,弄懂此花卉开花的基本规律,明确此实验花卉在当时、当地条件下,影响开花的主要因子、次要因子等。

(3)梳理此实验花卉花期调控的主要方法和所需实验条件,方法和条件的成熟情况,完成实验设计路线图。

(4)实验设计应该借鉴相关文献和网络学习资料介绍的先进的技术手段和科学思想,在此基础上大胆设计,要突出实验的创新性、科学性、实用性,不允许把实验设计演变成验证性实验或简单的拼装式实验。

## 八、实验参考方法和步骤

几种花卉花期调节举例。

### (一)唐菖蒲花期调节

唐菖蒲种球在 2 ~ 5℃低温下,冷藏 5 周可打破休眠,提前种植,提早花期;将种球贮藏在湿度较小、温度为 2 ~ 5℃的低温下,可长期保存种球,分期分批种植种球,可做到周年生产。

### (二)郁金香的促成栽培

选用早花品种,提前起球,夏季休眠期提供 20 ~ 25℃适温,使鳞茎顺利分化叶原基与花原基,一旦花芽形成,可采用 5 ~ 9℃人工冷藏以满足发根及花茎伸长准备要求的低温。低温处理完后,一般在 11 月底进行种植,当芽开始伸长后逐渐升温自 13 ~ 20℃进行促成栽培,即可提前 12 月至次年 1 月开花。当花芽形成后冷藏延迟发根时期,或在满足花茎伸长准备要求的低温之后,降温冷藏于 2℃中,延迟升温,可延迟到 3 ~ 4 月或更晚开花。

### (三)越冬休眠的宿根花卉主要是利用低温打破休眠和延长强迫休眠时期予以调节

六出花在适宜温度下可不断发生新芽,花芽形成需经 5 ~ 13℃低温诱导。在 5℃中约需 4 ~ 6 周。春化后如遇 15 ~ 17 以上温度可解除春化。夏季栽培需采用地下冷水循环,保持地温15℃可以连续开花，否则只能待冬季另栽经过春化的新苗。

**（四）越冬休眠的木本花卉**

在越冬期间经解除休眠的芽于春季萌发生长和开花。促成栽培可人工低温打破休眠，再经升温促成开花。延迟栽培则冷藏，以延长强迫休眠期，延后开花。八仙花是在越冬芽萌发的新生枝上形成花芽，也可控制休眠调节花期。打破休眠温度为4～10℃持续6～8周，温度高则需要时间较长。促成栽培适温15～20℃，温度高时花芽堪延迟。

## 九、实验注意事项

（1）对实验材料的生物学习性要有充分的了解。

（2）设计方案之前，必须对现有实验条件有充分的了解。

（3）建议以小组形式来完成，方案经过充分讨论。

（4）充分考虑实验完成的周期。

（5）本实验用到很多设施设备，注意用电安全。

## 十、学习思考题

**（一）客观题**

一般层次

较高层次

**（二）主观题**

一般层次

较高层次

## 十一、参考文献

宿根花卉花期调控的研究进展

生长素IAA对荷花花期调控的影响

迎春桃花花期调控研究

菊花花期调控技术研究进展

杭州市紫薇花期调控成果初报

温度因素对菊花花期调控的影响研究

微型月季花期调控技术研究

不同生长调节剂处理对墨兰花期调控的影响

# 实验60　苔藓微景观制作

## 一、实验说明

本实验属于开放开发性实验，只设定实验目的和实验要求，实验的材料、方法和步骤等细化方案以及实验条件都由同学自行设计完成。

建议学生观看相关资料，了解、熟悉苔藓植物特点以及苔藓微景观制作基本方法和技术要点，通过实践掌握苔藓微景观的制作方法。可以预先做一些简单实验，熟悉实验过程，在此基础上进行技术创新，自主设计实验。

为了确保实验设计的针对性、实验方案的合理性、实验实施的有效性，小组方案要经过所有成员积极研讨并不断完善，学生自行设计的最终方案应在实验前充分论证，获得通过后才能实施。

## 二、建议学时:4 学时

## 三、实验目的

苔藓微景观，是用苔藓和其他植物等搭配，创作出具有故事情景的微型景观。本实验完成需要同学利用所学知识，以及 PPT 学习，了解苔藓微景观制作的操作流程和技术要领，需要基础生物学科知识、基本标本技能及美术素养相支撑，培养增强搜集资料，处理、整理信息的能力，以及活动组力和语言表达、交往沟通的能力。通过合作交流，对自己的成果有喜悦感、成就感，感受与他人协作交流的乐趣。

## 四、实验原理

苔藓植物是小型多细胞、构造简单的绿色自养性植物。苔藓植物质感细腻、色泽青润、四季常青，青睐阴湿的环境，对温度变化具有极强的适应能力，在极度缺水的环境条件下仍能顽强生存。苔藓娇小玲珑，绿郁青翠，巧妙地融入大自然花草木石之中，构成一幅幅幽静恬然而令人遐思的图画，成为大自然的杰作。

苔藓植物色泽诱人，适应性强，喜欢阴湿环境，非常适合于微型景观。苔藓、花草木石形成的袖珍园林小品，充满生机，可以随处摆放，是一道美丽的景观，可使人们足不出户便可享受园林之趣。

## 五、实验内容

(1)苔藓、花草、木石等准备。利用苔藓植物的生态习性和功能特点，选择适合本地的苔藓植物种类。

(2)苔藓微景观制作(每个小组完成两幅苔藓微景观,要求有意境,有主题,有创意,独一无二)。

## 六、推荐材料与用具

### (一)实验材料

每组同学自行收集各种苔藓、水苔、蕨类植物、花草、木头、石头等。所需器皿可自行设计,也可就地取材等。

### (二)实验用具

小勺、镊子、水壶、蛭石、珍珠岩、营养土、装饰石、装饰沙及各类装饰品。

## 七、实验要求

(1)查找相关文献和资料,了解目前苔藓微盆景的研究方向、技术方法、发展趋势,确定实验内容和目标。

(2)选择研究对象,查找相关资料与文献,了解所选苔藓习性,学习借鉴前人对于同类型植物的做法和经验,做好前期实验准备。

(3)确定完成此实验所需要的器皿和实验条件,评估现有实验设备和条件的成熟情况,完成并细化实验设计,完成实验技术路线图。

(4)小组讨论、分析实验方案,对于实验可能出现的问题进行预估并提出解决方案。

(5)实验设计应该借鉴相关文献和网络学习资料介绍的先进的技术手段和科学思想,在此基础上大胆设计,结合生产实践,突出实验的创新性、科学性和实用性。

## 八、实验参考方法和步骤

(1)准备工具、植物以及材料,包括:瓶子、小勺、镊子、水壶、苔藓、蕨类等植物、蛭石、种植土、装饰石、装饰沙及各类装饰品等。微景观容器可就地取材,灵活设计。

(2)设计方案。注意应用园林技巧开发出苔藓微型盆景,使苔藓植物的自然美为更多的人所体会和欣赏。

(3)根据设计图纸,先在最底下倒入混合的蛭石和珍珠岩,整平。作用是防止上层种植介质积水,放盆或瓶最底下起隔水作用。然后铺上薄薄一层水苔,阻止上层种植介质由于重力作用慢慢渗透到底层而影响美观,并起一定的保水作用。

(4)喷水至水苔湿润,铺平水苔并轻压调整,使介质层次更加分明美观。倒入营养土,根据种植要求调整土的前后高低坡度并浇水湿透,压紧实,完全喷透(直至底部垫石层有微量积水为宜,但切勿过多),同时喷洗壁面杂质。

(5)根据设计位置,种植小型蕨类或者花草。

(6)取出采集的不同种类苔藓,并清理苔藓表面杂质,然后适量喷湿苔藓表面与根部,挑选最好的苔藓铺入瓶中,记得预留出石块、木块或者其他小型装饰品放置的区域。野外采集的苔藓可以整块铺设在种植土上。

(7)压紧苔藓与种植土,然后用镊子平头将苔藓与盆壁边缘整理平整。将装饰用的石块等放入瓶内,稍微用力压进土里,防止滚动。

(8)将其他木块、石头以及装饰品放置好,注意压平苔藓。

(9)养护:苔藓植物是一种很独特且坚强的植物,在封闭式的苔藓景观中闷养时(指有些密封生态瓶),平时养护需保持适当开盖通风,放置于室内明亮散光处,在瓶内湿度足够的情况下,可以长时间不喷水,建议瓶内保持微湿状态为宜,切忌盲目浇水过量。

浇水:适宜早上或者傍晚进行。苔藓需要空气湿度大的环境,而并非本身需要大量水分,大量浇水会造成苔藓糜烂。

阳光:放置室内明亮散光处即可,切忌强光直射,偶尔晒晒清晨或傍晚的太阳可以起到一定杀菌作用。

## 九、实验注意事项

(1)必须对实验苔藓有充分的了解。

(2)野外采集苔藓时候注意安全。

## 十、学习思考题

### (一)客观题

一般层次

较高层次

### (二)主观题

一般层次

较高层次

## 十一、参考文献

浅析室内陈设中微景观生态空间设计——以苔藓微景观生态瓶为例

浅析苔藓植物与微景观的结合与应用

苔藓在墙体绿化中的景观设计探究

苔藓植物在园林绿化中的应用探析

野生植物微景观制作与应用

# 第五篇

# “植物造景”实践

通过本篇的实践训练,巩固课堂所学的理论知识,熟悉各类绿地植物造景与配置的基本形式、配置特点和要求,掌握园林植物造景的基本原理、基本方法和基本技能,能够较好地开展植物造景设计,绘制设计图,以较为熟练的技术、较高的设计手法表达园林种植设计思想,具备具体问题具体分析、综合处理园林植物设计问题、探讨和分析植物设计中的重点难点的能力,并在实践中提高园林植物造景水平。

通过实践教学,达到以下课程目标:

1. 能够基于科学原理、方法并通过文献检索与分析,针对园林领域复杂工程问题,拟订研究路线,制定研究方案;

2. 能够读懂建筑施工图,理解设计理念,进行植物造景设计;

3. 具备独立学习、尝试构造新理论、新方法和新技术的创新意识。

“植物造景”实践由 3 章 12 个实验组成,演示验证性实践部分主要学习和验证道路绿带设计、水生植物造景设计、垂直绿化设计、庭院绿化设计的一般知识和技能。

综合设计性实践部分主要学习城市道路绿化调查与评价、滨水植物造景设计、城市高架桥绿化调查与评价、别墅庭院绿化设计、城市道路绿化更新设计、屋顶绿化设计等综合性设计技能。

开放开发性实验部分,主要学习水生植物创新设计、乡村庭院绿化设计,开展创新性能力的培养和锻炼,鼓励个性化学习,在总的实践要求和目标框架内,由同学自行设计完成具体实践方案,培养学生的科研素养和综合素质。

# 第十三章

# “植物造景”演示验证性实践

## 实践61 道路绿带绿化设计

### 一、实践说明

本实践属于演示验证性实践，选取植物造景应用中最基础的道路绿带进行演示教学，配套实践练习。通过老师讲解、观看相关课件，了解、熟悉道路绿化带的基本概念、类型、方法，以及植物配置原则；通过模块化设计，学习道路绿带绿化设计。

模块化设计是一种理论和实践相结合的最基本的设计单元，相对独立，又联系紧密。模块化设计作为简单实践的方法，可以让学生快速上手、锻炼技能的同时理解设计要义，为后续课程实践深入学习奠定基础。

建议：可以预先学习本实践的教学PPT，了解基本原理、方法和手段；课堂讲解案例，掌握配置技能；最后通过模块设计练习，思考各类型绿带的植物配置差异，形成解决方案的能力，为城市道路绿化综合设计做好基础。

### 二、建议学时：4学时

### 三、实践目的

熟悉道路绿带的类型、绿化设计方法以及配置原则，能进行道路绿带模块设计。能利用手绘表达设计概念，并通过CAD和PS软件进行绿化平面设计，并利用Sketchup建模、Lumion效果呈现。

## 四、实践需掌握的基础知识

### (一)熟悉相关规范与知识

《城市绿地分类标准》(CJJ/T 85—2017)。

《城市道路绿化规划与设计规范》(CJJ/ 75—1997)。

《城市道路绿化设计标准》(征求意见稿)。

《风景园林制图标准》(CJJ/T 67—2015)。

### (二)掌握相关指标的计算方法

(1)道路绿地率:计算采用简化方式,即各种绿带宽度之和占道路总宽度的百分比,近似道路绿地面积与道路总面积的百分比。

(2)道路绿化覆盖率:指道路红线范围内乔木、灌木、草本等所有植被的垂直投影面积占道路用地面积的比例。

## 五、实践内容与步骤

(1)预习课件了解基本原理、方法和手段。

(2)重点学习配置技能。

(3)实践作业:思考各类型绿带的植物配置差异,完成模块设计。

## 六、实践作业要求

### (一)内容要求

根据道路绿带4种类型,绘制道路绿带平面、立面、断面图;
并对自然式附上绿化示意图。

### (二)图纸要求

(1)规格:A2图幅

(2)名称:4种绿带类型模块设计,根据4种绿带类型分别绘制“绿化平面图、立面图、断面图”三部分内容。

(3)规范:附上作图比例、图名,图纸(见图61-1),内框标题栏附上个人信息。

(4)方式:手绘。

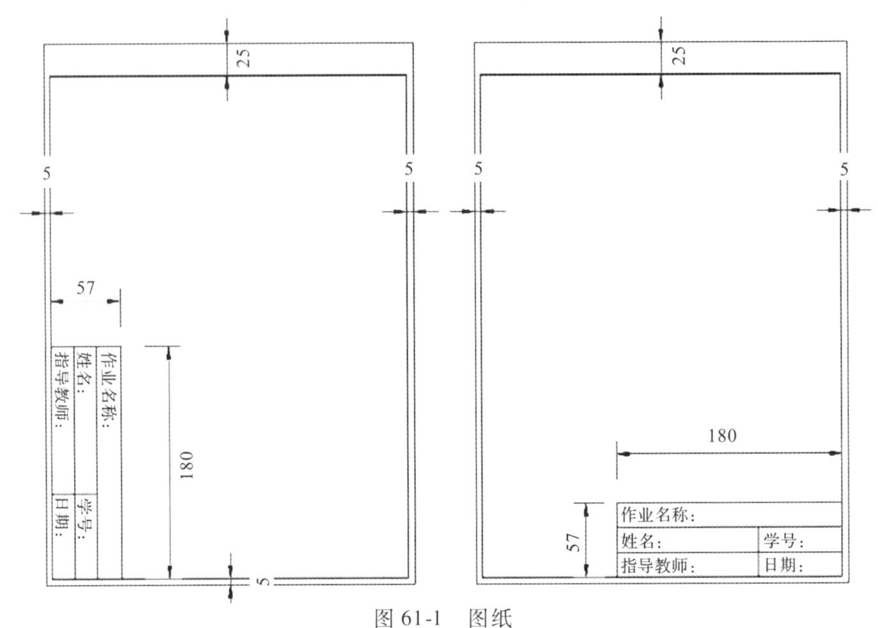

图 61-1　图纸

## 七、实践注意事项

(1)必须对植物设计的基本知识与内容有充分的了解。

(2)注重案例学习并思考。

(3)学习相关规范,理解要点,记忆强制性规范内容。

## 八、学习思考题

### (一)客观题

一般层次

较高层次

### (二)主观题

一般层次

较高层次

## 九、参考案例及文献资料

案例

设计说明

期刊论文

# 实践62 水生植物造景设计

## 一、实践说明

本实践属于演示验证实践,选取植物造景应用中相对独立的水生植物进行演示教学,配套实践练习。通过老师讲解、观看相关课件,了解、熟悉水生植物的基本概念、类型、方法,以及植物配置原则;通过模块化设计,学习其相关设计。

模块化设计是一种理论和实践相结合的最基本的设计单元,相对独立,又联系紧密。模块化设计作为简单实践的方法,可以让学生快速上手,锻炼技能的同时理解设计要义,为后续课程实践深入学习奠定基础。

建议:可以预先学习本实践的教学PPT,了解基本原理、方法和手段;课堂讲解案例,掌握配置技能;最后通过模块设计练习,思考各类型绿带的植物配置差异,形成解决方案能力,为城市滨水绿化综合设计做好基础。

## 二、建议学时:4学时

## 三、实践目的

熟悉水生植物的类型、绿化设计方法以及配置原则,能进行5类水生植物单独模块和组合设计。能利用手绘表达设计概念,并通过CAD和PS软件进行绿化平面设计,并利用Sketchup建模、Lumion效果呈现。

## 四、实践需掌握的基础知识

### (一)熟悉相关规范与知识

(1)《城市绿地分类标准》(CJJ/T 85—2017)。

(2)《风景园林制图标准》(CJJ/T 67—2015)。

(3)浙江省《城市河道景观设计标准》(DB33/T 1247—2021)。

### (二)掌握相关指标的计算方法

(1)道路绿地率:计算采用简化方式,即各种绿带宽度之和占道路总宽度的百分比,近似道路绿地面积与道路总面积的百分比。

(2)道路绿化覆盖率:指道路红线范围内乔木、灌木、草本等所有植被的垂直投影面积占道路用地面积的比例。

## 五、实践内容与步骤

(1)预习课件了解概念、类型和作用。

(2)重点学习配置技能。

(3)自主学习水生植物常规品种。

(4)思考题。

## 六、实践作业要求

1. 内容要求

对课件中5类水生植物进行学习,掌握组合适宜品种搭配;以附图为例,分析其水岸形态和绿地平面组成,并对其水岸空间进行植物平面配置设计,采用手绘表示,并在图纸中阐述设计立意和植物组合。

2. 图纸要求

(1)规格:A2图幅。

(2)名称:某城市滨水绿地水岸植物平面设计图。

(3)规范:附上作图比例、图名,图纸(见图62-1),内框标题栏附上个人信息。

(4)方式:手绘。

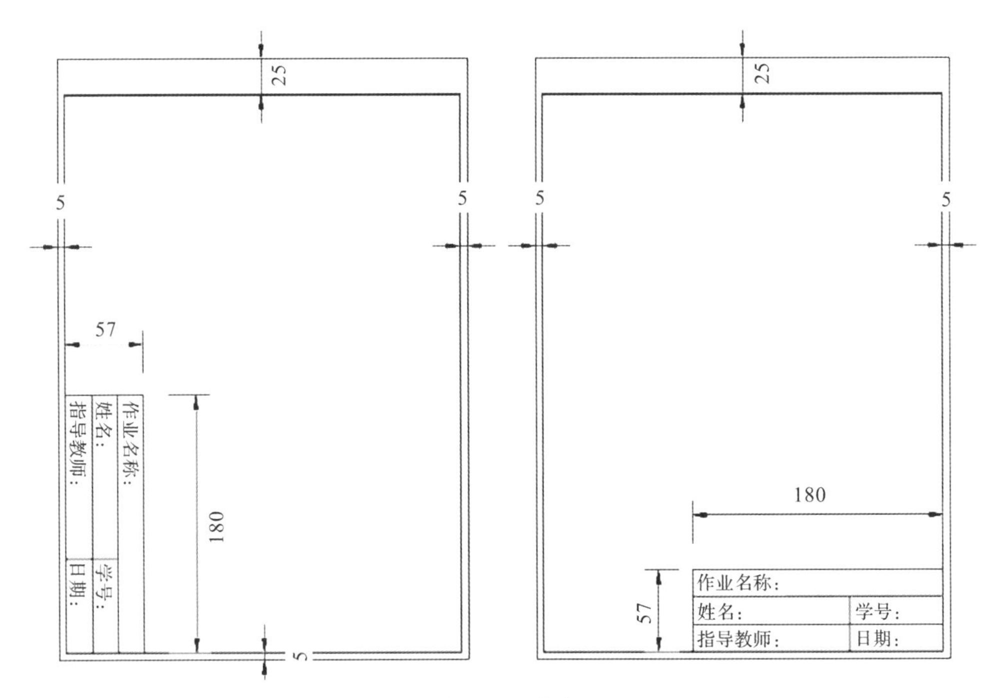


图62-1 图纸

## 七、实践注意事项

(1)必须对植物设计的基本知识有充分的了解。

(2)注重案例学习并思考。

(3)学习相关规范,理解要点,记忆强制性规范内容。

## 八、学习思考题

### (一)客观题

一般层次

较高层次

### (二)主观题

一般层次

较高层次

## 九、参考案例及文献资料

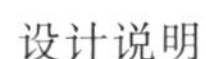

设计说明

期刊论文

# 实践 63 垂直绿化设计

## 一、实践说明

本实践属于演示验证性实践,选取垂直绿化应用中最基础的垂直绿墙进行演示教学,配套实践练习。通过老师讲解、观看相关课件,了解、熟悉垂直绿化的基本概念、类型、方法,以及植物配置原则;通过模块化设计,学习垂直绿墙模块化设计。

模块化设计是一种理论和实践相结合的最基本的设计单元,相对独立,又联系紧密。

模块化设计作为简单实践的方法，可以让学生快速上手，锻炼技能的同时理解设计要义，为后续深入学习课程实践奠定基础。

建议：可以预先学习本实践的教学 PPT，了解基本原理、方法和手段；课堂讲解案例，掌握配置技能；最后通过模块设计练习，思考不同类型垂直绿墙的植物配置差异，形成解决方案能力，为垂直绿化综合设计做好基础。

## 二、建议学时：4 学时

## 三、实践目的

熟悉垂直绿化的类型、绿化设计方法以及配置原则，能进行垂直绿墙的模块设计，能利用手绘表达设计概念，采用彩铅或马克笔效果呈现。

## 四、实践需掌握的基础知识

熟悉相关规范与知识：

（1）《垂直绿化工程技术规程》（CJJ/T 236—2015）。

（2）《风景园林制图标准》（CJJ/T 67—2015）。

## 五、实践内容与步骤

（1）预习课件了解概念、类型、原则和设计形式，以及相关案例和应用。

（2）重点学习设计技能。

（3）思考题。

（4）实践作业：思考各类型绿墙的植物配置差异，完成模块设计。

## 六、实践作业要求

### （一）内容要求

对课件中 9m × 6m 的模块进行学习，并进行深化绿化设计；能利用手绘表达设计概念，采用彩铅或马克笔效果呈现。

### （二）图纸要求

（1）规格：A2 图幅。

（2）名称：垂直绿化墙模块化设计。

（3）规范：附上作图比例、图名，图纸（见图 63-1），内框标题栏附上个人信息。

（4）方式：手绘。

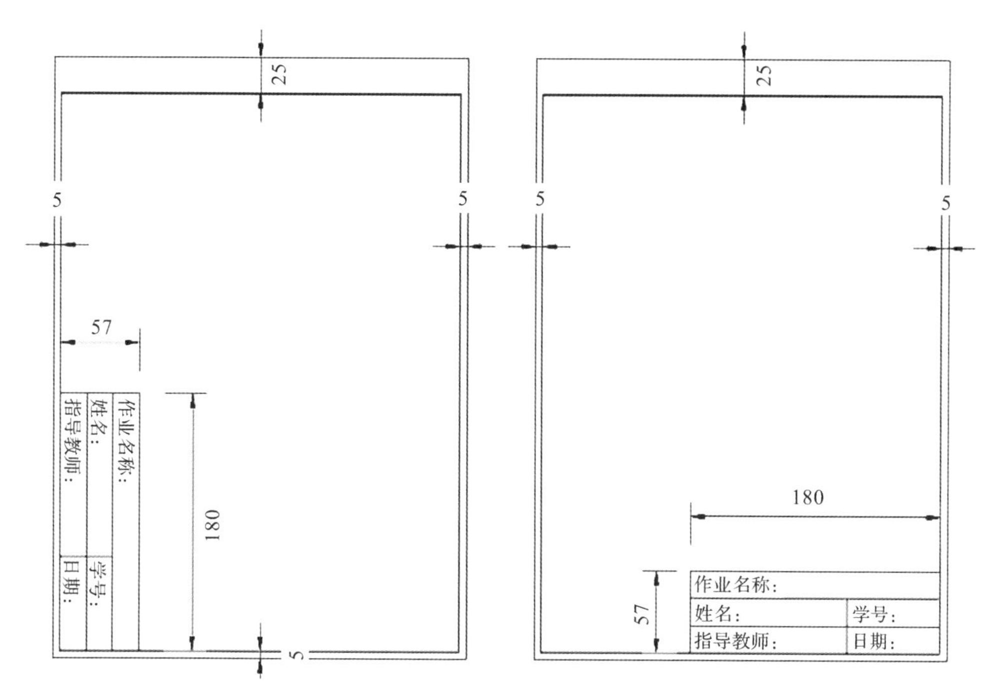


图 63-1 图纸

## 七、实践注意事项

(1)必须对植物设计的基本知识有充分的了解。

(2)注重案例学习并思考。

(3)学习相关规范,理解要点,记忆强制性规范内容。

## 八、学习思考题

### (一)客观题

一般层次

较高层次

### (二)主观题

一般层次

较高层次

## 九、参考案例及文献资料

视频　　期刊论文　　发明专利

# 实践 64　庭院绿化设计

## 一、实践说明

本实践属于演示验证性实践，选取园林设计中体量最小、元素最为齐全的庭院，对其绿化设计进行演示教学，配套实践练习。通过老师讲解、观看相关课件，了解、熟悉庭院绿化的基本概念、类型、方法，以及植物配置原则；通过对参考图的庭院平面进行对照植物设计，掌握不同庭院的绿化设计要点，为后续课程实践深入学习奠定基础。

建议：可以预先学习本实践的教学 PPT，了解基本原理、方法和手段；课堂讲解案例，掌握配置技能；最后通过临摹和填图设计，思考各类型庭院的植物配置差异，形成解决方案能力，为庭院绿化综合设计做好基础。

## 二、建议学时：4 学时

## 三、实践目的

熟悉庭院的类型、绿化设计方法以及配置原则，能根据不同类型庭院选择合适的植物，并进行配置设计，并编制苗木表。能利用手绘表达设计概念，并通过 PS 软件进行文字编辑。

## 四、实践需掌握的基础知识

熟悉相关规范与知识：

（1）《城市绿地分类标准》（CJJ/T 85—2017）。

（2）《风景园林制图标准》（CJJ/T 67—2015）。

## 五、实践内容与步骤

（1）预习课件了解概念、类型、原则和设计形式，以及相关案例和应用。

（2）掌握设计技能和适合的植物品种。

（3）实践作业：思考各类型庭院的植物配置差异，完成填图设计。

## 六、实践作业要求

### (一)内容要求

对任务书附图2-5进行深度解读,并选择合适植物品种进行注释,并编制苗木表。

### (二)图纸要求

(1)规格:A4。
(2)名称:庭院绿化植物深化。
(3)规范:附上平面图、图名、植物索引,封面附上个人信息。
(4)方式:用Word或PS软件,电脑编辑。

## 七、实践注意事项

(1)必须对植物设计的基本知识有充分的了解。
(2)注重案例学习并思考。
(3)学习相关规范,理解要点,记忆强制性规范内容。

## 八、学习思考题

### (一)客观题

一般层次

较高层次

### (二)主观题

一般层次

较高层次

## 九、参考实践成果及相关案例

视频

设计说明

期刊论文

# 第十四章
# “植物造景”综合探究性实践

## 实践65 城市道路绿化调查与评价

### 一、实践说明

城市道路绿化设计属于综合探究性实践，在“道路绿带绿化设计”演示验证实践的基础上，进一步学习除道路绿带外的城市道路其他类型绿地的设计要点，通过案例进行演示教学；学习掌握道路绿化调查和评价的方法，能对现有道路绿化开展一般性调查和评价。通过老师讲解、观看相关课件，了解、熟悉城市道路绿化的基本概念、类型、方法，通过案例学习和实践调查，达到掌握该章节教学的能力。

建议：可以预先学习本实践的教学PPT，了解基本原理、方法和手段；课堂讲解案例，掌握绿化设计要点；最后通过小组调查的实践开展，掌握该知识点和技能，为进一步培养道路绿化综合设计能力做好准备。

### 二、建议学时:4学时

### 三、实践目的

熟悉城市道路绿化的概念、类型、绿化设计方法以及配置原则，掌握城市道路绿化的一般性调查方法和步骤要点，掌握编写调查报告的方法并进行编制，具备简单总结归纳和评价的能力，为进一步开展道路绿化综合性设计做好准备。

### 四、实践需掌握的基础知识

**（一）熟悉相关规范与知识**

（1）《城市道路绿化规划与设计规范》（CJJ/ 75—1997）。

(2)《城市道路绿化设计标准》(征求意见稿)。

(3)《建筑与市政工程无障碍通用规范》(GB 55019—2021)。

(4)《无障碍设计规范》(GB 50763—2012)。

(5)《风景园林基本术语标准》(CJJ/T—2017)。

### (二)掌握以下相关调查方法

(1)全线调查法:对道路全线绿地现状进行整体调查,了解绿地类型、绿化形式等基本内容,还包括铺装、建筑小品、照明服务设施等景观要素的基本情况。

(2)典型取样法:对现有道路具有代表性的路段取样,对植物名称、规格、分支点、配置形式进行测量与统计,及时登记。

(3)采访(问卷)调查法:对周边居民和行人进行访谈,了解他们对道路绿地的评价意见和建议,建议采用专业调查软件开展,如问卷星。

## 五、实践内容与步骤

(1)预习课件,了解基本概念、方法和手段。

(2)重点学习调查报告及编写要求,学会编制城市道路绿地现状调查表。

(3)实践作业,以小组为单位对城市道路不同类型绿地开展调查。

## 六、实践作业要求

### (一)内容要求

以某城市一条景观道路为例,对其沿线不同类型绿地分区,按照道路绿化调查与评价的方法开展小组调查,要求前期熟悉场地,了解道路绿地建设背景和大概情况,了解绿地类型、绿化形式等基本内容;编制城市道路绿地现状调查表,采用问卷星等调查软件编制调查问卷;深入实地对具有代表性的路段取样,对植物名称、规格、分支点、配置形式进行测量、统计和问卷采访调查;整理、统计和分析调查资料,总结并借鉴改造理念形成可行性方案。

### (二)作业要求

(1)规格:A4 调查报告。

(2)名称:××道路绿化调查与评价实践。

(3)规范:实践报告形式及要求。

(4)方式:电脑编辑。

## 七、实践注意事项

(1)必须对绿地调查的基本知识有充分的了解。

(2)注重案例学习并思考。

(3)学习相关规范,理解要点,记忆强制性规范内容。

## 八、学习思考题

### (一)客观题

一般层次

较高层次

### (二)主观题

一般层次

较高层次

## 九、参考文献资料

期刊论文

# 实践66 滨水植物造景设计

## 一、实践说明

本实践属于综合探究性实践,选取滨水植物造景方面进行演示教学,配套实践练习。通过老师讲解、观看相关课件,了解、熟悉滨水绿地特点以及植物配置的方法和要求,着重介绍生态驳岸的设计形式,学习其相关设计要点。

建议:可以预先学习本实践的教学PPT,了解基本内容;课堂重点讲解生态驳岸的形式和特征、滨水植物设计要点和案例,对学生进行引导式教育;最后通过相关设计,思考城市滨水绿地的综合性和复杂性并完成相关练习,形成具有综合设计的能力。

## 二、建议学时:4学时

## 三、实践目的

通过对相关案例的深入学习和启发式引导,在具备水生植物基本设计能力的基础上,通过对适宜滨水绿地临摹思考,能对相关绿地进行综合性绿化设计,能利用手绘表达设计,并通过CAD和PS软件进行绿化平面设计,并利用Sketchup建模、Lumion效果呈现。

## 四、实践需掌握的基础知识

熟悉相关规范与知识:

(1)《城市绿地分类标准》(CJJ/T 85—2017)

(2)《风景园林制图标准》(CJJ/T 67—2015)

(3)浙江省《城市河道景观设计标准》(DB33/T1247—2021)

## 五、实践内容与步骤

(1)预习课件,了解基本原理、方法手段和类型。

(2)重点学习综合性滨水绿地的植物设计方法。

(3)思考题。

(4)学习、思考综合绿地设计要义。

## 六、实践作业要求

### (一)内容要求

以校园滨水绿地为例进行调查,分析其优缺点,并进行校园滨水绿地植物配置设计,具体图纸详见实践作业。

### (二)图纸要求

(1)规格:A2 图幅。

(2)名称:校园滨水绿地植物配置设计。

(3)规范:附上作图比例、图名,图纸(见图 66-1),内框标题栏附上个人信息。

(4)方式:手绘。

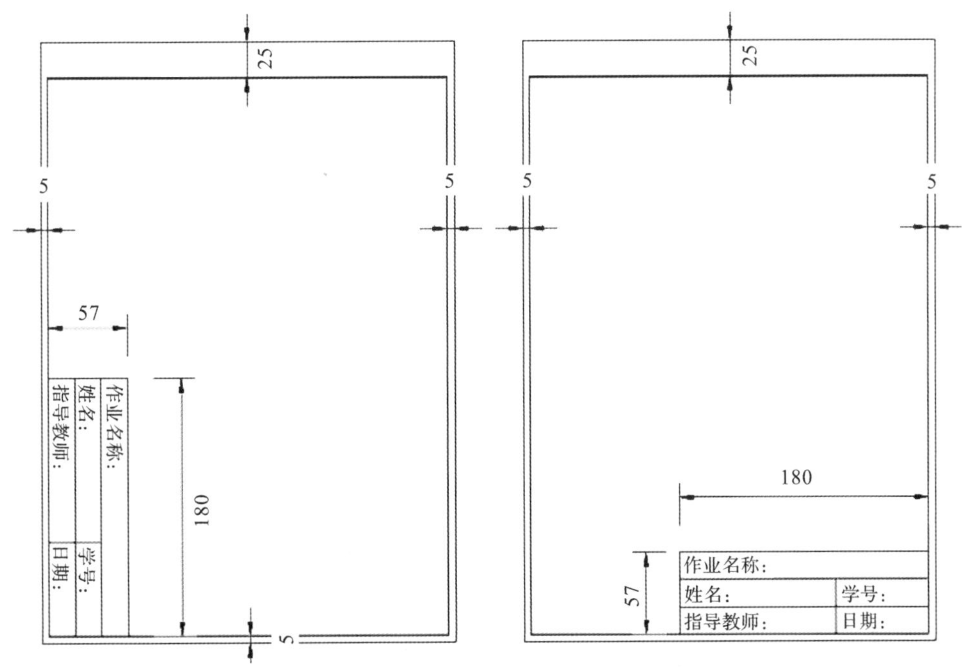


图 66-1 图纸

## 七、实践注意事项

(1)必须对植物设计的基本知识有充分的了解。
(2)注重案例学习并思考。
(3)学习相关规范,理解要点,记忆强制性规范内容。

## 八、学习思考题

### (一)客观题

一般层次

较高层次

### (二)主观题

一般层次

较高层次

## 九、参考案例及文献资料

期刊论文

案例资料

# 实践67 城市高架桥绿化调查与评价

## 一、实践说明

城市高架桥绿化设计属于综合探究性实践,在“垂直绿化”演示验证实践的基础上,进一步学习垂直绿化中关于高架桥绿化的设计要点,通过案例进行演示教学;学习掌握高架桥绿化调查和评价的方法,能对现有高架桥绿化开展一般性调查和评价。通过老师讲解、观看相关课件,了解、熟悉城市高架桥绿化的基本概念、类型、方法,通过案例学习和实践调查,达到掌握该章节教学的能力。

建议:可以预先学习本实践的教学PPT,了解基本原理、方法和手段;课堂讲解案例,掌握绿化设计要点;最后通过小组调查的实践开展,掌握该知识点和技能,为进一步培养高架桥绿化综合设计能力做好准备。

## 二、建议学时:4 学时

## 三、实践目的

熟悉城市高架桥绿化的概念与类型、设计方法以及配置原则,掌握城市高架桥绿化的一般性调查方法和步骤要点,掌握编写调查报告的方法并进行编制,具备简单总结归纳和评价的能力,为进一步开展高架桥绿化综合性设计做好准备。

## 四、实践需掌握的基础知识

### (一)熟悉相关规范与知识

(1)《城市道路绿化规划与设计规范》(CJJ/75—1997)
(2)《城市道路绿化设计标准》(征求意见稿)
(3)《垂直绿化工程及时规程》(CJJ/T 236—2015)
(4)《风景园林基本术语标准》(CJJ/T—2017)

### (二)掌握相关调查方法

(1)全线调查法:对高架桥全线绿化现状进行整体调查,了解绿化类型、绿化形式等基本内容,还包括配套设施等基本情况。

(2)采访(问卷)调查法:对周边居民和行人进行访谈,了解他们对高架桥绿化的评价意见和建议,建议采用专业调查软件开展,如问卷星。

## 五、实践内容与步骤

(1)预习课件,了解基本概念、方法和手段。
(2)掌握调查报告及编写要求,学会编制城市高架桥绿化现状调查表。
(3)实践作业:以小组为单位对城市高架桥不同类型绿化开展调查。

## 六、实践作业要求

### (一)内容要求

以城市某高架桥为例,对其沿线不同类型绿化,按照高架桥绿化调查与评价的方法开展小组调查,要求前期熟悉场地,了解高架桥绿化建设背景和大概情况,了解绿化类型、绿化形式等基本内容;编制城市高架桥绿化现状调查表,采用问卷星等调查软件编制调查问卷;深入实地对具有代表性的路段取样,对植物名称、规格、配置形式进行测量、统计和问卷采访调查;整理、统计和分析调查资料,总结并借鉴改造理念提出可行性方案。

### (二)作业要求:

(1)规格:A4 调查报告。
(2)名称:××高架桥绿化调查与评价实践。

(3)规范:实践报告形式及要求。
(4)方式:电脑编辑。

## 七、实践注意事项

(1)必须对高架桥绿化调查基本知识内容有充分的了解。
(2)注重案例学习并思考。
(3)学习相关规范,理解要点,记忆强制性规范内容。

## 八、学习思考题

### (一)客观题

一般层次

较高层次

### (二)主观题

一般层次

较高层次

## 九、参考文献资料

期刊论文

设计说明

设计视频

# 实践68 别墅庭院绿化设计

## 一、实践说明

本实践属于综合探索性实践,对庭院绿化中别墅庭院类型做进一步深入学习,配套实践练习。通过老师讲解、观看相关课件,了解、熟悉别墅庭院绿化的常见类型、特点以及植物配置方法;通过对课件和案例的学习,掌握不同风格别墅庭院的绿化设计要点,为后续课程实践深入学习奠定基础。

建议:可以预先学习本实践的教学 PPT,了解基本类型、特点和植物配置方法,并学习花境庭院的相关内容;课堂讲解案例,掌握配置技能;最后通过一处别墅庭院场地进行平面和植物专项设计,掌握别墅庭院绿化综合设计能力。

## 二、建议学时:4 学时

## 三、实践目的

熟悉别墅庭院的类型、绿化特色、配置原则以及设计方法,能根据场地特征结合当前流行理念,进行庭院植物设计。能利用手绘表达设计概念,并通过 CAD 和 PS 软件进行绿化平面设计,并利用 Sketchup 建模、Lumion 效果呈现。

## 四、实践需掌握的基础知识

熟悉相关规范与知识:

(1)《风景园林制图标准》(CJJ/T 67—2015)。

(2)《风景园林基本术语标准》(CJJ/T—2017)。

## 五、实践内容与步骤

(1)预习课件,了解概念、类型、原则和设计形式,以及相关案例和应用。

(2)重点学习设计方法的要点。

(3)实践作业:具备完成别墅庭院综合设计能力。

(4)思考题。

## 六、实践作业要求

### (一)内容要求

认真解读任务书,根据户主要求,选择适合的庭院风格进行设计,并对植物配置进行详细设计。

### (二)图纸要求

(1)规格:A2 展板 1 张。

(2)名称:××别墅庭院绿化设计。

(3)规范:附上平面图、图名、植物索引,封面附上个人信息

(4)方式:PS 排版。

## 七、实践注意事项

(1)必须对植物设计的基本知识有充分的了解。

(2)注重案例学习并思考。

(3)学习相关规范,理解要点,记忆强制性规范内容。

## 八、学习思考题

### （一）客观题

一般层次

较高层次

### （二）主观题

一般层次

较高层次

## 九、参考实践成果及相关案例

视频

案例文本

施工图

期刊论文

# 实践 69　城市道路绿化更新设计

## 一、实践说明

城市道路绿化更新设计属于综合探究性实践，在“道路绿带绿化设计”演示验证实践的基础上，进一步学习城市道路有机更新的相关内容，能运用专业技能，结合当下热点、理念，深入学习城市道路有机更新设计，最后进行综合实践练习。通过老师讲解、观看相关课件，了解、熟悉城市道路有机更新的基本概念、类型、方法，掌握华东地区道路植物品种；通过案例学习和实践练习，达到掌握该章节教学要求的能力。

建议：可以预先学习本实践的教学 PPT，了解基本原理、方法和手段；课堂讲解案例，掌握配置技能；最后通过设计实践，掌握城市道路绿化改造设计的综合设计技能，思考不同道路绿地类型改造更新的植物配置差异，培养城市道路绿化设计综合能力。

## 二、建议学时:4 学时

## 三、实践目标

熟悉城市道路绿化有机更新的设计方法以及配置原则,能进行方案比较和解决提供场地的绿化设计任务。能利用手绘表达设计概念,并通过 CAD 和 PS 软件进行绿化平面设计,并利用 Sketchup 建模、Lumion 效果呈现。

## 四、实践需掌握的基础知识

### (一)熟悉相关规范与知识

(1)《城市道路绿化设计标准》(征求意见稿)
(2)《无障碍设计规范》(GB 50763—2012)
(3)《公园设计规范》(GB 51192—2016)
(4)《海绵城市建设评价标准》(GB/T 51345—2018)

### (二)掌握相关绿化有机更新理念

(1)海绵绿地:在绿地改造工程中运用海绵城市理念,打造出一批能吸水、蓄水、渗水、净水的植物和构造设施结合的“海绵体”。

(2)绿道:一种线形绿色开敞空间,沿滨河、溪谷、山脊、风景道路等廊道建立,内设可供行人和骑车者进入的景观游憩线路。

(3)节约型绿化:按照资源的合理与循环利用的原则,选择对周围生态环境最少干扰的园林绿化模式。

## 五、实践内容与步骤

(1)预习课件,了解基本概念、方法和手段,以及华东地区常见道路绿化植物品种和新品种。

(2)重点学习相关绿化更新设计案例,掌握不同类型道路绿化更新的设计理念、方法和手段,并思考其差异性。

(3)实践作业:综合道路绿地设计。

## 六、实践作业要求

### (一)内容要求

以某城市的一条景观道路为例,按照城市道路绿化更新和设计内容进行方案设计,绘制其中一段道路(包含道路绿带、中央交通岛、导向岛、街头绿地类型)的绿化平面图、横断面图,局部绿化效果图,以及植物配置表;并附上绿化设计说明,阐述设计立意、特色和内容。

### （二）图纸要求

（1）规格：A4 文本。

（2）名称：××道路绿化（改造）设计。

（3）内容：对道路现状进行调查，现状情况包括绿化、设施等资源，并进行分析，提出改造设计特色、定位和策略，绘制绿化平面图、横断面图、分析图、透视效果图，以及相关文字说明，以图文并茂形式制作完整设计文本。

（4）方式：电脑制图和排版。

## 七、实践注意事项

（1）必须对植物设计的基本知识有充分的了解。

（2）注重案例学习并思考。

（3）学习相关规范，理解要点，记忆强制性规范内容。

## 八、学习思考题

### （一）客观题

一般层次

较高层次

### （二）主观题

一般层次

较高层次

## 九、参考文献资料

期刊论文

# 实践70 屋顶绿化设计

## 一、实践说明

屋顶绿化设计属于综合探索性实践，在“垂直绿化设计”演示验证实践的基础上，进一步学习垂直绿化类型中屋顶绿化相关内容，该部分的景观要求更高更综合，因此作为垂直绿化的开放性实践设置。结合当下热点、理念，对屋顶绿化的要点、案例和文献资料进行深入学习，最后进行校园教学楼立体绿化综合设计。通过老师讲解、观看相关课件，了解、熟悉屋顶绿化的基本概念、类型、方法，掌握华东地区屋顶绿化特有品种；通过案例学习和实践练习，达到掌握该章节教学要求的能力。

建议：可以预先学习本实践的教学PPT，了解基本原理、方法和手段；课堂讲解案例，掌握配置技能；最后通过设计实践，掌握综合设计技能，思考不同类型屋顶绿化的设计特点，并思考其差异性，培养这方面的创新应用的设计技能。

## 二、建议学时：4学时

## 三、实践目的

熟悉垂直绿化的设计方法以及配置原则，能进行方案比较和解决提供场地的绿化设计任务。能利用手绘表达设计概念，并通过CAD和PS软件进行绿化平面设计，利用Sketchup建模、Lumion效果呈现，采用PPT或ID（Adobe InDesign）排版。

## 四、实践需掌握的基础知识

### （一）熟悉相关规范与知识

（1）《垂直绿化工程及时规程》（CJJ/T 236—2015）

（2）《风景园林制图标准》（CJJ/T 67—2015）

（3）《海绵城市建设评价标准》（GB/T 51345—2018）

（4）《浙江省绿色建筑设计标准》（DB 33/1092—2021）

### （二）掌握相关屋顶绿化概念

（1）绿色建筑：在全寿命期内，节约资源、保护环境、减少污染，为人们提供健康、适用和高效的使用空间，最大限度地实现人与自然和谐共生的高质量建筑。

（2）绿色建筑等级：绿色建筑按一星级、二星级和三星级设计。各星级绿色建筑设计应满足基本要求和对应星级绿色建筑设计要求。

（3）屋顶荷载：通过屋顶的楼盖梁板传递到墙、柱及基础上的荷载（包括活荷载和静荷载）。活荷载（临时荷载）由积雪和雨水回流，以及建筑物修缮、维护等工作产生的屋面荷载；静荷载（有效荷载）由屋面构造层、屋顶绿化构造层和植被层等产生的屋面荷载。

## 五、实践内容与步骤

（1）预习课件，了解屋顶绿化的定义、发展历史和意义，类型和设计方法以及适应植物品种。

（2）重点学习相关屋顶绿化设计案例，掌握不同类型屋顶绿化的设计特点，并思考其差异性。

（3）实践作业：建筑立体绿化设计。

## 六、实践作业要求

### （一）内容要求

本实践任务为校园教学楼可种植空间进行立体绿化设计，特别对屋顶展开详细植物设计。①完成现状调查分析；②完成设计总平面、景观分析图、效果图、植物配置图、景观建筑小品设计图等，图中所用比例自定。植物配置应具体化，要有植物设计图、苗木表配置表，采用电脑制图，并附上绿化设计说明，阐述设计立意、特色和内容。

### （二）图纸要求：

（1）规格：A4 文本。

（2）项目开放性名称：垂直绿化在校园空间的应用设计。

（3）内容：完成设计总平面、景观分析图、效果图、植物配置图、景观建筑小品设计图等，植物配置应具体化，要有植物设计图、苗木表配置表，采用电脑制图，并附上绿化设计说明，以图文并茂形式制作完整设计文本。

（4）方式：电脑制图和排版。

## 七、实践注意事项

（1）必须对植物设计的基本知识有充分的了解。

（2）注重案例学习并思考。

（3）学习相关规范，理解要点，记忆强制性规范内容。

## 八、学习思考题

### (一)客观题

一般层次

较高层次

### (二)主观题

一般层次

较高层次

## 九、参考文献资料

期刊论文

视频资料

文本资料

# 第十五章

# “植物造景”开放开发性实践

## 实践71 水生植物创新设计

### 一、实践说明

本实践属于开放开发性实践，选取水生植物的创新应用方面进行开发式教学，配套实践练习。通过老师讲解、观看相关课件，了解、熟悉水生植物的创新类型和各自发展特点，特别对室外创新的生态浮岛、雨水花园两部分着重介绍，学习其相关设计要点。

创新设计是结合当前时代发展教学的需求，相对独立，又与前面知识联系紧密，是学生掌握基本设计技能后，在实际应用方面创新思维的提升，采用开放式教学，鼓励学生在学习当前已有成果的基础上进行探索，培养创新能力。

建议：可以预先学习本实践的教学PPT，了解基本内容；课堂重点讲解两部分的特点、趋势和设计要求，对学生进行启发式教育；最后通过相关设计练习，思考结合水生植物生态净化、艺术观赏的功能在设计上的应用，形成具有创新性思维的能力。

### 二、建议学时：4学时

### 三、实践目的

熟悉现有水生植物在创新方面的应用，特别是掌握生态浮岛、雨水花园两方面内容，能进行相关设计，能利用手绘表达设计，并通过CAD和PS软件进行绿化平面设计，并利用Sketchup建模、Lumion呈现效果。

### 四、实践需掌握的基础知识

熟悉相关规范与知识：

(1)《城市绿地分类标准》(CJJ/T 85—2017)

(2)《风景园林制图标准》(CJJ/T 67—2015)

(3)浙江省《城市河道景观设计标准》(DB33/T 1247—2021)

## 五、实践内容与步骤

(1)预习课件,了解相关类型和应用。

(2)重点学习相关设计技能。

(3)思考题练习。

(4)自主学习,掌握当前创新方面研究和应用。

## 六、实践作业要求

### (一)内容要求

对校园雨水花园建设进行调查,分析其优缺点,并以校园北区绿地为例,进行校园雨水花园为主题的绿地设计,具体图纸详见实践作业。

### (二)图纸要求

(1)规格:A2 图幅。

(2)名称:校园北区绿地雨水花园设计。

(3)规范:附上作图比例、图名,图纸(见图 71-1),内框标题栏附上个人信息。

(4)方式:手绘。

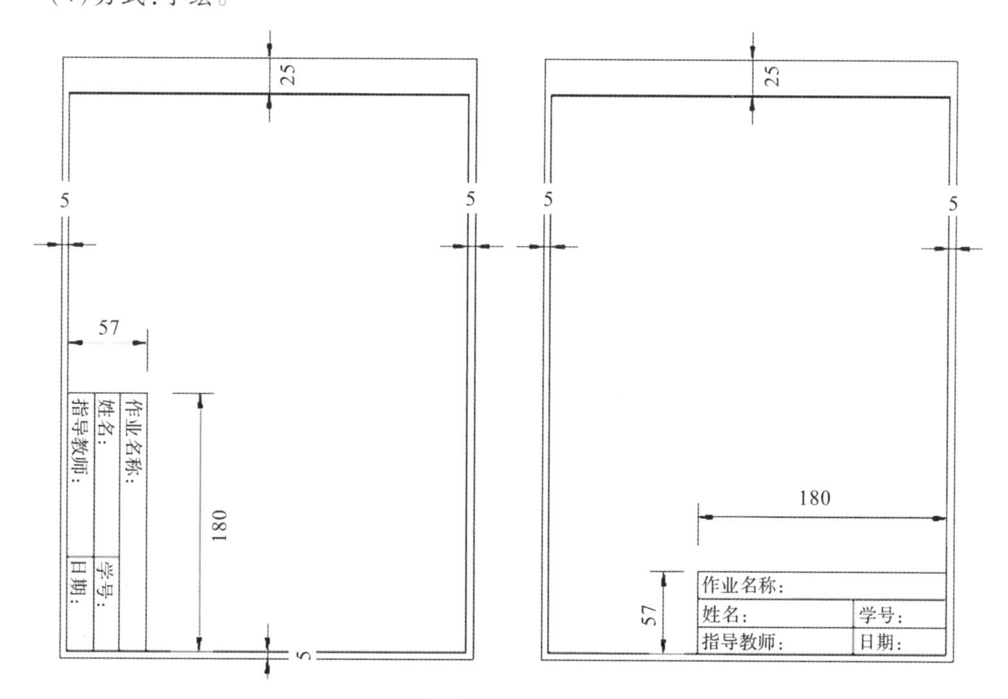


图 71-1 图纸

## 七、实践注意事项

(1)必须对植物设计的基本知识有充分的了解。
(2)注重案例学习并思考。
(3)学习相关规范,理解要点,记忆强制性规范内容。

## 八、学习思考题

### (一)客观题

一般层次

较高层次

### (二)主观题

一般层次

较高层次

## 九、参考案例及文献资料

视频

期刊论文

# 实践72　乡村庭院绿化设计

## 一、实践说明

乡村庭院绿化设计属于开放开发性实践,结合当下乡村振兴,美丽乡村、美丽庭院建设需求开展,是别墅庭院绿化进阶式理论学习,并配套实践练习。通过老师讲解、观看相关课件,了解、熟悉乡村庭院绿化的类型、特点和设计手法,以及适合乡村庭院绿化的园艺植物品种,比较城乡庭院绿化差异,具备设计符合乡村特色的庭院绿化景观的能力。通过本次实践,了解乡村绿化特点,为乡村景观设计奠定基础。

建议:可以预先学习本实践的教学PPT,了解乡村庭院基本类型、特点和植物配置方法,并以一个完整案例开展相关内容学习,掌握配置技能;最后通过一处乡村庭院进行平面和植物专项设计,掌握该类型的综合设计能力。

## 二、建议学时:4学时

## 三、实践目的

熟悉乡村庭院的类型、绿化特色、配置原则以及设计方法,能根据场地特征结合当前流行理念,进行庭院植物设计,能利用手绘表达设计概念,并通过CAD和PS软件进行绿化平面设计,并利用Sketchup建模、Lumion效果呈现。

## 四、实践需掌握的基础知识

熟悉相关规范与知识:

(1)《村庄规划用地分类指南》(2014版)。

(2)《美丽乡村建设指南》(GB/T 32000—2015)。

## 五、实践内容与步骤

(1)预习课件,了解概念、类型、设计形式和适合品种。

(2)重点学习植物配置方法。

(3)实践作业,完成乡村庭院设计。

(4)学习思考题练习。

## 六、实践作业要求

### (一)内容要求

认真解读任务书,根据户主要求,选择适合的庭院风格进行设计,并对植物配置进行详细设计。

### (二)图纸要求

(1)规格:A4文本(PDF格式)。

(2)名称:××乡村庭院绿化设计

(3)规范:附上平面图、图名、植物索引,封面附上个人信息。

(4)方式:电脑制图和排版。

## 七、实践注意事项

(1)必须对植物设计的基本知识有充分的了解。

(2)注重案例学习并思考。

(3)学习相关规范,理解要点,记忆强制性规范内容。

## 八、学习思考题

### (一)客观题

一般层次

较高层次

### (二)主观题

一般层次

较高层次

## 九、参考实践成果及相关案例

案例文本

案例模型

期刊论文